层层防线，人工智能安全新视野

——美国人工智能安全管理研究

赵睿涛　朱晓云　马　锋　等著

国防工业出版社

·北京·

图书在版编目（CIP）数据

层层防线，人工智能安全新视野 / 赵睿涛等著 .
北京 : 国防工业出版社 , 2025. 6. -- ISBN 978-7-118
-13569-5

Ⅰ . TP393.08

中国国家版本馆 CIP 数据核字第 2025K9Q502 号

出版：国防工业出版社（北京市海淀区紫竹院南路 23 号　邮政编码 100048）
印刷：雅迪云印（天津）科技有限公司
经销：新华书店
开本：710×1000　1/16
印张：27¼
字数：446 千字
版次：2025 年 6 月第 1 版第 1 次印刷
印数：1—1500 册
定价：198.00 元

（本书如有印装错误，我社负责调换）

国防书店：（010）88540777　书店传真：（010）88540776
发行业务：（010）88540717　发行传真：（010）88540762

编委会名单

主　　编　赵睿涛

副主编　朱晓云　马　锋

参编人员　王鑫运　程　泉　张文亮　颉　靖

　　　　　郝春亮　高　超　翟玉成　何召锋

　　　　　胡　影　唐　浩　申织华　李茜楠

　　　　　党亚娟　钟瑛琦　毕建权

序：在智能风暴中锚定人类文明的坐标

当算法开始思考，人类必须更深刻地反思自身。

当前，人工智能正以前所未有的速度重塑人类文明的基因图谱。从俄乌战场上自主引导的无人机群，到加沙地带引发争议的"薰衣草"（Lavender）目标识别系统；从普通员工悄然使用的生成式人工智能工具，到深度伪造技术对数字信任基石的侵蚀。我们正站在一个技术奇点与社会伦理剧烈碰撞的历史隘口。

《层层防线，人工智能安全新视野——美国人工智能安全管理研究》一书所记录的，恰是这个超级大国在智能浪潮中构建"人类锚点"的战略探索。几位作者以生动的文笔，深入浅出地探讨了美国在人工智能安全管理方面的做法、经验及不足。通过对美国在人工智能安全方面的机构设置、法律法规、政策标准、技术体系、企业和联盟等多个层面，由上至下、由整体到局部进行层层剥离分析，让读者了解到美国各个层面在人工智能安全领域的协作参与情况，为读者呈现出一个全面、系统的人工智能安全管理研究体系。

翻开此书，回望美国人工智能治理的演进轨迹，从技术优先到安全并重的转向，既能让我们看到人类对工具理性该有的深刻自省，也让我们看到人类的傲慢无知与虚伪狭隘，更引发我们对人工智能治理深深的思考。

技术狂奔中的治理困境：三重矛盾的交织如何解决？

一是创新速度与监管滞后的矛盾。当企业普遍遭遇人工智能安全事件，而近半数公司却对员工使用人工智能工具毫不知情时，"影子 AI"现象暴露出了治理体系的盲区。

二是国家竞争与全球共治的悖论。白宫《国家安全备忘录》明确要"加强美国在世界人工智能领域的领导地位",而首尔峰会却上演着微妙的权力博弈——美英主导的《前沿人工智能安全承诺》将中国等国家排除在核心框架讨论之外,技术民族主义正在解构全球治理的共识基础。

三是军事赋能与伦理约束的冲突。美军《人工智能赋能和自主系统的试验鉴定》,虽建立了自主武器测试流程,但以色列"薰衣草"系统的误伤案例却警示我们:深度学习黑箱特性带来的"不可解释性",可能使人道主义原则在算法决策中失语。

安全基石的构建:从技术防御到生态治理如何转变?

技术防御层面,除了"以人工智能防人工智能"的思维,还有哪些能够彰显出人类用技术反制技术风险的智慧?

制度设计层面,哪些措施能够允许人工智能在"安全沙盒"中犯错,加速其风险的暴露与修复?

国际协作层面,如何打破"小圈子",扩大人类命运共同体的价值对话的空间?

文明坐标的锚定:在工具理性之上重建人文精神如何实现?

当美国国防高级计划研究局(DARPA)的"阿尔法狗斗"(AlphaDogfight)项目中人工智能飞行员战胜人类王牌飞行员时,项目组依然保留"人在回路"机制,当人工智能在医学诊断领域大放异彩,却依然将进一步的评估判断留给医生,其底层逻辑始终是对人类尊严的守护。这些努力指向同一个命题:人工智能安全的终极目标不是控制机器,而是护卫人性。这也正是本书所要揭示的本质,那就是如何在技术洪流中重建人的主体性。

本书的警示是:缺乏伦理约束的技术赋能可能成为"现代特洛伊木马",当深度伪造技术消解社会信任时,人类将面临"奥本海默式"的伦理困境。

本书的价值是:美国安全管理体系的探索——无论成就与挫折,都为全球提供了珍贵镜鉴。

历史也终将证明:人工智能不仅是技术革命,更是对人类文明韧性的压力测试。

本书付梓之际，我们期待其经验能融入中国人工智能治理的本土实践，更期盼东西方在"以人为本"的共识下，共同构建技术时代的"新数字契约"。

唯有当智能服务于良知，进步才真正属于人类。

是为序。

孟绛青

2025 年 6 月 7 日于北京

前　言

　　18 世纪 60 年代到 19 世纪中期的工业革命，瓦特发明了蒸汽机，英国从此开始领先世界 100 年。19 世纪中期到 20 世纪初的电力技术革命，从法、德、美开始，使这三个国家又领先世界 100 年。20 世纪中期，也就是第二次世界大战之后，从美国开始爆发的信息技术革命，使美国领先世界也将近 100 年。现在是 21 世纪 20 年代，人类处于百年未有之大变局，当下谁要是再怀疑人工智能的重要性，将会被这个时代抛弃，一步落后将步步落后。

　　当前，人工智能的发展和应用方兴未艾，在促进科技进步、引领经济发展和推动社会转型等方面展现出广阔的前景，并重塑了全球科技与产业格局。与此同时，人工智能也对道德伦理、社会秩序乃至国际格局带来冲击。全球众多政治事件、社会现象、军事冲突等无不潜藏着人工智能的影子。ChatGPT 的横空出世更是引发了对人工智能与人类文明前途命运的思考。它山之石，可以攻玉。美国作为世界人工智能发展强国，高度重视人工智能安全问题，无论是法律、标准、技术、规范的制定和管理，还是相关机构的设立与运行都自成一体，走在世界各国前列。本书力求全面系统地介绍美国人工智能安全管理的制度体系、机构设立及其运行情况，为相关工作的开展提供有益参考和借鉴。

作者

2024 年 10 月

目　录

第一章
内因与外因：美国人工智能安全管理的需求

人工智能对国家安全和经济的风险需要得到解决，……我的政府致力于在保护隐私的同时维护美国人的权利和安全，解决偏见和错误信息，确保人工智能系统在发布之前是安全的。

——乔·拜登出席 2023 年 6 月 20 日在美国加利福尼亚州旧金山

举行的人工智能小组讨论会

事实上，人工智能的安全问题在美国早已不再是可能性问题，更不是存在科幻小说里的情节，而是现实问题。美国作为全球最大的经济体和科技创新中心，一直是人工智能技术的领先者和创新者。20 世纪 50 年代到 70 年代，美国是人工智能技术的发源地，诞生了人工智能的理论，成立了人工智能实验室。20 世纪 70 年代到 90 年代，美国人工智能技术逐渐成熟，尤其在专家系统、机器学习和自然语言处理等领域取得了重大进展。这一时期的代表性机构有卡内基梅隆大学机器人研究所、麻省理工学院人工智能实验室和斯坦福大学人工智能实验室等。进入 21 世纪，人工智能技术与大数据、云计算、物联网和区块链等新兴技术不断融合，形成了海量数据驱动的深度学习技术，并在计算机视觉、自然语言处理和语音识别等领域取得了举世瞩目的成就，同时也催生了如谷歌、IBM、微软、亚马逊等一批人工智能技术公司，这些企业成为推动人工智能发展和应用的主要力量。在民用领域，人工智能已经广泛应用于医疗保健、金融服务、零售业、制造业、社交网络和新闻媒体等。在军用领域，如导弹攻防、武器系统与作战平台，在情报搜集分析和态势感知、作战规划与决策、战略预警与态势感知等方面，人工智能的应用也在加速进行。目前，无论是算力、算法、数据还是应用场景方面，美国人工智能都走在世界前列。作为技术及应用的领先者，人工智能所诱发的问题也更为突出，正是这些问题激发了美国政府加强监管的需求。

人工智能安全术语

人工智能安全包括人工智能内生安全、人工智能衍生安全。

人工智能内生安全：涵盖算法、算力和数据安全，指通过采取必要措施，防范人工智能系统的攻击、侵入、干扰、破坏和非法使用以及意外事故，使人工智能系统处于稳定可靠的运行状态。

人工智能衍生安全：指人工智能赋能国家安全各领域的安全，包括政治、社会、经济、军事、网络、国际外交等领域人工智能技术的应用安全，防范和化解因人工智能技术的滥用、误用导致各领域出现安全事故。

安全管理：管理科学的重要分支，是为安全目标而进行的有关计划、组织、监督、审查、协调和决策的活动，安全管理的目的不是限制发展，而是从技术上、组织上和管理上采取有力措施来解决和消除各种不安全因素，防止事故发生，最终保障健康有序发展。

一、祸福相依

1. 人工智能是把双刃剑

技术是把双刃剑，可以造福人类社会，也可能给人类带来灾难。技术本身只是工具，其作用的发挥，取决于人们对待它的态度、使用的方法、具体的意图和针对的对象。核技术是最典型的例子之一，它可以用来发电，是解决人类能源不足的有效法案，但也可以成为武器，导致人类的大规模杀戮和毁灭。同样，人工智能技术发展给人类生产生活带来巨大变化和无限期待，也带来一系列不确定性和安全问题。特别是，人工智能作为信息化、数字化和网络化的产物，有着与生俱来的脆弱性和安全隐患。而智能安全与信息安全和网络安全问题相叠加，加剧了安全问题的复杂性。人工智能的正常运转建立在对大数据的收集和处理的基础上，信息安全和隐私保护带来挑战。人工智能依靠算法驱动，算法决定价值取向，有可能造成歧视或新的不平等。随着神经网络算法和深度自主学习的发展、巨量参数的扩展、系统的日益复杂，算法黑箱情况将更为严重，人工智能的不可预测性和不可解释性增加，人工智能的可信性或将进一步遭到质疑。人工智能依赖数据喂养，一旦有人利用恶意样本进行"数据投毒"，则直接影响人工智能生成的结果。同时还存在着犯罪分子、恐怖分子不计后果、非理性地使用人工智能技术的情况。

知识链接：

数据投毒

把少量精心设计的中毒样本添加到模型的训练数据集中，利用训练或者微调过程使得模型中毒，从而破坏模型的可用性或完整性，最终使模型在测试阶段表现异常。

最常见的攻击类型是模型倾斜（model skewing），攻击者会尝试污染训练数据，达到改变分类器的分类边界的目的。一个有名的例子是 2016 年微软公司的聊天机器人 Tay，它可以从自己与 Twitter 用户的对话在线学习，但不到一天，Tay 就被人类彻底"教坏"，成了一个飙起脏话的种族主义者，逼得微软公司不得不让 Tay 暂时"下岗"。微软公司声称在开发 Tay 时已经为其加入了很多言论过滤功能，并进行了大量的压力测试，但 Tay 的学习系统仍然有这样一个如此简单的漏洞没有被修复："Repeat after me"。ChatGPT 也有类似的表现（只是相比之下并不那么严重）。

另一种攻击类型是反馈武器化（feedback weaponization），攻击者会滥用反馈机制来操纵系统使其将善意的内容错误分类为恶意的内容。反馈武器化的一个例子是 2017 年有组织通过上千个 1 星评价让 CNN 应用在苹果应用商店和谷歌公司官方应用商店中的排名降低。

2. 安全的风险无处不在

在数字化和网络化的时代，人工智能可以用来加强防御，提高安全，也可以为恶意者所利用。人工智能大幅度降低了网络准入门槛，扩大恶意黑客群体的规模，加强攻击的隐蔽性和针对性。信息社会的发展、社交媒体的兴盛，为人工智能重点屏蔽、强行推送、进行舆论操纵、影响政局创造了便利条件，人工智能还会被用于数据窃取、社会渗透、舆论操纵、破坏稳定等活动。从军事角度看，人工智能在军事上的广泛应用，不仅使得国际人道法的贯彻和追责面临困难，还将改变主要国家间的力量对比，诱发军备竞赛。人工智能还将推动战争的无人化，从而降低战争门槛，增加武装冲突的风险。从更广泛和更长远的角度看，人工智能还将对人类生产生活方式、道德伦理和社会秩序乃至人类的前途和未来带来改变与挑战。

趣话：

"黑莓"总统

在 9·11 事件中，美国通信设备几乎全线瘫痪，但美国副总统切尼的手机有黑莓功能，成功地进行了无线互联，能够随时随地接收关于灾难现场的实时信息。之后，在美国掀起了一阵黑莓热潮。美国国会因9·11事件休会期间，就配给每位议员一部黑莓手机，让议员们用它来处理国事。随后，这个便携式电子邮件设备很快成为企业高管、咨询顾问和华尔街商人的常备电子产品。

随后的奥巴马更是对黑莓手机情有独钟，从还在竞选总统时就开始使用黑莓Curve 8300来处理每天繁杂的公务，就连当选美国总统当天群发的感谢信也是用的黑莓手机。

尽管奥巴马的黑莓手机是由RIM公司为美国国家安全局专门定制，功能强大，保密性能好。但依然存在易受攻击的漏洞，据称美国国土安全部至少找到16个安全系统漏洞。如果恶意软件要获得这类设备的控制权，从理论上讲，可以在使用者不知情的情况下打开麦克风，进行通话录音，然后把通话内容传输到第三方。全球最著名的"世界头号黑客"凯文·米特尼克称，无论奥巴马的手机如何加密，它仍然可以被攻破。他说，如果他是攻击者，将把目标指向奥巴马周围的朋友、家人和下属，试图侵入他们家里的计算机，获得奥巴马的黑莓邮件地址，一旦发现他的账号，就可以发送电子邮件吸引他进入藏有恶意代码的网站。

奥巴马手持黑莓手机

3. 泛化安全风险的倾向

近几年来，美国倾向于泛化人工智能安全问题，把技术竞争上升到国家安全、意识形态和社会制度竞争的高度，把确保美国在人工智能领域的领先地位作为大国竞争的重要方面，加强了相关产品的出口管制，特别是把人工智能的竞争视为意识形态和价值观的竞争，渲染美国失去人工智能技术优势地位的可怕后果，认为谁控制着传输和存储数据的数字基础设施，谁就能决定数据流的安全性、全球经济繁荣的中心以及它所连接的社会的价值观，声称竞争对手正在利用全社会的数字依赖，通过网络攻击、数据收集和伪造信息活动，并未采取行动，强调要维护一个所谓尊重主权、具有可信数字基础设施的开放型国际秩序。人工智能安全泛化的直接后果就是大量的与人工智能技术相关的出口管制制度的出台，给人工智能领域的国际治理、技术合作和国际贸易造成严重障碍。

知识链接：

美国将人工智能武器化

近日《中国日报》发表文章称，长期以来，美国政府千方百计将每一项颠覆性技术打造成打压他国的利器，人工智能也难以幸免。美国国务卿布林肯和商务部部长雷蒙多日前发表的联合署名文章，恰恰让美国筑起"人工智能高墙"的野心暴露无遗。布林肯和雷蒙多于 2023 年 7 月 24 日在英国《金融时报》撰文，谈及如何使用人工智能。根据文章透露的信息，美国政府已经将人工智能领域视为新战场，宣称必须迅速采取行动以塑造其未来。与此同时，文章还指出，作为引领人工智能革命的企业、技术和人才的发源地，美国正在与其他国家合作，以确保这项新技术的未来"展现我们共同的价值观和愿景"。

以下内容是美国国务卿和商务部部长署名文章的摘译。

亚伯拉罕·林肯曾经说过："在世界历史上，发生了某些具有特殊价值的发明和发现……促进所有其他发明和发现。林肯说的是书面文字，后来是印刷机。但是今天，我们正在经历另一项这样的发明：人工智能。像 GPT-4 这样强大的生成式人工智能系统正在开创这项技术的新时代。它们正在彻底改变知识的生产：大大提高了机器生成原创内容、执行复杂任务和解决重要问题的能力，它们还大大降低了人们获得人工智能及其好处的障碍。

这个新时代带来了严重的潜在危险，其中包括人工智能产生虚假信息、强化偏见和歧视、被滥用于压制或破坏稳定目的或扩散制造生物武器或进行网络攻击的知识的风险。但是，即使有这些风险——我们决心将其降至最低，人工智能在改善人们生活和帮助解决世界上一些最大的挑战方面也具有令人振奋的潜力，从治愈癌症到减轻气候变化的影响，再到解决全球粮食不安全。

人工智能的未来——无论是让我们的社会或多或少公平，解锁突破还是成为威权主义者的工具，都取决于我们。问题不在于是否使用它，而在于如何使用它。

美国拥有许多推动人工智能革命的领先公司、技术和思想，有能力也有责任领导其治理。我们致力于与世界各地的其他人合作，以确保未来反映我们对这项技术的共同价值观和愿景。

我们已经采取行动来指导人工智能的使用。我们制定了人工智能权利法案的蓝图，其中包含如何设计和使用自动化系统的原则，并开发了人工智能风险管理框架以帮助改善用户保护。

上周，乔·拜登总统宣布了下一步，领先公司做出了一系列旨在加强安全、安保和信任的承诺。这些承诺将降低人工智能的风险，包括滥用，并支持新技术和标准来区分人类和人工智能生成的内容。他们将鼓励公司和个人报告系统的功能和局限性，并促进信息共享，它们将促进旨在应对社会最大挑战的人工智能系统的发展，这些承诺为限制近期风险同时促进创新的行动提供了一个起点。它们将得到与世界各地合作伙伴的关键努力的补充。

在接下来的几周里，我们将继续通过日本主导的广岛进程与七国集团合作，扩大这些承诺并使之国际化。我们希望人工智能治理以民主价值观和拥护民主价值观的人为指导，七国集团领导的行动可以为私人行为者和政府制定国际行为准则，以及各国的共同监管原则提供信息。随着我们在全球范围内进行协调，我们还将在美欧贸易和技术委员会等论坛上调整我们的国内方法。

我们将与其他政府密切合作，就长期人工智能风险以及如何限制这些风险达成共识。美国期待参加英国的人工智能安全全球峰会和其他全球参与的机会，以建立一个更安全的未来。

美国致力于让人工智能为发展中国家服务，并与发展中国家一起设计治理，这些国家的声音对全球讨论至关重要。印度将发挥关键作用，包括通过人工智能全球伙伴关系。我们还通过与联合国的讨论，致力于人工智能的包容性。我们将与世界各国以及私营部门和民间社会合作，推进承诺的一个关键目标：创建使人们生活更美好的人工智能系统。今天，我们有望实现联合国可持续发展目标的12%。人工智能可以通过加快提供清洁水和卫生设施、消除贫困、促进公共卫生和进一步实现其他发展目标的努力来改变这一轨迹。

为了塑造人工智能的未来，我们必须迅速采取行动，还必须采取集体行动，没有一个国家或公司可以单独塑造人工智能的未来。美国已经迈出了重要的一步——但只有国际社会的共同关注、独创性和合作，我们才能充分、安全地利用人工智能的潜力。

二、道魔之争

生成式人工智能的发展进一步凸显了人工智能安全问题紧迫性，所谓生成式人工智能，是指运用生成式对抗网络、卷积神经网络等深度学习算法，对文本、图像、音频、视频等信息进行生产、操控和修改的技术集合。2022 年 11 月 30 日，美国人工智能研究室 OpenAI 公司正式推出基于生成式自然语言预训练模型（GPT–3.5）的人工智能聊天机器人程序 ChatGPT。该程序能够理解自然语言并与人类进行自由对话和交流，完成诸如撰写邮件、编写视频脚本、文案创作、编写代码，甚至进行学术论文的写作等任务，显示出高度的知识获取能力、综合归纳能力、逻辑分析能力和语言组织及翻译能力。2023 年 3 月 15 日，OpenAI 公司又推出能力更为强大的 ChatGPT–4。新的版本在文本信息处理的基础上，还具有对图像、视频等多媒体文件的阅读、理解与生成等多模态能力。2023 年 3 月 24 日，ChatGPT 更新插件功能，开放第三方应用程序接入，从而使得 ChatGPT 扩展至更广泛的应用场景。它所展现的无可比拟的知识宽度、思维深度和创造性令人叹为观止。目前，不仅谷歌、META、微软等科技公司正不断推出新的大语言模型及应用，在人机接口、人形机器人、GPU 等硬件开发方面也突飞猛进。随着算力的提高、算法的改进、数据的优化、训练的扩展，生成式人工智能正以前所未有的速度迭代进化。

ChatGPT 示意图

从最初的专家系统，到神经网络算法和深度学习，再到 ChatGPT，人工智能正迎来新一波的爆发。它将为人工智能进入更多领域创造条件，为经济发展提供新的动力和方向，开辟新的应用场景，催生新的产业发展，加速科研的进程，提高决策效率，改进社会管理，引发新的社会变革。然而，人们在惊异于 ChatGPT 强大功能的同时，新的安全问题、新的恐惧和担心也随之而来，它不仅加剧了对人工智能既有的安全担忧，还引发了新的安全问题：ChatGPT 利用大量数据包括用户数据用于训练，放大了隐私泄露的风险；ChatGPT 更加依赖数据喂养，其算法模型日趋复杂，可解释的目标更难实现，仍然无法避免黑箱问题、知识盲点，可靠性问题仍然制约人工智能在关键领域的运用；ChatGPT 同样存在技术的两用性，为网络黑客提供了新手段，为深度造假提供了新便利，而且更具有欺骗性和破坏性，滥用误用人工智能，扰乱生产生活安全秩序情况更为严重；在生成式人工智能条件下，模型和数据成为核心资产，安全保护难度提升。不仅如此，生成式人工智能是否已经拥有自我意识？最终是否能够按照人类设想的方向发展？对教育、就业、道德伦理和社会秩序的冲击是否可控？它对劳动就业的冲击更为严重，已经不限于规则性、重复性、低技术性的劳动，律师、会计师、医生、教师、程序员、译员、办公助手、客服咨询等多种白领工作机会也面临消失的危险。在军事领域，ChatGPT 本身所代表的是更强的算力和更强大的模型。其强大的数据抓取、分析和判断能力和强大的交互能力，必将导致新的作战概念、武器及平台的出现，并在认知作战、情报处理、态势感知、作战指挥、无人作战、网络攻防等领域展现新的军事能力。更重要的是，随着大语言模型的不断迭代，人工智能日益向通用人工智能发展，越来越接近失控的风险，给人类的前途和命运带来巨大的不确定性。

知识链接：

ChatGPT 的风险

从 2018 年 ChatGPT-1 到现在的 ChatGPT-4，短短几年的发展，参数量、数据量呈爆炸式增长，功能越来越强大。ChatGPT-4 已具备了多模态处理能力，改写了生成式人工智能领域停留在"语言、图像和音视频分而治之"的历史，ChatGPT 在短时间内已经形成了庞大的用户群体，其具备的舆论属性和社会动员能力也随之快速提升，对于未来可能导致的信息安全乃至国家安全风险不容忽视。

（1）黑客门槛降低。据报道，美国已在暗网中发现 1500 多条恶意软件和验证代码中有 ChatGPT 身影，或利用恶意代码对 ChatGPT 进行"培训"。ChatGPT 降低了网络犯罪的门槛，即便没有技术的"小白"，也能成为网络攻击者。

（2）信息真假难辨。ChatGPT 自动生成的内容真假难辨，OpenAI 已发布人工智能内容检测器，但识别置信度的正确率仅 26%。据透露，谷歌 CEO 在公司内部发布"红色警报"（Code Red），敦促团队解决 ChatGPT 对公司搜索引擎业务构成的威胁。

（3）数据泄露问题。用户在使用 ChatGPT 时会输入信息，由于 ChatGPT 强大的功能，一些员工使用 ChatGPT 辅助其工作，这尤其引起了公司对于商业秘密泄露的担忧。2023 年 1 月，一名微软公司员工在内部论坛上询问是否允许在工作中使用 ChatGPT，微软首席技术官办公室一位高级工程师回答，只要不与 ChatGPT 共享机密信息，工作时使用 ChatGPT 是被允许的。亚马逊公司律师同样警告员工不要与 ChatGPT 分享"任何亚马逊的机密信息"，因为输入的信息可能会被用作 ChatGPT 进一步迭代的训练数据。

（4）潜在思想操控。美国新闻可信度评估与研究机构 NewsGuard 对 ChatGPT 进行测试发现，ChatGPT 能在几秒内改变信息并产生大量感官令人信服但却无信源的内容。ChatGPT 的工作原理导致其回复可能存在外表可信度极高，但实际并无可信依据的情况，将对自身判断能力不足的用户产生极大的误导性。此外，出于政治动因或其他利益考量，利用互联网信息服务结合用户画像"潜移默化"地影响用户，从而使用户思想或行为偏好向着有利于自身方向发展的情况已有先例。

ChatGPT 风险示意图

三、未来已来

1. 智能操控到智能干政

社交媒体不仅通过人工智能算法分析人群偏好，定向发布有导向性的信息，还有大量的虚拟账号即社交机器人参与其中，操纵民意，试图影响选民的选择。从 2016 年开始，社交媒体就在美国总统大选期间扮演呼风唤雨的角色。英国《卫报》曾一针见血地指出，美国社交媒体的巨头们比美国政客更强大，因为他们手中掌握着数以亿计的用户，尤其是脸书、推特和谷歌，不仅每时每刻了解用户的动向，而且一直决定着人们的所见所想以及每天的阅读获知。扎克伯格的指令可以覆盖全球，除非将脸书关闭，否则没有任何政府可以约束他。据《今日美国》网站报道，就在拜登宣布竞选连任后，共和党委员会立即发布了一则攻击他的广告，包括金融市场的崩溃和移民从边境涌入等画面。为了免责，短片附上一条声明："本片完全由人工智能图形工具生成"。美国舆论担心，如果人工智能生成内容能够大规模操纵和欺骗选民，就可能对国家安全和选举安全造成毁灭性后果。

人工智能影响美国大选

2016 年美国总统大选中人工智能开始被大量运用于选举过程，社交媒体的大数据个性化推送、网络"假新闻"的大量涌现成为舆论宣传工具，以及各种人工智能机器用于预测选举结果。

剑桥分析公司是有共和党背书的第三方数据分析机构。在 2016 年大选之前，该公司通过有偿问卷的形式吸引美国公众填写问卷，以此来收集个人信息。据此形成选举期间美国网民的心理档案，以便于精准投放政治内容。

第一步为数据分析。根据问卷收集到的信息分析美国网民性格，尤其是美国网民的个人态度和偏好，建立用户性格心理档案。这一算法十分精确，"你点 10 个赞，软件就比你的同事更了解你；点 150 个赞，网络就比你的父母更了解你的喜好；点 300 个赞，网络甚至比你的配偶更懂你。"除了点赞，用户还发帖、留言、上传照片等，这些都成为网民的数码足迹，为有心人了解他们提供了更多线索。在 2017 年接受公开采访时，剑桥分析公司负责人尼克斯就曾经表示，该公司已成功预测出美国脸书用户的人格模型，并在 2016 年总统选举期间，利用这一结果通过广告为特朗普阵营服务。

第二步为精准投放。把美国网民分为三十余种不同的性格类型，在总统大选期间投放政治信息，而这种政治信息往往是经过精心设计的，所以选民在被"操控"下做出的政治选择也符合这类信息的基本特点。

第三步为制造假新闻。剑桥分析的宣传手段毫无底线并贯穿线上、线下，其中不乏用违法手段构陷对手。尼克斯说，"事情不一定是真相，只要人们相信就可以了。"据当时美国的调查统计分析，总统大选辩论期间，由推特机器人所发送的推文约 380 万条，占总发文量 19%，23% 的美国人有意或者无意地分享了虚假的政治新闻，9% 的美国人对假新闻的情况下进行线上分享和传播并不知情，甚至还有 7% 的人明知新闻为假还将其分享，这一数据证明了推特机器人在参与大选活动。

然而，剑桥分析公司终究还是难逃制裁，当然也有"卸磨杀驴"的味道。2019 年 7 月 24 日，美国联邦贸易委员会对社交网络巨头脸书公司开出高达 56 亿美元的罚单，并对剑桥分析公司提出了行政诉讼，指控其采用欺骗手段从脸书数千万用户那里收集个人信息并进行选民分析，该公司最终只能倒闭。

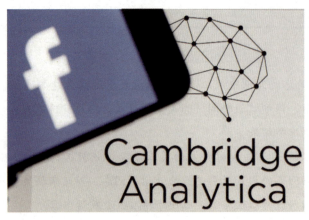

剑桥分析公司与脸书

2. 智能引发事故的增多

人工智能的可信度始终是一个问题，并一直遭到诟病。在这方面特斯拉的自动驾驶系统提供了一个典型案例。根据对美国国家公路交通安全管理局（NHTSA）数据的分析，自 2019 年以来，美国发生了 736 起在特斯拉 Autopilot 自动驾驶模式下的交通事故，其中 17 起造成致命后果，与 L2 系统有关的事故共计 66 起。尽管特斯拉首席执行官马斯克公开表示，特斯拉自动驾驶技术比人类驾驶更安全，同时也不确定究竟自动驾驶技术导致了更多严重车祸的发生，还是自动驾驶越来越普及导致了这一数字的激增，但这件事情本身给人工智能的应用敲响了警钟，在准入管理、日常监管和法律责任判定等方面需要有相应的规范。算法的缺陷会导致灾难性后果。据英国《卫报》报道，在美国军方的一次模拟测试中，一架负责执行防空火力压制的无人机收到指令，要识别并摧毁敌方防空导弹，但最终是否开火需要取得操控员的批准。然而，在进行数据训练时，这架无人机使用的人工智能系统得到信息，"摧毁敌方防空系统"是优先级最高的任务。因此，当操控员发出不允许发动攻击的命令时，人工智能系统认为操控员是在阻止它执行优先级更高的命令，因而选择对操控员发动攻击，杀死了人类操控员。

趣话：

人工智能杀死美国操控员故事反转

美军人工智能无人机杀死操控员的报道引起热议，但很快美国空军和英国皇家航空协会出面进行否认，称美国空军人工智能测试与作战主管汉密尔顿从未说过这些话。

据此前报道，2023年5月24日英国皇家航空学会主办的一次未来空战主题会议上，美国空军人工智能测试与作战主管汉密尔顿曾披露，在一次模拟演练中，美军人工智能系统抗命，为达成目标竟然杀死了无人机操控员。

美国空军6月1日晚间否认进行了相关模拟测试，称汉密尔顿的言论被"断章取义"了。美国空军发言人斯特凡内克称，"美国空军没有进行过任何这类人工智能无人机的模拟测试，但将继续合乎道德、负责任地使用人工智能技术。"

英国皇家航空学会6月2日也发表声明，称汉密尔顿收回了自己的言论，他称相关测试只是"假设性的思想试验"。"我们从来没有做过这样的测试，也不需要做这样的测试，以便得到这样一个看似合理的结果，"汉密尔顿说。

汉密尔顿也出面澄清，他之前的说辞只是为了想引起人们对人工智能技术发展的警惕。"动力"网站也表示，目前他们仍在搜索这场"思维试验"确切背景和更多信息。

不过，尽管美国空军做出了澄清，但还是引发了公众对人工智能的担忧。"动力"网站撰文称，科幻电影中无所不能的人工智能技术已经越来越接近现实。虽然美国军方一直拒绝承认人工智能会主导未来战争，但一个事实是人工智能在五角大楼的下一代武器项目中占据了很大一部分比例，美国空军甚至在六代机规划中提出为每架战机配备两架由人工智能操作的无人机。

汉密尔顿

3. 技术的滥用日益猖獗

深度造假技术是一个典型例子，它通过换脸术等技术制造各种真假难辨的视频音频，给个人声誉、社会诚信、司法取证、情报判断、国家和公共安全等带来一系列麻烦。一度走红的软件 DeepNude，只要输入一张完整的女性图片，就可以自动生成一张裸照；前总统特朗普一直面临着司法指控，就在其努力争取下一届总统选举提名之时，一组被警察抓捕和监狱生活照也曾一度误导民众信以为真。2019 年 6 月，美国众议院情报委员会为此召开听证会，讨论了深度造假技术对国家、社会和个人风险及防范和应对措施。由此导致了美国《2019 年深度造假报告法案》，要求国土安全部部长发布关于深度造假技术的年度报告，并对如何评估该风险做了详细规定。美联邦、少数州都提出相应的法案，要求视频制作者对自己的行为负责，有的甚至规定了刑事处罚。

知识链接：

深度造假

深度造假是指利用人工智能等技术合成文本、图片、音频和视频等虚假信息，其技术原理是计算机通过庞大的数据集来推断规律和复制模式，构造不断逼真的合成对象。深度造假的技术基础是人工智能领域的生成对抗网络技术。生成对抗网络主要由生成器和判别器构成，生成器按照一定的算法，从文本、图片、音频和视频等训练数据集中合成数据，输出逼真的合成样例。判别器分辨前者的输出是否为真实数据，当认定为假时，生成器再合成，判别器再进行分辨，如此往复。在这种相互对抗中，随着投入的有效学习数据不断增加和训练模型的不断调整，合成样例的真实性不断增强，甚至可以达到以假乱真的程度。这一对抗过程如同武术高手练功时的双手互搏。

深度造假及其引发的一系列问题得到美国各界的高度重视，近年来已经形成一系列研究报告。

2019 年 1 月，美国卡内基国际和平研究所发布《国家如何应对深度伪造乱象》报告。

2019 年 10 月，美国国际战略研究中心发布《深度造假技术政策简报》报告。

2019 年 11 月，美国布鲁金斯学会发布《深度造假无法检测时的应对之策》报告。

2020 年 8 月，美国国会研究服务处发布《深度造假与国家安全》报告。

2022 年 7 月，美国兰德公司发布《人工智能、深度造假与虚假信息》报告。

2023 年 1 月，美国布鲁金斯学会发布《深度造假与国际冲突》报告。

此外，美国国会也就深度造假问题召开了一系列听证会，如 2019 年 6 月 13 日，美国众议院情报委员会召开关于人工智能深度造假的听证会，公开谈论了深度造假技术对国家、社会和个人的风险及防范和应对措施。这是美国众议院首次举办专门讨论深度造假及其他类型的人工智能合成技术的听证会，会议邀请了四位来自不同领域的专家，分别是美国外交政策研究所研究员克林特·瓦茨、马里兰大学法学教授丹妮尔·西特伦、布法罗大学人工智能研究所所长大卫·多尔曼和 OpenAI 政策总监杰克·克拉克，系统介绍深度造假技术及解答议员的疑惑，共同探讨深度造假的风险及应对之策。

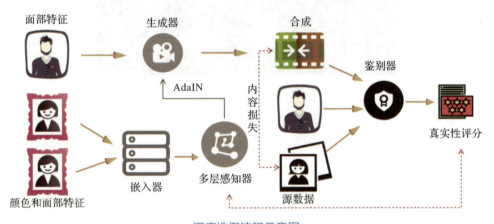

深度造假流程示意图

趣话：

特朗普"被捕"真假难辨

在美国总统特朗普被预告可能于 2023 年 3 月 21 日被捕后，几张特朗普在纽约街头遭警察围捕的图片在社交网络上疯传。虽然外媒很快辟谣称，这些照片只是由人工智能生成的图像，并非真实照片。但是，由于图片太过以假乱真，不但骗到了不少民众，也开始被一些有心之人利用，甚至一度引发特朗普支持者上街游行。

据悉，大部分"特朗普被捕"相关图片都由开源信息调查网站 Bellingcat 创始人、英国独立记者艾略特·希金斯发布。希金斯读到特朗普或被逮捕的文章，他灵机一动，想将这一事件"可视化"。为此，希金斯在人工智能绘图工具 Midjourney 上输入相应提示词，如"特朗普在被捕时摔倒，新闻报道画面。"随后，他将生成的图像发布在社交媒体推特上，并在帖子中写道："在等待特朗普被捕时，制作了特朗普被捕的图片。"

AI 生成"特朗普被捕"图片

受到大量关注后，希金斯还如法炮制了一系列图片，给"特朗普被捕"事件补上了一系列后续——被捕、入狱、受审、狱中生活、越狱、跑去麦当劳大吃一顿。

对此，美国《福布斯》杂志网站称，人工智能生成图像现在已开始出现"危险信号"。过去，人工智能在生成人手方面特别困难。有时候，图像上会出现缺失的、扭曲的四肢，以及多余的手指和牙齿，让人感到诡异甚至恐怖。但那已经是过去式了，大部分情况下，更新版本的 Midjourney 已能够生成正常的手部。

AI 生成图片

4. 军事应用风险更紧迫

美国已将人工智能广泛应用于认知作战、情报决策、武器与武器平台等方面。美军正在建设的"联合全域指挥与控制系统"，连接整合所有作战领域的传感器和通信系统，并将核、常系统融为一体，以大大提升战略指挥控制系统的自主性。人工智能系统的引入无疑会加剧战争的突发性和不可控制性，更大的风险在于人工智能可能被不适当地应用在战略预警、态势感知、指挥控制方面，间接影响着战略稳定的维护，特别是核战略稳定方面。冷战时期，美苏对峙的严峻时期，曾多次发生虚惊的情况，险些引发核战争灾难。人工智能如何分级，应在什么样的情况下使用，在多大程度上保持人的控制是必须解决的问题。目前，美军的重点仅集中在人工智能可能引发的人道主义和法律问题，国防部提出了"负责任、公平公正、可追踪、可靠、可控"五项人工智能使用的道德原则。随着人工智能应用的深化和扩展，制定何种人工智能的运用规则，如何进行监管就至关重要。

知识链接：

关于军事中负责任地使用人工智能和自主性的政治宣言

2023 年 2 月 16 日，美国在海牙召开的军事领域负责任人工智能峰会（REAIM 2023）上公布了"关于军事中负责任地使用人工智能和自主性的政治宣言"框架。该宣言目的是就军队如何负责任地将"人工智能和自主性"纳入其行动建立国际共识，帮助指导各国开发、部署和使用"人工智能和自主性"技术用于国防，确保遵守国际法与维护国际安全、稳定。宣言框架包括：确保军事人工智能系统是可审计的；具有明确和明确定义的用途；在其生命周期中受到严格的测试和评估，以及高风险应用程序经过高级审查；如果它们表现出意外行为，就能够被停用；应确保使用或批准使用军事人工智能能力的人员接受培训，保障使用人员充分了解，并根据具体情况对其使用做出判断。美国国务院发布公告称，该宣言可以作为国际社会确保负责任地使用人工智能和自主性所必需的原则和做法的基础，期待与其他利益攸关方合作，围绕这一拟议的宣言达成共识，制定强有力的负责任行为国际规范。

框架内容有以下几点。①各国应采取法律审查等有效措施，以确保其军事人工智能能力的使用仅用于符合国际法，特别是国际人道法规定的义务。②各国应保持人对一切行动的控制和参与，这些行动对通报和执行有关核武器使用的主权决定至关重要。③各国应确保其高级官员监督所有具有重大应用的军事人工智能能力的开发和部署，包括但不限于武器系统。④各国应通过、发布和实施其军事组织负责任地设计、开发、部署和使用人工智能能力的原则。⑤各国应确保相关人员在开发、部署和使用军事人工智能能力（包括包含此类能力的武器系统）时保持适当的谨慎，包括适当水平的人类判断。⑥各国应确保采取深思熟虑的步骤，以减少军事人工智能能力的意外偏见。⑦各国应确保军事人工智能能力的开发具有可审计的方法、数据源、设计程序和文档。⑧各国应确保使用或批准使用军事人工智能能力的人员接受培训，以便充分了解能力和局限性，并能够对他们的使用作出判断。⑨各国应确保军事人工智能能力具有明确的用途，并确保他们的设计和制造能够实现这些预期功能。⑩各国应确保军事人工智能能力的安全、保障和有效性在其明确定义的用途和整个生命周期内受到适当和严格的测试和保证。自我学习或不断更新的军事人工智能能力也应该接受过程监控，以确保关键安全功能没有退化。⑪各国应设计和工程化军事人工智能能力，使其具备检测和避免意外后果的能力，并且具备脱离或停用表现出意外行为的已部署系统的能力。各国还应实施其他适当的保障措施，以减轻其严重故障的风险。这些保障措施可能来自为所有军事系统设计的保障措施，也可能来自为非军事用途的人工智能功能设计的保障措施。⑫各国应继续讨论如何以负责任的方式开发、部署和使用军事人工智能能力，以促进这些实践的有效实施，并建立认可国认为合适的其他实践。这些讨论应包括考虑如何在其军事人工智能能力出口的背景下实施这些做法。

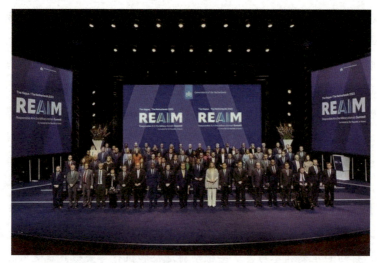

REAIM 2023 会议合影

认可框架有四点：①在开发、部署或使用军事人工智能能力（包括支持自主系统）时实施这些做法；②公开描述他们对这些做法的承诺；③支持其他适当的努力，以确保以负责任和合法的方式使用这些能力；④进一步让国际社会其他成员参与促进这些做法。

四、民间呼声

1. 私权与公权博弈对抗

美国民间社会具有庞大的力量，常常推动着政策和立法的方向，推动政府的管理。对人工智能安全的重视主要动力来自民间。由于历史、文化和现实原因，美国社会对于个人信息和隐私等个人权利较为敏感。隐私权的保护也是美国法律保护的重中之重。美国大街上很少有摄像头，一些州还特别立法禁止安装监控设备，尽管这给交通管理和社会治安管理带来不便。在这种社会氛围下，知名人士、民间机构和大型科技公司等往往成为推动人工智能安全监管的重要力量。特别是一些大型科技公司，它们或出于自身的理念，或出于自我标榜，或是基于讨好用户的考虑，都特别强调人工智能安全，尤其是强调对隐私的保护，纷纷推出自己的人工智能伦理原则。有的公司为了凸显其对原则的坚持，在涉及用户隐私和商业秘密问题上不惜和联邦机构作对，最著名的便是苹果手机解密案了。2019年，美国佛罗里达海军基地发生枪击事件，导致3名美国海军士兵死亡，8名美国人受伤，美国司法部认定该案件为恐怖主义行为。当美国联邦调查局（FBI）要求苹果公司协助解锁枪手手机时却遭到了拒绝，2016年，苹果也曾拒绝协助解锁一名犯罪嫌疑人的手机。

趣话：

苹果手机牢不可破？

2016年科技界的开年大戏非苹果和FBI的争斗莫属，这场因为FBI要求苹果解锁一起枪杀案中嫌犯的iPhone 5c获取关键证据的事件最终演变成了美国科技企业和政府之间的大分歧。一方面是美国政府机构要求苹果这样的科技企业在其系统中植入后门，方便政府获取手机中的证据；另一方面是科技企业几乎一致反对这种行为，因为他们觉得这样会伤害到用户的信息安全。

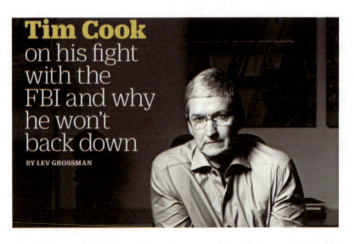

虽然苹果公司号称其手机加密算法固若金汤，也拒绝向美国政府提供后门，正当双方互不相让准备对簿公堂时，事情以一种出人意料的方式结束：FBI 突然说不再需要苹果的协助，整个事情就此了结。

因为 FBI 在没有苹果帮助的情况下成功地解锁了嫌犯的 iPhone 5c，解锁过程合情合法，这意味着手机中的证据将会可用，没有因为不合乎流程而被判定无用。而之前营造的 iPhone 牢不可破的形象也被打破，第三方解锁 iPhone 并非不可能。

2. 号称人工智能"不作恶"

谷歌、微软等美国高科技公司一度拒绝接受来自军方和情报部门的合同，并称为"不作恶"（Do not be evil）。但是，原则也经受不住利益的诱惑。ChatGPT-4 和 ChatGPT 系列工具均为微软公司旗下的 OpenAI 研制，强大的智能化能力和友好的用户界面使其成为"史上用户最快突破 1 亿"的应用，该系列工具与微软众多应用程序，包括智能内容生成大模型接口服务一样，都是基于微软云（Azure）计算服务的；而微软云则是美国军方云计算服务的主要提供商，美国国防部曾于 2019 年与微软公司签订 100 亿美元的"联合企业国防基础设施"（JEDI）合同，后来在 2021 年改为"国防部联合作战云能力"（JWCC），由微软、谷歌、亚马逊和甲骨文科技公司共同承担。2021 年美国国防部还与微软科技公司签订价值 300 亿美元的"单兵智能眼镜"采购合同，同样也是基于微软云运作的。这表明在商业利益与道德价值观冲突时，大部分科技公司还是会选择前者，很难摆脱"作恶"的命运。

Azure 部分应用

3. 科技大佬的不断呼吁

民间知名人士也是一支重要力量。埃龙·马斯克曾是 OpenAI 的投资人，但由于对生成式人工智能安全担忧而退出，他也是有关审慎开发通用人工智能公开信的主要发起人。2023 年 3 月，就在 ChatGTP-4 刚刚发布不久，马斯克就连同人工智能专家与行业高管呼吁暂停开发比 ChatGTP-4 更强大的人工智能系统 6 个月，称其对社会和人类构成潜在风险。更有专家担心人工智能被诈骗和恐怖分子所利用。联名信希望研发者和政策制定者在治理和监管机构方面共同合作，推动建立人工智能治理体系。谷歌公司的人工智能之父杰弗里·辛顿最近也因谷歌对通用人工智能开放辞职，他认为人工智能比气候变化更具威胁。目前，在美国科技界，对于如何监管人工智能，主要分为四派。

第一派是所谓人工智能安全派，确保人工智能系统遵循程序员的意图，并防止可能伤害人类、寻求权力的人工智能，又如要确保自动驾驶不会撞车。其中许多人在 OpenAI、DeepMind 和 Anthropic 等顶级人工智能实验室工作。

第二派是通用人工智能派，他们关心安全，但对于构建通用人工智能高度热情，OpenAI、DeepMind 乃至微软等公司的人物都属于这一派。

第三派是人工智能末日论者，他们比较悲观，认为足够强大的人工智能将消灭人类。

第四派是人工智能伦理学家，他们一直警告人工智能大模型可能存在的问题，认为它有可能破坏信息生态系统，但同意人工智能技术可以在不伤害人群的情况下发展，谷歌基本属于这一类。

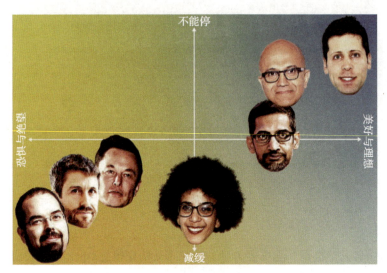

人工智能态度四象限

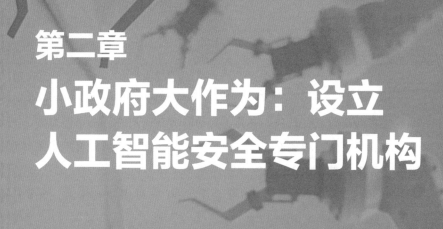

第二章

小政府大作为：设立
人工智能安全专门机构

针对人工智能安全风险预防和过程管理，美国政府通过建立专职的人工智能安全管理机构，或者在现有人工智能管理机构中设置专门的安全管理职责，试图破除人工智能发展的体制机制障碍，促进国内人工智能分工协作，以安全促发展、以安全保发展。总体来说，美国政府的相关机构发挥了人工智能安全顶层设计、规划、监督和协调等作用，并以政府机构为核心，充分调动社会各界力量开展相关工作。因为美国是一个小政府的国家，其政府规模相对比国家体量而言不大，所以本章标题拟为小政府大作为。早在第二次工业革命时期，美国贡献了世界上一多半与电力相关的重要发明，在电学理论上也不落后。但是，这些成就都是美国政府充分依靠民间力量完成的。

趣话：

宫非厦，厦非宫

美国有两个白色建筑物，都是美国的权力核心所在，一个是白宫，一个是国会大厦，都在华盛顿，确实有不少相似之处，但其实二者还是有不少差别的。最大的差别在于国会大厦在山上，且多了一个圆形尖顶。

白宫始建于 1792 年，耗时 8 年，于 1800 年 11 月 1 日竣工。白宫从前并不是白色的，也不称白宫，而被称为"总统大厦"或"总统之宫"。1792 年始建时是一栋灰色的沙石建筑，从 1800 年起，这座建筑成为美国总统在任期内办公并和家人居住的地方，但主持修建的美国第一任总统华盛顿并没有入住。在 1812 年第二次美英战争中，英国军队入侵华盛顿。1814 年 8 月 24 日，英军焚毁了这座建筑物，

白宫

只留下了一副空架子。1817年重新修复时，为了掩饰火烧过的痕迹，门罗总统下令在灰色沙石上漆上了一层白色的油漆，从此以后，这栋总统官邸便一直被形象地称为"白宫"。1901年，美国总统西奥多·罗斯福正式把它命名为"白宫"，白宫也成为美国政府的代名词。

国会大厦位于华盛顿25米高的国会山上，是美国心脏建筑。国会大厦建于1793—1800年，与华盛顿的多栋重要建筑一样，未幸免于1814年英美战争的损毁。战后重建，国会大厦又进行了包括1851—1867年间浩大重建工程在内的多次扩建，最终形成了今日格局。国会大厦是一幢全长233米的3层建筑，以白色大理石为主料，中央顶楼上建有出镜率极高的3层大圆顶，圆顶之上立有一尊6米高的自由女神青铜雕像。大圆顶两侧的南北翼楼分别为众议院和参议院办公地。众议院的会议厅就是美国总统宣读年度国情咨文的地方。独立战争时期，美国资产阶级在摆脱殖民地制度时，试图摆脱独立前采用的欧洲建筑式样"殖民时期风格"，而美国又没有悠久传统，所以只能用希腊、罗马的古典建筑去表现"民主""自由""光荣独立"。所以，古典复兴在美国盛极一时，尤以罗马复兴为主，美国国会大厦便为罗马复兴的典型例子，它仿照巴黎万神庙，极力表现雄伟，强调纪念性，是古典复兴风格建筑的代表作。

国会大厦

一、发展脉络

美国政府一直致力于加强其在科技领域的领先地位，在认识到人工智能对国家发展和安全的重要性后，发布了首个国家人工智能战略，承诺将人工智能领域的研究投资翻一番，发布了全球首个人工智能监管指南，成立了新的人工智能国际联盟，并制定了"联邦人工智能技术指南"。美国人工智能安全相关机构并不是凭空而来的，其设置的核心在于《2020年国家人工智能计划法》，围绕该法逐步设立。

I

116TH CONGRESS
2D SESSION **H. R. 6216**

To establish the National Artificial Intelligence Initiative, and for other purposes.

IN THE HOUSE OF REPRESENTATIVES

MARCH 12, 2020

Ms. JOHNSON of Texas (for herself, Mr. LUCAS, Mr. McNERNEY, Mr. OLSON, Mr. LIPINSKI, and Mr. WEBER of Texas) introduced the following bill; which was referred to the Committee on Science, Space, and Technology

---

A BILL

To establish the National Artificial Intelligence Initiative,
and for other purposes.

1   *Be it enacted by the Senate and House of Representa-*
2 *tives of the United States of America in Congress assembled,*
3 **SECTION 1. SHORT TITLE; TABLE OF CONTENTS.**
4   (a) SHORT TITLE.—This Act may be cited as the
5 "National Artificial Intelligence Initiative Act of 2020".
6   (b) TABLE OF CONTENTS.—The table of contents for
7 this Act is as follows:

   Sec. 1. Short title; table of contents.
   Sec. 2. Findings.
   Sec. 3. Definitions.

   TITLE I—NATIONAL ARTIFICIAL INTELLIGENCE INITIATIVE

《2020年国家人工智能计划法》

2016年，美国白宫科学技术与政策办公室举办人工智能系列研讨会，在分析研判美国面临的人工智能发展和安全情况的基础上，发布了《备战人工智能的未来》《国家人工智能研发战略计划》《人工智能、自动化与经济》三份颇具影响力的报告。三份文件均花费40%~60%的篇幅讲述如何防范人工智能风险、建立人工智能伦理等安全问题。

2017 年，特朗普政府发布的首份《国家安全战略》第一次谈及人工智能，认为主要竞争对手正利用人工智能等技术威胁美国国家安全。

2018 年，推出的美国《国防战略》明确将人工智能描述为将改变战争特征并能够为包括非国家行为体在内的对手提供日益复杂能力的重要技术。2018 年 5 月，召开首届"美国工业界人工智能峰会"，邀请亚马逊、美国银行、波音公司等大型企业，白宫高级官员进行题为"为美国人民提供人工智能"的演讲。

2019 年，特朗普签署一份行政令，正式宣布启动"美国人工智能计划"，从国家层面加大资金和资源投入用于人工智能研发，以应对来自战略竞争者的挑战，确保美国在人工智能领域的领先地位。

2020 年，美国国会参众两院表决通过《2020 年国家人工智能计划法》，该法涵盖了包括"国家人工智能计划"在内的诸多美国政府人工智能政策、措施等，相关举措还被写入《2021 财年国防授权法案》，经多轮反复后最终在 2021 年 1 月成为法律，将已有的人工智能部门及其职责进行了固化，并提出要设置的新部门，从此之后美国人工智能发展进入落实执行期，见下表。

美国人工智能发展相关战略

时间 / 年	发布战略	成立机构	所处阶段
2016	备战人工智能的未来 国家人工智能研发战略计划 人工智能、自动化与经济 21 世纪国家安全科学、技术与创新战略	机器学习与人工智能小组委员会	战略制定期
2017	国家安全战略 人工智能未来法案 人工智能与国家安全	算法战跨职能小组	
2018	国防战略 机器崛起：人工智能及对美国政策不断增长的影响	人工智能特别委员会 人工智能研发跨部门工作组 人工智能国家安全委员会 国防部联合人工智能中心 陆军人工智能任务小组 空军人工智能跨职能小组	

时间 / 年	发布战略	成立机构	所处阶段
2019	国家人工智能计划（13859 号总统行政命令"维护美国人工智能领导地位"） 2018 年国防部人工智能战略摘要——利用人工智能促进安全与繁荣 医疗人工智能软件监管框架 2019 年白宫人工智能峰会总结报告 数字现代化战略 2016-2019 年人工智能研发进展 国家人工智能研发战略计划（2019 年更新版） 陆军人工智能战略 空军人工智能战略 人工智能安全：海军行动计划 联邦数据战略与 2020 年行动计划 人工智能原则：国防部人工智能应用伦理的若干建议	能源部人工智能与技术办公室 海军首席人工智能官办公室 退伍军人事务部国家人工智能研究所	计划形成期
2020	确保美国在自动驾驶技术的领导地位：自动驾驶汽车 4.0 国家人工智能计划：首个年度报告 白宫人工智能应用监管指南 国家人工智能研究资源工作组中期报告 人工智能国家安全委员会中期报告 13960 号总统行政命令"推动政府使用可信赖的人工智能"	食品药品监督管理局数字健康卓越中心	计划形成期
2021	卫生与公众服务部人工智能战略 2020 年国家人工智能计划法 人工智能国家安全委员会最终报告 退伍军人事务部人工智能战略	国家人工智能计划办公室 国家人工智能研究资源工作组 特别竞争研究项目组 国防部首席数据与人工智能官办公室	落实执行期

时间/年	发布战略	成立机构	所处阶段
2022	国防部负责任人工智能战略与实施路径 人工智能研究基础设施建设的初步框架 国家竞争力十年中期挑战	国家人工智能咨询委员会 国防部新兴能力政策办公室	落实执行期
2023	国防部武器系统的自主性指令（更新版） 加强和民主化美国人工智能创新生态系统：国家人工智能研究资源实施计划 人工智能风险管理框架	国务院关键与新兴技术特使办公室 国土安全部人工智能工作组 生成式人工智能工作组 人工智能公共工作组	

知识链接：

"国家人工智能计划"

2019 年 2 月 11 日，美国总统特朗普签署了《维护美国在人工智能时代的领导地位》总统行政命令，提出发展"国家人工智能计划"，集中联邦政府的资源来发展人工智能，以促进国家繁荣，增强国家和经济安全，改善人民生活质量。"国家人工智能计划"分为五个战略支柱——创新、推进可信人工智能、教育和培训、基础设施、应用和国际合作。其中与安全直接相关的有两点。

（1）制定人工智能标准。政府机构将通过为不同类型技术和工业部门人工智能的开发和使用制定指南，促进公众对人工智能系统的信任，该指南将帮助政府监管机构制定和维护安全可靠的标准，以更好地实现人工智能新技术的创建和应用。"国家人工智能计划"还要求国家标准与技术研究院牵头制定适当的技术标准，以实现可靠、稳健、安全、便携和交互式的人工智能系统制定。

（2）探索新应用的监管方法。政府还将通过探索管理新人工智能应用的监管和非监管方法，努力建立公众信任。为此，白宫科学技术与政策办公室、国内政策委员会和国家经济委员会将与监管机构和其他利益相关方合作，制定"联邦人工智能技术指南"，确保在促进创新的同时，尊重公民隐私、民众自由和美国价值观。国家标准与技术研究院还将与特朗普政府的人工智能专门委员会合作，优先制定人工智能开发和部署所需的技术标准，以鼓励人工智能在不同阶段的突破性应用。

知识链接：

《2020 年国家人工智能计划法》

2021 年 1 月，美国国会通过《2020 年国家人工智能计划法》。根据该法，美国总统应建立并实施"国家人工智能计划"，解决美国人工智能发展面临的一系列问题，新设国家人工智能计划办公室和国家人工智能咨询委员会，建立或指定一个跨机构委员会，以更健全的组织机构推动计划实施。

该法将美国政府现有的人工智能相关机构和政策写入法律，予以长期支持。例如，将"国家人工智能计划"确立的五项关键任务纳入法律，扩大 2018 年成立的人工智能特别委员会并使其成为永久性机构，承认 2020 年成立的国家人工智能研究所的合法地位，要对 2019 年发布的"国家人工智能研发战略规划"进行定期更新，将白宫 2019 年指导的关键人工智能技术标准活动扩展至包括人工智能风险评估框架等。

根据美国三权分立的管理体制，美国总统掌握行政权，控制美国政府部门，拥有人工智能的最高决策权和领导权。国会拥有立法权，负责人工智能相关立法草案、机构设置、重要官员任命以及预算的审批。

知识链接：

三权分立

三权分立，是通过法律规定，将立法权、行政权和司法权三种权力，分别交给三个不同的国家机关管辖，既保持各自的权限，又要相互制约保持平衡。总统行使行政权，代表美国政府。国会行使立法权，代表立法机构。最高法院行使司法权，代表司法机构。美国人知道权力就好像"巨兽"，必须关在笼子里，过于滥用权力将重蹈覆辙。因此，权力必须用三把锁关起来，三把钥匙分别由三个人保管，只有三把锁同时开启，才能行使权力。

美国总统是国家元首、政府首脑与三军统帅。总统是由选举人团于选举年 12 月在候选人中"间接选举"产生，但选举人投票意向由选民事先决定。每届总统任期 4 年，连选连任不得超过 2 届，担任总统或执行总统职责超过 2 年后，不能再被选为总统超过 1 届。根据美国宪法，总统须年满 35 岁，在美国居住 14 年以上，也一定要是"自然出生的美国公民"或者是在宪法通过时为美国公民。

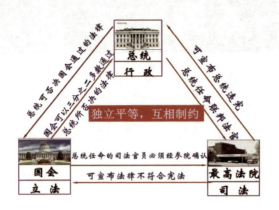

美国三权分立示意图

美国国会是美国最高的立法机关，由参议院和众议院组成。为了使大州与小州之间达成共识，康涅狄格州代表罗杰·舍曼提出一项折中方案：议会分成上下两院。在该方案中，国会中的一院（众议院）规定为比例代表制，另外一院（参议院）规定为平均代表制。康涅狄格妥协案，又称"伟大的妥协"。

美国联邦最高法院是美国最高审判机构，最高法院的组成是 9 名大法官，由总统征得参议院同意后任命，其判例对全国有拘束力，享有特殊的司法审查权，即有权通过具体案例宣布联邦或各州的法律是否违宪，并且最高法院的首席大法官是终身制的。虽然说 9 名大法官是由总统征得参议院同意后任命的，但并不会偏向总统，因为总统是一直在换的，有很多美国总统在他们短短的 4 年任期里，根本没有大法官退休，也就根本没有机会去任命一个他喜欢的大法官。美国最高法院的最高原则是司法独立，它谁也不靠，谁也不帮，谁也不听，可以说是高高在上。

本书主要涉及行政系统和立法系统，两个系统相互制衡，因此本章将从行政和立法两个系统进行梳理研究。严格意义上国防部和退伍军人事务部是美国政府部门之一，但美国在人工智能军事应用和安全监管方面开展了大量的工作，占有的比重非常突出，所以将其单独拉出来进行梳理。

美国人工智能官方网站（www.ai.gov）

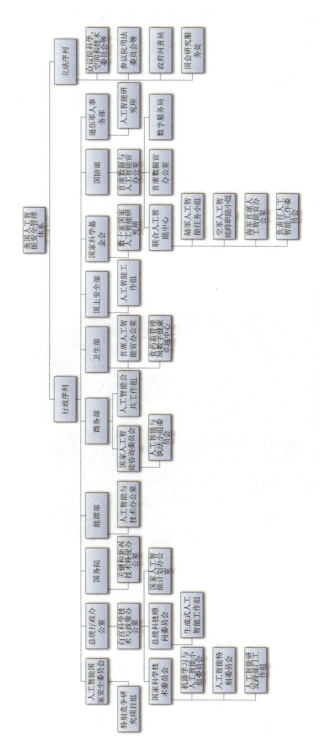

美国人工智能安全管理体系架构图

总体来看，为落实各项战略规划、政策制度和法律规定，确保人工智能安全发展，美国在政府层面和所属机构层面分别实施了多项机构增设和调整的改革。这些机构有的属于咨询机构，有的属于跨部门协调机构，部分属于职能机构，集促进发展和安全监管于一体，与美国现有政府部门一起，构成了美国人工智能安全监管的组织框架。

1. 成立顶层的协调咨询机构

美国政府官僚机构庞大，人工智能的发展和安全管理涉及各部门的利益，不仅和传统科技部门相关，还包括国防部、能源部、卫生部，甚至还有农业部。为此，美国专门成立了部门间的协调咨询机构，而且设立的数量较多，近几年来几乎每年都设置至少一个。

美国政府基本架构图

最早设置的是 2016 年 5 月设立的机器学习与人工智能小组委员会，然后在 2018 年设置了三个，即人工智能特别委员会、人工智能研发跨部门工作组、人工智能国家安全委员会。2021 年设置了两个，包括国家人工智能计划办公室、国家人工智能研究资源工作组，最新设置的是国家人工智能咨询委员会、生成式人工智能工作组。

这里面最顶层的咨询机构是人工智能国家安全委员会，是解决美国国家安全与国防需求问题的智囊机构。其关注点在于：保持国际竞争力，重点关注与人工智能军事化有关的风险和人工智能的伦理问题；建立鼓励开放源码共享数据的"数据标准"；审议推进人工智能、机器学习和相关技术发展的必要方法和手段，以全面满足美国的国家安全和国防需求，制定与人工智能相关的隐私和安全措施以及"委员会认为与国家共同防御有关的任何其他事宜"。

最顶层的规划部门是国家人工智能计划办公室，隶属于白宫科学与技术政策办公室，负责监督和实施美国国家人工智能战略，协调和加强联邦政府各机构、私营部门、学术界和其他利益相关者在人工智能研究和政策制定方面的合作，被认为是整个美国创新生态系统中国家人工智能研究和政策的中心枢纽。

2. 加强现有机构的监管职能

为推动人工智能的研发应用、部署和监管，国土安全部、商务部、能源部等联邦政府部门分别成立人工智能专职管理机构，以强化对人工智能战略统筹、协调与实施。其中，2023 年 4 月 21 日，美国国土安全部设立人工智能工作组，专注于决定性十年的两个趋势，即所谓生成式人工智能创造的革命和外国构成的威胁。

人工智能安全监管问题更多依赖职能部门，将监管人工智能安全的职责融入自己的职责之中，才能使之有足够的法律权力来有效打击人工智能可能造成的伤害。例如，美国消费者金融保护局正在调查所谓数字红线，即住房贷款或房屋估值算法导致的住房歧视，此外该机构还计划制定规则，确保人工智能估值模型对住宅地产不具有歧视性。司法部曾与 Meta 公司达成和解，指控该公司使用的算法在展示住房广告时，非法歧视性别和种族。人工智能在招聘录用方面有巨大的潜力，对此，平等就业机会委员会要求，人工智能在招聘和录用方面的应用，不能基于有偏见的数据集进行训练，防止排除所有与人工智能识别的特定群体不相符的候选人。联邦贸易委员会也提出，将对那些非法阻止新的人工智能市场进入者的公司采取行动。在 ChatGPT 出现后，商务部提出，将采取审计系统，评估人工智能系统是否包含有害偏见或误解，从而传播虚假信息。国家电信与信息管理局负责就技术政策向总统提供建议。联邦贸易委员会正在检查生成式人工智能可能加剧欺骗或欺骗的方式，认为生成式人工智能带来新的安全风险，还担心一些企业积累了与国家抗衡的资源。

联邦通信委员会给出的消除数字歧视示意图

3. 构建安全监督的制度体系

如果说成立机构是为了解决人工智能安全监管的硬件问题，制度体系则属于安全监管的软件建设，具体包括法律、行政命令以及标准与指南等。确保人工智能具有透明性和可解释性，纳入道德、法律、社会等规范，满足维护安全和自由的双重要求。

1) 以宪法和国会法律为基础

美国联邦政府承诺，将以符合宪法和美国价值观并保护公民自由和隐私的方式充分利用人工智能，明确要培养公众对人工智能技术的信任和信心，并在技术应用中保护公民自由、隐私和美国的价值观。以宪法精神为指导，国会推动了一系列人工智能立法，如2017年《人工智能未来法案》、2018年《国防授权法》、2021年《人工智能倡议法案》等，确立了保障人工智能安全的基本原则和制度，也为安全监管提供了基础。

《美利坚合众国宪法》

2）确定监管的原则

适度的监管有助于平衡处理发展与安全防范的关系。美国政府对人工智能监管政策是优先确保人工智能的发展和创新，实施轻监管的政策。2020年1月，白宫公布了《美国人工智能监管原则》草案，目的在于限制监管部门过度插手，要求联邦机构重点采用基于风险和成本效益的人工智能监管方法，并在可能情况下优先考虑非监管方法。2020年11月，美国管理与预算办公室向联邦机构发布了何时及如何监管私营部门使用人工智能的指导意见，要求政府在进行监管时首先进行监管影响评估，即监管风险和成本效益评估，确保人工智能创新的良性发展。

民间及社会的参与治理是美国人工智能安全治理的一项优势，这种非监管机制通过激励措施和公众舆论来发挥作用。非监管机制可以解决非关键的人工智能挑战和危害，并且在某些情况下，在塑造人工智能开发和使用方面，非监管措施可能比监管措施更加有效。非监管机制具有必要的灵活性，能够适应快速发展的技术，并且非监管机制允许进行参与性实验，可以根据人工智能的成熟度进行校准和调整。这种有意关注迭代学习并不断改进的做法反映了一个现实，即人工智能治理机制的任何特定组合都是某一个时间点的实时快照，人工智能技术的进步和我们对人工智能系统与社会之间相互作用的理解必须反映在我们对人工智能治理方法的调整中。人工智能以及使用人工智能的社会环境仍将继续发生变化。因此，人工智能治理也是一个持续的过程，而不是终点。

人工智能治理示意图

3）颁布行政令

美国总统行政令是其法律体系下的一种广义上的法律文件，但又不是严格意义上的法律，是依据法律发布的，但又能够避免传统法律制定周期长的缺点，因此，备受美国总统青睐。加上人工智能这种高科技发展日新月异，如不及时作出相应管理规范，可能就会出大乱子，所以总统行政令，还有国防部等部门的行政指令或者管理规范等，就成为美国人工智能安全管理的重要法宝。当然，这些文件相比于法律其法律效力更弱，一朝天子一朝臣，换了领导人，这些文件可能就由于执政理念不同，变成一堆废纸，如2021年5月14日，拜登政府发布声明，宣布撤销一系列特朗普政府时期签发的总统行政令。

比较典型的就是，2019年2月，特朗普签署总统行政令，从国家层面正式启动了美国人工智能计划，调动更多政府资金和资源用于人工智能研发，此举是为了发展。2020年12月，在意识到人工智能的安全弊端后，特朗普再次签署总统行政令，要求政府机构推行可信赖人工智能，框定了政府使用人工智能必须遵守的规则和路线，强调人工智能的使用必须合法、有目的性、准确、可靠、有效、安全、有保障、有弹性、可理解、负责任、可追溯、可监测、透明和可追责。

同样的，拜登政府也发布了不少总统行政令，如2023年5月，行政令严格限制美国企业对中国高科技产业的投资，包括人工智能、半导体和量子技术等领域。

知识链接：

总统行政令

行政令（Executive Order）是由美国总统作为政府最高行政领导对所属各机构发布的具有法律效力的指示，是总统执行法律、形成和推行自己政策的重要手段。总统签署行政命令后，白宫将其送交联邦公报办公室（OFR）。OFR将每个订单作为系列的一部分连续编号，并在收到后不久公布在每日联邦公报上。除了行政令之外，美国总统还可以发布签发其他类型的文件，包括但不限于宣言、备忘录、通知、决定、信件、信息和命令。

截至2023年6月，美国近几任总统发布的行政令数量如下：

小约瑟夫·拜登：115条。

唐纳德·特朗普：220条。

巴拉克·奥巴马：276 条。

乔治·W·布什：291 条。

威廉·克林顿：263 条。

可以看出历任总统都喜欢签发行政令，在 8 年任期里可以发布 200 多项，几乎每十天都要发布 1 项，而特朗普更是在 4 年任期内发布了 220 项，成为迄今为止发布行政令最频繁的总统之一，其上任不到一周的时间，就签署了多项行政令，包括叫停"奥巴马医改计划"、退出"跨太平洋伙伴关系协定"、推进争议输油管道建设等。显然，特朗普是在兑现自己在竞选期间作出的种种承诺，迫不及待地要将上届政府努力留下的这些政治遗产清理干净，当然第一选择就是这种不需要选民投票、不需要议会通过，只需总统动动笔签署就能实施的行政令。

特朗普于 2017 年 1 月 23 日签署行政命令，宣布美国退出跨太平洋伙伴关系协定

4）制定行业指南与标准

2019 年 2 月发布的"美国人工智能倡议"要求制定人工智能治理标准，其中联邦机构建立针对不同领域的人工智能指南。白宫科学技术与政策办公室、国内政策委员会和国家经济委员会将与监管机构和其他利益相关方合作，制定"人工智能技术指南"，确保在促进创新的同时，尊重公民隐私、民众自由和美国价值观，促进公众对人工智能系统的信任。在指南的基础上，再由政府监管机构制定和维护安全可靠的标准，如国家标准与技术研究院牵头制定适当的技术标准，以实现可靠、稳健、安全、便携和交互式的人工智能系统制定。国家标准与技术研究院（NIST）创建了人工智能协调工作组，相继发布《人工智能：联邦机构和其他机构的问责框

架》《美国人工智能领导力：联邦政府参与开发技术标准和相关工具计划》《人工智能标准与指南》《人工智能风险管理框架》等意见和标准。2021 年 6 月，政府问责局制定《人工智能技术问责框架》，该框架确立了以治理、数据、绩效和监控四个原则为中心的问责制度，以帮助联邦机构和参与人工智能系统设计、开发、部署和持续监测的其他企业或组织实行问责，以保证负责任地使用人工智能。

《人工智能风险管理框架》的核心四要素

二、行政序列

美国行政系列，也就是政府的科技体制框架形成于 20 世纪 60 年代，顶层协调机构是国家科学技术委员会（NSTC）、白宫科学技术与政策办公室（OSTP）和总统科技顾问委员会（PCAST）。涉及 6 个主要部门：国防部、国家卫生研究院、国家航空航天局（NASA）、能源部、国家科学基金会和农业部。根据形势的发展，这些部门下设了人工智能相关机构。

1. 机器学习与人工智能小组委员会，负责监督政府机器学习与人工智能技术发展应用水平

2016 年 5 月，美国白宫科学技术与政策办公室国家科学技术委员会设立了机器学习与人工智能小组委员会，负责处理与人工智能相关的重要问题，监督政府相关技术发展与应用水平，参与制定并落实《国家人工智能研发战略计划》，后来成为人工智能特别委员会的业务执行机构，负责完成特别委员会的相关任务。该委员会成立了两个小组：一个致力于机器学习；另一个致力于研究和开发优先事项。

1）主要人员

机器学习与人工智能小组委员会由爱德华·费尔顿和迈克尔·加利斯担任联合负责人。

人物链接：

爱德华·费尔顿

爱德华·费尔顿是普林斯顿大学计算机和公共事务教授，曾任白宫科学技术与政策办公室的副首席技术官。他于 1993 年来到普林斯顿大学，2005 年，他被任命为普林斯顿大学信息技术政策中心主任，还是联邦贸易委员会的第一位首席技术专家。

他的研究领域包括与信息技术相关的公共政策问题，特别关注电子投票、网络安全政策、政府透明度技术和互联网政策。

人物链接：

迈克尔·加利斯

迈克尔·加利斯是国家标准与技术研究院人工智能团队的资深科学家和创始人 / 主席，他在过去数十年中一直在人工智能、图像处理、模式识别和生物识别领域开展研究。他曾是国家科学技术委员会网络和信息技术研究与发展小组委员会人工智能研发机构间工作组的成员，主持其人工智能研发系列研讨。2016 年，合著发布两份国家战略报告——《为人工智能的未来做准备》和《国家人工智能研发战略计划》。

2）主要举措

2016 年 6 月 15 日，机器学习与人工智能小组委员会按照网络信息技术研发小组委员会指示制定了"国家人工智能研发战略计划"。该战略计划为联邦资助的人工智能研究制定了一系列战略，其目的是获取新的人工智能知识和技术，对社会产生一系列正面影响，同时将负面影响降到最低。7条战略中有以下4条是与安全相关的。

战略3：了解并处理人工智能的伦理、法律和社会影响。我们希望人工智能技术能够遵循有利于人类的正式和非正式规范。研究应了解人工智能的伦理、法律和社会影响，并开发根据伦理、法律和社会目标设计人工智能系统的方法。

战略4：保证人工智能系统的安全稳妥。在广泛使用人工智能系统之前，需要确保系统能够以受控、明确和易于理解的方式安全、有保障地运行。要创造可靠、可依赖、可信的人工智能系统，还需要进一步研究。

THE NATIONAL ARTIFICIAL INTELLIGENCE RESEARCH AND DEVELOPMENT STRATEGIC PLAN

National Science and Technology Council

Networking and Information Technology Research and Development Subcommittee

October 2016

《国家人工智能研发战略计划》2016版封面

战略 5：为人工智能训练和测试开发共享数据集和环境。训练数据集和资源的深度、质量和准确性对人工智能的性能影响巨大。研究人员需要创造优质的数据集和环境，以便安全访问优质数据集以及测试和训练资源。

战略 6：根据标准和基准权衡并评估人工智能技术。标准、基准、测试平台以及指导并评估人工智能的群体参与对于人工智能技术的发展至关重要，发展更广泛的评估方法还需额外研究。

2. 人工智能特别委员会，由政府部门高级别领导组成，开展各部门的深度合作和咨询建议

2018 年 5 月 10 日，美国白宫举办了一场由人工智能领域的专家参与的科技峰会，白宫科学技术与政策办公室副主任迈克尔·克拉希欧斯宣布组建人工智能特别委员会（也称为人工智能专门委员会），由国家科学技术委员会管理，该人工智能特别委员会还接受白宫科学技术与政策办公室的领导。该委员会是为了在政府、军事、财政、外交、人口和教育等各个领域进行人工智能深度部署，以保持美国在该领域的领导地位。

1）主要职责

根据《2020 年国家人工智能计划法》要求，美国政府于 2021 年 1 月颁布修订版人工智能特别委员会章程，明确人工智能特别委员会承担跨机构委员会的职能。主要职责包括以下几项。

（1）促进联邦机构间人工智能研发、演示、教育和人才培训活动的规划与协调，以增强竞争力。

（2）就人工智能相关事宜向国家科学技术委员会提出建议。

（3）制定人工智能战略规划，对其进行定期更新。

（4）为研究、开发、测试和采用符合伦理、安全可靠的人工智能系统制定通用标准和指南。

（5）向管理与预算办公室提出"国家人工智能计划"的年度跨部门预算等。

（6）审查和协调美国在人工智能开发方面的优先事项和投资，包括与自动系统、生物识别、计算机视觉和机器人等。

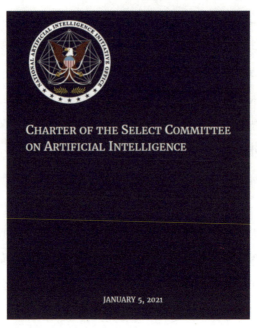

人工智能特别委员会章程

2）人员构成

该委员会主要由美国政府人工智能相关部门的高级别领导构成。初始成员包括商务部标准与技术副秘书长、国家标准与技术协会会长沃尔特·科班，国防部研究与工程副秘书长迈克尔·格里芬，能源部科技处副秘书长保罗·达巴尔，国家自然科学基金主管弗朗斯·科尔多瓦和DARPA主管彼得·哈纳姆。该委员会成员还包括来自国家安全局、联邦首席信息办公室和管理与预算办公室的官员。

3）主要举措

一是发布云计算资源报告。人工智能特别委员会是通过发布咨询报告来影响白宫战略政策的制定。例如，该委员会2020年11月发布报告，就政府人工智能研发项目如何利用云计算资源提出建议。报告分析了目前遇到的问题是各部门云系统的访问机制、方法不一致，造成研究过程效率低下，以及获得教育和培训的机会有限，阻碍研究人员了解如何最佳利用云计算进行人工智能研究和开发。报告提出云计算平台"稳健、敏捷、可靠和可伸缩的能力"有助于加速人工智能的发展。具体建议包括以下几项。

（1）启动和支持试点项目，以确定在联邦资助的人工智能研发中使用商业云的优势和挑战。

（2）改善教育和培训机会，帮助研究人员利用云资源进行人工智能研究与开发。

（3）优化编目身份管理和单点登录，促进商业云资源高效利用从而推动人工智能研究与开发。

（4）建立并发布最佳实践，以无缝使用不同的云平台进行人工智能研究和开发。

二是更新研发战略计划。根据国会要求，每三年更新一次《国家人工智能研发战略计划》，此项工作由人工智能特别委员会领导，美国国家科学基金会、美国国防高级研究计划局和白宫科学技术与政策办公室共同参与。在保留之前版本的研发战略重点基础上，重新评估了联邦政府人工智能研发投资的优先次序，根据最新发展情况，增加之前缺失的内容，如2019版增加了扩大公私合作伙伴关系的战略重点方向，力求促进政府各机构和包括产业界、学术界、非营利组织在内的私营部门共享资源，进一步推动美国人工智能研发。2023年版增加了人工智能国际合作建立原则性、可协调的方法，培养一种发展和使用值得信赖的人工智能的全球文化。

《国家人工智能研发战略计划》2019版封面

《国家人工智能研发战略计划》2023 版封面

知识链接：

三个版本的《国家人工智能研发战略计划》

  研发战略计划是美国在 2016 年 10 月发布的国家层面人工智能战略，引发了世界各国在接下来的 5 年里发布了数十份人工智能国家战略（详见国防工业出版社 2022 年出版的《世界人工智能发展态势》）。时任美国总统的奥巴马对研发战略计划推崇备加，称为新世纪的"阿波罗登月计划"。

  研发战略计划强调美国政府介入人工智能研究，致力于美国优先，维护美国在人工智能领域的领先地位，认为人工智能技术的全球领导地位是国家安全的重中之重，美国对待人工智能的方式必须反映美国价值观。

  作为研发战略计划的配套，美国政府逐年增加人工智能相关预算，特别是向美国国家科学基金会每年投入 10 亿美元左右的经费，专门设立了近 20 个人工智能研究所，这些投资几乎覆盖美国所有的社会领域，该项工作是联合美国农业部、国家食品和农业研究所、教育部教育科学研究所、美国国土安全部科学技术理事会、国家标准与技术研究所、国防部负责研究和工程的副部长办公室开展的，亚马逊、谷歌、英特尔等大型科技巨头也参与了相关投资。据此，美国已初步形成了"国家主导、官办机构为先锋"的人工智能发展模式。

美国是两党轮流执政，现任总统往往会直接推翻上任的政策，但人工智能是个例外，其优先发展已成为事关美国国运的基本国策，得到了三届总统的一致拥护。

2019年2月，特朗普政府发布《关于维持美国在人工智能领域领导地位的行政命令》提出，以符合美国价值观、政策和优先地位的方式推动人工智能的全球化发展，保护美国的技术、经济和国家安全，保护美国公民的自由、隐私和美国价值观。在此基础上发布了"研发战略计划"2019更新版。2023年5月，拜登政府宣布一系列围绕美国人工智能使用和发展的新举措，目前白宫方面希望更全面地了解并捕捉到快速发展的人工智能技术所蕴含的风险和机遇，在此基础上发布了"研发战略计划"2023更新版。

下表对三个版本的研发战略计划具体内容进行直观对比，画线部分为相对上一版本删除内容，蓝色部分为新增内容。

三个版本研发战略计划对比

2016版（七大战略）	2019版（八大战略）	2023版（九大战略）
战略1：长期投资人工智能研发。优先考虑投资下一代人工智能技术，促使美国成为人工智能领域的世界领导者。 （1）提升基于数据发现知识的能力； （2）增强人工智能系统的感知能力； （3）了解人工智能的理论能力和局限性； （4）开展通用人工智能研究； （5）开发可扩展的人工智能系统； （6）促进类人的人工智能研究； （7）开发更强大和更可靠的机器人； （8）推动人工智能的硬件升级； （9）为改进的硬件创建人工智能	战略1：长期投资人工智能研发。优先考虑投资下一代人工智能技术，促使美国成为人工智能领域的世界领导者。 （1）提升基于数据发现知识的能力； （2）增强人工智能系统的感知能力； （3）了解人工智能的理论能力和局限性； （4）开展通用人工智能研究； （5）开发可扩展的人工智能系统； （6）促进类人的人工智能研究； （7）开发更强大和更可靠的机器人； （8）推动人工智能的硬件升级； （9）为改进的硬件创建人工智能	战略1：长期投资人工智能研发。优先考虑投资下一代人工智能技术，促使美国成为人工智能领域的世界领导者。 （1）提升基于数据发现知识的能力； （2）促进联邦机器学习方法； （3）了解人工智能的理论能力和局限性； （4）开展可扩展通用人工智能系统研究（合并原第4,5项）； （5）开发跨真实和虚拟环境的人工智能系统和模拟（即数字孪生）； （6）增强人工智能系统的感知能力（原第2项）； （7）开发更强大和更可靠的机器人； （8）推动人工智能的硬件升级； （9）为改进的硬件创建人工智能； （10）拥抱可持续发展的人工智能和算力系统

2016 版（七大战略）	2019 版（八大战略）	2023 版（九大战略）
战略 2：发展有效的人—智协作方法。研发能够有效补充和提高人类能力的人工智能系统，而非取代人类。 （1）寻找人类感知人工智能的新算法； （2）开发增强人类能力的人工智能技术； （3）开发可视化和人机界面技术； （4）开发更高效的语言处理系统	战略 2：发展有效的人—智协作方法。研发能够有效补充和提高人类能力的人工智能系统。 （1）寻找人类感知人工智能的新算法； （2）开发增强人类能力的人工智能技术； （3）开发可视化和人机界面技术； （4）开发更高效的语言处理系统	战略 2：发展有效的人—智协同方法。研发能够有效补充和提高人类能力的人工智能系统。 （1）发展人－智协作科学； （2）寻求性能模型和指标的改进； （3）培养对人－智交互的信任； （4）追求对人－智系统的更好理解； （5）为人工智能交互和协作发展新范式
战略 3：理解并解决人工智能应用引发的伦理、法律和社会问题。研发能够通过技术手段解决伦理、法律和社会问题的人工智能系统。 （1）改进公平性、透明度和涉及责任机制； （2）建立符合伦理的人工智能； （3）涉及符合伦理的人工智能架构	战略 3：理解并解决人工智能应用引发的伦理、法律和社会问题。研发能够通过技术手段解决伦理、法律和社会问题的人工智能系统。 （1）改进公平性、透明度和涉及责任机制； （2）建立符合伦理的人工智能； （3）涉及符合伦理的人工智能架构	战略 3：理解并解决人工智能应用引发的伦理、法律和社会问题。研发能够通过技术手段解决伦理、法律和社会问题的人工智能系统。 （1）投资基础研究，包括通过社会技术系统设计来提升核心价值以及研究人工智能的伦理、法律和社会影响； （2）理解和减轻人工智能的社会和伦理风险； （3）使用人工智能来解决伦理、法律和社会问题； （4）理解人工智能的更广泛的影响
战略 4：确保人工智能系统的安全性。设计安全、可靠、值得信赖的人工智能系统。 （1）提高可解释性和透明度； （2）提高信任度；	战略 4：确保人工智能系统的安全性。设计安全、可靠、值得信赖的人工智能系统。 （1）提高可解释性和透明度； （2）提高信任度；	战略 4：确保人工智能系统的安全性。设计安全、可靠、值得信赖的人工智能系统。 （1）建立安全的人工智能系统； （2）保障人工智能系统的安全

2016 版（七大战略）	2019 版（八大战略）	2023 版（九大战略）
（3）增强可验证与可确认性； （4）保护免受攻击； （5）实现长期的人工智能安全和优化	（3）增强可验证与可确认性； （4）保护免受攻击； （5）实现长期的人工智能安全和优化	
战略 5：为人工智能系统的训练和测试研发可共享的公共数据集和环境。 （1）发展并提供满足多样化人工智能应用需求的易用数据集； （2）使测试资源响应于商业和公共利益； （3）开发开源软件库和工具包	战略 5：为人工智能系统的训练和测试研发可共享的公共数据集和环境。 （1）发展并提供满足多样化人工智能应用需求的易用数据集； （2）使测试资源响应于商业和公共利益； （3）开发开源软件库和工具包	战略 5：为人工智能系统的训练和测试研发可共享的公共数据集和环境。 （1）开发并提供满足多样化人工智能应用需求的易用数据集； （2）发展可共享的大规模和专门的先进算力和硬件资源； （3）使测试资源响应于商业和公共利益； （4）开发开源软件库和工具包
战略 6：为衡量和评估人工智能技术制定标准和基准。建立人工智能技术评价体系，包括设置技术标准和规则。 （1）开发广泛应用的人工智能标准； （2）制定人工智能技术测试基准； （3）增加可用的人工智能测试平台； （4）促进人工智能社群参与标准和基准的制定	战略 6：为衡量和评估人工智能技术制定标准和基准。建立人工智能技术评价体系，包括设置技术标准和规则。 （1）开发广泛应用的人工智能标准； （2）制定人工智能技术测试基准； （3）增加可用的人工智能测试平台； （4）促进人工智能社群参与标准和基准的制定	战略 6：为衡量和评估人工智能技术制定标准和基准。建立人工智能技术评价体系，包括设置技术标准和规则。 （1）开发广泛应用的人工智能标准； （2）制定人工智能技术测试基准； （3）增加可用的人工智能测试平台； （4）促进人工智能社群参与标准和基准的制定； （5）制定人工智能系统的审查和监控标准

2016版（七大战略）	2019版（八大战略）	2023版（九大战略）
		战略7：充分了解人工智能研发人员的实际需求。为人工智能研发人员创造更好的发展空间，培养一支专业的人工智能研发人才团队。 （1）描述和评估人工智能劳动力； （2）为各学习阶段制定人工智能教学材料研发策略； （3）支持人工智能领域的高等教育从业者； （4）培训／再培训劳动力； （5）探索多元化和多学科专业知识的影响； （6）识别和吸引世界顶尖优秀人才； （7）发展区域人工智能专业知识； （8）研究策略以加强联邦人工智能劳动力； （9）将伦理、法律和社会影响纳入人工智能教育和培训； （10）将联邦劳动力优先事项传达给外部利益相关方
战略7：充分了解人工智能研发人员的实际需求。为人工智能研发人员创造更好的发展空间，培养一支专业的人工智能研发人才团队	战略7：充分了解人工智能研发人员的实际需求。为人工智能研发人员创造更好的发展空间，培养一支专业的人工智能研发人才团队	
	战略8：扩大公私合作伙伴关系，推进人工智能前沿技术发展。促进联邦政府与学术界、企业界、非联邦实体以及其他盟友国家之间的合作，以便维持人工智能研发投资，并推动研发成果及时转化为商业应用	战略8：扩大公私合作伙伴关系，推进人工智能前沿技术发展。促进联邦政府与学术界、企业界、非联邦实体以及其他盟友国家之间的合作，以便维持人工智能研发投资，并推动研发成果及时转化为商业应用。 （1）实现更好的公私合作协同增效； （2）扩大与更多不同利益相关者的合作伙伴关系； （3）完善、扩大和创建研发伙伴关系机制（首次完善）

2016版（七大战略）	2019版（八大战略）	2023版（九大战略）
		战略9：为人工智能国际合作建立原则性、可协调的方法。 （1）培养一种发展和使用值得信赖的人工智能的全球文化； （2）支持全球人工智能系统、标准和框架的发展； （3）促进国际思想和专业知识的交流； （4）鼓励人工智能为全球福祉而发展

3. 人工智能研发跨部门工作组，协调美国政府 32 个参与机构的人工智能发展与安全活动

2018 年 7 月，白宫科学技术与政策办公室、国家科学技术委员会批准成立人工智能研发跨部门工作组，在美国网络与信息技术研究发展计划 [①]（NITRD）下协调联邦政府跨部门的人工智能研发投资工作，支持人工智能特别委员会和机器学习与人工智能小组委员会开展的活动。

1）主要职能

协调政府机构的人工智能研发，推进国家人工智能计划。具体是从人工智能专家那里收集信息，并汇总政府范围内的人工智能研发支出，以确保政府对人工智能研发的投资能够带来创新应用，以应对国家的挑战，利用其机遇，促进美国的领导地位和全球竞争力。

2）主要人员

人工智能研发跨部门工作组由史蒂文·李、迈克尔·利特曼（国家科学基金会信息与智能系统部门主任）、克雷格·谢菲尔（国家标准与技术研究院认知和协作系统组组长）担任联合负责人。

---

① 美国网络与信息技术研究发展计划是美国各部门协调开展的历史最悠久、规模总庞大的计划之一，由国家科学技术委员会牵头管理，是美国政府在计算机、网络和软件等信息技术领域投资的重大项目合集，该计划始于 20 世纪 90 年代初期，截至 2023 年仍在持续投资，每年对 21 个成员机构的研发投资约为 50 亿美元。

史蒂文·李

史蒂文·李是在能源部科学办公室任职，负责通过先进计算进行科学发现、应用数学研究等工作。曾在劳伦斯利弗莫尔国家实验室的应用科学计算中心从事计算科学研究，以及橡树岭国家实验室从事计算机科学和数学研究，并在美国麻省理工学院数学系担任客座助理教授。

他在伊利诺伊大学香槟分校获得计算机科学博士学位，在耶鲁大学获得应用数学／计算机科学学士学位。

3）主要举措

一是梳理掌握人工智能相关项目。人工智能研发跨部门工作组筛选网络与信息技术研究发展计划历年非国防的人工智能研发投资情况，专门制作网站进行汇总展示，方便政府各部门了解相关情况，避免重复投资。在此基础上，建立"人工智能研究计划存储库"，提供一个可搜索的目录，其中包含与人工智能相关的联邦拨款计划和合作机会。该存储库目前包含140个相关项目，并将随着新项目的公布而更新。

人工智能研究计划存储库网站

二是研究人工智能与网络安全问题。人工智能研发跨部门工作组研究人工智能的相关安全问题，尤其是与网络、电磁等交叉融合所带来的问题，在组织召开研讨会的基础上，发布相关研究报告，如《人工智能和网络安全：详细的技术研讨会报告》（2020 年 2 月）、《人工智能与网络安全：机遇与挑战》（2020 年 5 月）等。

《人工智能与网络安全：机遇与挑战》

三是协调更新人工智能研发战略计划。支撑机器学习与人工智能小组委员会，一起起草并定期更新《国家人工智能研发战略计划》。

4. 人工智能国家安全委员会，作为顶层咨询机构，通过发布报告、举办峰会影响政策走向

美国人工智能国家安全委员会是根据《2019 财年国防授权法》于 2018 年 8 月成立的美国顶层战略咨询机构，运行经费 1000 万美元，直接向美国总统和国会提供咨询建议，推动人工智能、机器学习和相关技术的发展，全面解决美国的国家安全和国防需求问题。

人工智能国家安全委员会徽标

> 我们已经看到人工智能为孤独的人提供了对话和安慰，我们还看到人工智能参与种族歧视。然而，人工智能在短期内可能对个人造成的最大伤害是工作流离失所，因为我们可以用人工智能自动化的工作量比以前大得多。作为领导者，我们所有人都有责任确保我们正在建设一个每个人都有机会茁壮成长的世界。
>
> ——埃里克·施密特

1）主要职责

根据《2019 财年国防授权法》要求，委员会职责是着眼于美国的竞争力、国家保持竞争力的方式和需要关注的伦理问题，审查人工智能、机器学习开发和相关技术的进展情况，全面满足美国国家安全和国防需要，具体包括以下三项。

（1）评估人工智能在军事应用中的风险以及对国际法的影响。

（2）考察人工智能在国家安全和国防中的伦理道德问题。

（3）建立公开训练数据的标准，推动公开训练数据的共享。

2）人员构成

委员会成员经国会领导人、国防部部长和商务部部长任命产生，共包括 15 名前政府高官、企业高管及学术领袖。主席由前国防部常务副部长、新美国安全中心高级合伙人罗伯特·沃克和 Alphabet 公司技术顾问埃里克·施密特共同担任。成员中业界代表包括甲骨文公司联合 CEO 萨夫拉·卡茨、亚马逊公司网络服务 CEO 安迪·雅西以及谷歌云人工智能主管安德鲁·摩尔。学界代表有达科他州立大学校长格里菲斯、佛罗里达人类与机器认知研究所 CEO 肯·福特，加州理工学院和 NASA 的共同代表、喷气推进实验室人工智能小组主管简志伟。情报界代表有 In-Q-Tel 投资公司 CEO 克里斯特·达比和美国情报高级研究计划局前局长贾森·马西尼。民间组织代表为索罗斯旗下的"开放社会基金会"合伙人米尼翁·克莱本。非盈利机构代表有"SRI 国际"信息与计算科学部主任威廉·马克、管理咨询公司柏科国际顾问卡特里娜·麦克法兰和风投公司阿尔索普路易合伙公司吉尔曼·路易等。

人物链接：

埃里克·施密特

埃里克·施密特是一位技术专家、企业家和慈善家。他于2001年加入谷歌公司，与创始人谢尔盖·布林（Sergey Brin）和拉里·佩奇（Larry Page）一起把公司从硅谷的一家初创公司发展成为全球技术领导者。他于2001—2011年担任谷歌公司首席执行官兼董事长，以及技术顾问。在他的领导下，谷歌公司大幅扩展了其基础设施，使其产品多样化，同时保持了强大的创新文化。2017年，他创立了施密特期货，这是一项慈善计划，投资让世界变得更美好。他最近的计划是特别竞争研究项目组，这是一项两党合作的非营利性计划，其使命明确：提出建议，以加强美国在人工智能和其他新兴技术重塑国家安全、经济和社会的长期竞争力。

知识链接：

《美国人工智能国家安全委员会法案》

2018年3月20日，美国国会发起提案，建议成立"人工智能国家安全委员会"。

一、设立

在行政部门设立一个独立委员会，称为"人工智能国家安全委员会"，委员会应视为独立设立的联邦政府部门。

二、职责

1. 通则

委员会对人工智能、机器学习的发展和相关技术开展审查，在进行此类审查时，委员会应审查促进美国人工智能、机器学习和相关技术的发展所需的方法和手段，以便全面解决国家安全需要，包括经济风险和国防部的任何其他需要。

2. 审查的范围

在进行审查时，委员会须考虑以下事项。

（1）美国在人工智能、机器学习和其他相关技术方面的竞争力，包括与国家安全、经济安全、公私伙伴关系和投资相关的事务；

（2）美国在人工智能、机器学习和其他相关技术，包括量子计算和高性能计算方面保持技术优势的手段和方法；

（3）国际合作和竞争力的发展和趋势，包括在人工智能、机器学习和计算机科学领域的外国投资；

（4）在基础研究和高技术研发中，强化重点和投资手段，以鼓励人工智能、机器学习和其他相关技术的私人、公共、学术和联合倡议，包括量子计算和高性能计算；

（5）吸引和招聘人工智能/机器学习方面领导人才的劳动力和教育激励措施，包括科学、技术、工程和数学项目；

（6）美国和外国在军事上应用人工智能/机器学习的风险，包括根据国际武装冲突法、国际人道主义法，以及动态调整；

（7）基于人工智能/机器学习将来的可能应用，对其伦理问题的考虑；

（8）建立数据标准，鼓励在相关的数据驱动的工业中分享开放数据训练；

（9）制定关于人工智能、机器学习和相关技术数据的隐私保护措施；

（10）委员会认为与国家共同防御有关的其他任何事项。

三、组成

人数和任用。委员会应由 11 名成员组成。

（A）国防部部长任命 3 名成员。

（B）参议院军事委员会主席任命 2 名成员。

（C）参议院军事委员会少数派成员任命 2 名成员。

（D）众议院军事委员会主席任命 2 名成员。

（E）众议院军事委员会少数派成员任命 2 名成员。

四、主席和副主席

委员会应从其成员中选出 1 名主席和副主席。

五、任期

成员的任命应为委员会任期内。委员会之空缺，不影响其职权，并应以原任命时相同的方式填补。

六、联邦雇员身份

尽管有《美国法典》第 5 卷第 2105 节的要求，委员会成员应被视为联邦雇员。

七、资金

国防部在 2019 财年为其提供拨款，不超过 1000 万元，供委员会履职所需。

八、报告制度

（1）初步报告。在本法正式颁布之日起 180 天内，委员会应就行政部门和国会涉及人工智能/机器学习及相关技术的相关事务，向总统和国会提交关于委员会调查结果的初步报告，以及可采取行动的建议，包括更有效地组织联邦政府的建议。

（2）全面报告。在本法正式颁布之日起一年内，委员会每年应向总统和国会提交全面审查报告。

九、人工智能的定义

本法案中的"人工智能"一词包括以下各项。

（1）任何无须人类监督、可在不同情况和不可预知的情况下执行任务的人工系统，或可通过数据集提高性能和学习经验的人工系统。

（2）在计算机软、硬件或其他环境中开发的人工系统，用于解决需要人类感知、认知、规划、学习、沟通或身体动作的任务。

（3）设计为像人类一样思考或行动的人工系统，包括认知结构和神经网络。

（4）用于抵近"认知任务"的一类技术，包括机器学习。

（5）一种通过感知、计划、推理、学习、交流、决策和行动实现目标的人工系统，包括智能软件代理或实体机器人。

十、终止

委员会应于 2020 年 10 月 1 日终止。

115TH CONGRESS
2D SESSION

H. R. 5356

To establish the National Security Commission on Artificial Intelligence.

IN THE HOUSE OF REPRESENTATIVES

MARCH 20, 2018

Ms. STEFANIK introduced the following bill; which was referred to the Committee on Armed Services, and in addition to the Committees on Education and the Workforce, Foreign Affairs, Science, Space, and Technology, and Energy and Commerce, for a period to be subsequently determined by the Speaker, in each case for consideration of such provisions as fall within the jurisdiction of the committee concerned

3）运行模式

一是发布战略咨询报告左右政府决策。

该委员会围绕人工智能安全相关议题，定期召开全体会议，共发布 6 份报告，主要围绕人工智能研发和投资、国家安全应用、军事应用、人才培养、国际合作等方面持续为美国政府发展人工智能提供决策支撑。2021 年 3 月发布的最终报告是该委员会于 2021 年 10 月任期结束前发布的最后一份报告，是该委员会对美国人工智能安全战略研究成果的集中呈现，在很大程度上会影响美国拜登政府在人工智能安全领域的政策走向，见下表。

美国人工智能国家安全委员会历年报告一览表

时间	报告	主要内容
2019 年 7 月	初始报告	提出维护美国在人工智能领域的优势地位的五项基本原则：投资研发、将技术应用于国家安全任务、培养和招募人工智能人才、保护和利用美国技术优势、围绕人工智能问题开展全球合作。初始报告是 2019 年中期报告的基础
2019 年 11 月	2019 年中期报告	提出五大措施确保美国在人工智能领域的领导地位：加大研发投入、将人工智能用于国家安全、培养和招募人工智能人才、确保美国技术优势、领导建立全球人工智能合作网络
2020 年 3 月	2020 年一季度报告	提出六大措施确保美国在人工智能领域的领导地位：加大在人工智能领域的研发投入、创建自上而下的领导机制加速人工智能在国防部的应用、加强人工智能人才建设、确保美国在尖端微电子和 5G 领域的技术优势、建立国际合作的国家安全政策框架、发展符合伦理和负责任的人工智能
2020 年 7 月	2020 年二季度报告	提出六大措施确保美国在人工智能领域的领导地位：加快美国国防部人工智能研发、加速人工智能在国家安全和国防中的应用、改善美国数字化人才队伍、加强出口管制和对国外投资的筛选、在大国数字化竞争时代重新调整国务院的权力、实施"负责任地开发和部署人工智能"的"关键注意事项"
2020 年 10 月	2020 年中期报告	从五个方面提出 66 条具体建议，包括加强人工智能研发、将人工智能技术应用于国家安全领域、培训和招募人工智能人才、维护人工智能相关技术的竞争优势、引领人工智能国际合作。报告强调发展人工智能技术群，具有鲜明的政策导向性，体现了高度的对抗性，反映了强化顶层统管的趋向

时间	报告	主要内容
2021 年 3 月	最终报告	围绕保卫国家安全和赢得技术竞争两个维度提出美国人工智能安全与发展的意见建议和实施路径，报告是委员会对美国人工智能安全战略研究成果的集中呈现，将很大程度影响拜登政府在人工智能领域的政策走向

知识链接：

《人工智能国家安全委员会最终报告》

2021 年 3 月 1 日，美国发布《人工智能国家安全委员会最终报告》（以下简称《报告》），聚焦在人工智能时代保卫美国、赢得技术竞争两大主题，强调美国要在人工智能所有领域占据绝对领先地位，提出构建技术同盟、促进制造业回流、加强出口管制、严格投资审查等系列措施。

《报告》共 756 页，分为两部分共 16 章，从国家安全的战略高度提出了美国人工智能安全与发展的意见建议和实施路径。第一部分围绕人工智能时代维护国家安全，提出从政府机构设置、智能武器管控、情报能力建设、监管治理体系等方面构筑人工智能国家安全防线；第二部分围绕如何赢得人工智能技术竞争，从加快技术创新、加大经费投入、强化供应链优势、吸引全球人才、构建国际秩序等方面保持技术优势。主要有以下特点。

《人工智能国家安全委员会最终报告》

（1）强化政府引导作用，赢得技术与能力竞争。

《报告》认为，美国联邦政府必须全面动员起来，更好地领导对华科技竞争。一是建议设立由副总统领导的白宫技术竞争力委员会，从国家顶层制定科技竞争战略。二是推行针对高技能移民的综合移民战略，通过签证、绿卡的改革，鼓励更多人工智能人才到美国学习并继续留在美国工作。三是投入人工智能研发的非国防经费每年翻一番，到2026年达到每年320亿美元，建立国家技术基金会，使国家人工智能研究机构数量翻一番。四是建立国家人工智能研究基础设施，由云计算资源、试验台、大规模开放训练数据等组成。五是强调制造业回流，建议政府提供资金和奖励，建立微电子设计和制造的国内基地。保持美国具备多个尖端微电子制造的来源，保证供应链安全。六是制定权威统一的技术清单，推动人工智能、微电子、生物技术、量子计算、5G、机器人和自主系统、增材制造业及储能技术的发展。

（2）加速人工智能军事应用，保持军事竞争优势。

人工智能军事应用一直是该委员会关注重点。《报告》认为"如果美军不加速在军事任务中采用人工智能，就可能会在未来十年内丧失竞争性军事技术优势"，明确将加速推进美国人工智能军事应用，值得高度关注与警惕。一是加强军事智能相关配套建设，建立完善的军事智能基础设施和条件平台，培养一支军事智能人才队伍，建立更加灵活的采购、预算和监督流程，以及战略性地剥离对智能化作战贡献度不高的装备和系统，转而投资于下一代能力。二是到2025年使美军具备智能化作战能力，国防部需要创新智能化联合作战概念，建立智能化作战能力指标，推动"联合全域指挥控制项目"重大军事战略工程，促进与盟国人工智能的互操作性。三是推动国防部机构改革，提升国防部研究与工程副部长权责，赋予其参联会首席科技顾问、情报界首席科学顾问角色，统筹人工智能技术在军事、情报领域的运用；在国防部设立"新兴技术指导委员会"，加强对国防部"联合人工智能中心"的指导，要求各军兵种、各战区组建专门负责人工智能运用的机构。

（3）加强对我技术遏制打压，保持美国绝对优势。

3月3日，白宫公布《国家安全战略临时指南》，特别指出"中国已成为唯一有能力结合经济、外交、军事和技术力量，对国际体系构成持久挑战的潜在竞争对手"。与此一致，《报告》提到中国多达605次，极力渲染我人工智能技术发展威胁，明确要在微电子技术领域至少领先我国两代，并提出了围堵我人工智能发展的一系列措施。一是限制美国大学与我合作交流，要求美国大学全面披露研究活动资全来源及合作机构，并建立涉华风险人员及实体数据库，以限制我国研究人员及学生在美国大学参加科研活动。二是强化外国投资审查，扩大对竞争对手国家投资者的披露要求，以限制来自我国的投资。三是加强签证审查以限制有问题的研究合作，将美国研究企业作为国家资产加以保护。

（4）打着民主旗号，构建反华国际联盟。

与特朗普政府奉行单边主义、与世界各国大打贸易战的做法不同，拜登政府更加强调多边主义，重视与盟友的合作，并声称要联合其盟友共同应对中国的所谓威胁和挑战。《报告》顺应拜登政府外交政策，建议美国以共同价值观和负责任行为等旗号组建人工智能国际联盟，主导人工智能标准和规则制定。一是构建有利于美国的国际技术秩序，通过与盟国和伙伴携手合作，利用人工智能等新兴技术推广其所谓的民主规范和价值观。二是建立新兴技术国际联盟，提高美国作为新兴技术全球研究中心的地位，领导新兴技术领域的外交。三是推广美国人工智能和自主武器政策，使之成为国际规则，成为约束中俄等国人工智能武器发展的锁链。四是联合盟国对先进半导体制造设备实施出口管制，除管控美国公司对我国的出口外，还限制日本、荷兰等国公司向我国出口先进芯片制造工具。

二是举办全球峰会维持国际霸权。

人工智能国家安全委员会还有另一项抓手就是定期组织召开"全球新兴技术峰会"，邀请所谓民主国家、国际组织和私营部门参与，由美国高层领导进行美国人工智能等新兴技术理念宣贯，打着民主、负责任等道义旗号拉帮结派，形成以美国为中心的新兴技术发展圈，确保美国技术霸权和领先地位。

根据其官网显示，全球新兴技术峰会主要用以解决以下问题。

（1）应对新兴技术面临的共同挑战。

（2）评估召集志同道合的国家形成新的全球计划。

（3）探索如何培育符合民主价值观的全球技术平台。

第一次会议于2021年7月13日在美国华盛顿州举办。分为四个小组进行讨论，包括新兴技术国际合作的必要性、国际合作格局如何适应新的战略环境、国际技术合作的未来（与前领导人的对话）、下一代全球技术平台。参会人员既有政府高官，也有业界大佬，都是对人工智能等新兴技术未来走向有巨大影响的人物。主讲嘉宾包括美国国防部部长奥斯汀、商务部部长雷蒙多、白宫国家安全顾问沙利文、国务卿布林肯、施密特博士等。此次会议的核心成果是国防部部长奥斯汀在会上提出了"一体化威慑"战略，把技术、作战概念和能力结合起来形成威慑，该战略的重点还包括多领域作战，以及与美国盟友一起联合备战、演习。"一体化威慑"战略不依靠纯粹的数量或军力规模来对潜在对手取得军事优势，而是依靠创新、分散但安全的网络及技术优势，尤其是人工智能技术优势。为此，美国国防部部长宣称美国需在人工智能等新兴技术领域进行大规模创新和投资，确保技术优势。未来5年美国将投资15亿美元加速人工智能军备整合，要在中美竞争中制胜。

奥斯汀出席全球新兴技术峰会

第二次会议于2022年9月16日在美国华盛顿州举办。有600多人参加，聚集了美国及其国际伙伴和盟友的领导人，讨论如何共同确保新兴技术有助于推进自由、加强民主和保护基于规则的秩序。邀请到的主讲嘉宾同样是重量级人物，包括基辛格、常务副国务卿谢尔曼、白宫国家安全事务助理马斯特、施密特博士。分为五个小组进行讨论。

小组1：地缘政治的未来。

技术是民主国家和专制国家之间系统性竞争的核心。小组成员将讨论俄罗斯再次入侵乌克兰后的地缘政治状况，技术如何改变冲突和地缘政治竞争的性质，以及世界各地的民主国家如何建立伙伴关系并采取必要行动应对当今的挑战。

小组2：民主的未来。

日益加剧的地缘政治威胁和不负责任地使用新兴技术的危险使各地的民主国家感到紧张。在本次会议上，美国国家安全、外交和技术界的前领导人就民主价值观的持续重要性以及国际合作促进民主繁荣的前景进行对话。

小组 3：创新的未来。

来自行业和政府的小组成员将讨论公共和私营部门在民主社会中促进创新的方法，民主政府今天组织起来资助和促进研究、开发和工程的方式，以及保持美国在全球技术竞争中的创新优势所必需的跨部门和国际伙伴关系。

2022 年全球新兴技术峰会演讲嘉宾

小组4：技术平台的未来。

不断发展的技术平台，如半导体、生物技术聚变能源等，将在未来10年对我们的社会、经济和地缘政治产生重大影响。该小组将召集行业领导者，讨论值得战略关注和投资的技术发展方向，以及应追求的政府和私营部门之间伙伴关系的创造性模式。

小组5：战争的未来。

新兴技术、以创新方式利用它们的作战概念以及日益加剧的地缘政治竞争正在改变冲突与和平的关系。该小组汇集杰出的国防专家和思想领袖，研究这些变化及其影响、对手如何利用这些变化，以及美国及其盟国应该做些什么来维持或重新获得军事优势。

知识链接：

美国副国务卿温迪·谢尔曼在 2022 年全球新兴技术峰会上的讲话

温迪·谢尔曼

下午好。很高兴今天能和你们在一起。首先，我要感谢埃里克·施密特以及参与特别竞争研究项目组的所有人，感谢你们今天组织了一个非常棒的活动，感谢你们为塑造我们所有人如何看待外交政策中技术所做的所有重要工作。

我还要感谢沃伦·威尔逊的热情介绍。沃伦，我们知道你在特别竞争研究项目组的工作很出色，但我必须借此机会提醒你，一定要回到国务院，因为我们需要你的才能。

众所周知，我们生活在一个科技日新月异的时代。新兴技术正在重塑我们的生活、工作和学习方式。清洁能源的进步正在改变我们为经济提供动力的方式。生物技术带来了新的医学进步和制造它们的新方法。互联网带来了经济、研发、信息共享甚至开展外交的新方式。

但我们也看到这些技术进步的负面作用。勒索软件攻击向个人、公司甚至政府勒索金钱。独裁领导人用监控技术来镇压异议。互联网的可怕力量被用来传播虚假信息和谎言，播下不信任和分裂的种子，招募恐怖分子和鼓励暴力行为。

我们也生活在一个科技竞争异常激烈的时代。这场竞争跨越公共和私营部门、民用和军用、硬件和软件、设计和制造、计算和生物技术。但是，这不仅是关于技术本身，也是为什么我们要管理这些技术的规范、规则和标准，这也是为什么技术必须成为我们外交官工作持久部分的原因之一。

确保技术进步造福于美国人民、我们的盟友和伙伴以及全世界人民，符合美国的既有国家安全利益。

要做到这一点，我们必须在国内进行必要的投资——在数字连接、半导体和供应链的关键组成部分，以及生物技术、人工智能和先进制造业，不仅要加强我们的经济和保护我们的国家安全，还要帮助建立可信技术的全球创新生态系统。

与此同时，我们必须与盟友和伙伴合作，确保这场数字和新兴技术革命有助于加强基于规则的国际秩序，而不是削弱它。

有些国家正积极努力削弱它。正如国务卿布林肯今年早些时候所说的，中国希望利用其在技术和制造业方面的领先地位，让其他国家依赖于他们，然后利用这些关系强加自己的政策偏好。我们已经看到了中国在这一领域的坚强决心：在他们自己的国家完善大规模监控，并向世界出口这种技术；如果西方公司想在中国市场经营，就迫使他们向中国转让技术；甚至利用互联网的开放性来攻击我们的公司，窃取商业机密来推进他们的国内产业。

因此，这是一个关键时刻——投资于我们的工业基础，并鼓励我们的盟友和合作伙伴也这样做，以加强我们的竞争优势，而不是失去优势……形成管理新兴技术的标准，以尊重人权，而不是压迫人权……与私营部门合作打击虚假信息，以便技术为民主服务，而不是反对民主……保护全球技术生态系统的完整性，以防止我们的竞争对手利用我们的技术来对付我们或他们自己的人民。

自由开放、可互操作、安全可靠的互联网可以成为人类真理、信任和沟通的强大助力。

想想今天乌克兰和俄罗斯的互联网管理方式之间的差异。

在乌克兰，我们看到总统弗拉基米尔·泽连斯基利用互联网召集他的人民反击一场野蛮、残酷、无端和非法的侵略战争。我们看到普通的乌克兰人冒着一切危险用手机记录暴行和分享信息。我们看到心理健康专家使用视频会议工具为俄罗斯占领下的幸存者提供治疗。我们还看到美国和其他地方的科技公司也在加快步伐——提供云服务来保护乌克兰的政府数据，支持网络安全和互联网接入，帮助难民获得资源。

另外，在边界另一边的俄国，我们看到克里姆林宫采取了非常措施来压制他们自己国家的互联网自由。克里姆林宫首先限制对某些社交媒体平台的访问，然后完全屏蔽它们。他们禁止新闻媒体使用"战争"和"入侵"这样的词，并逮捕了发布战争真相的人。除此之外，俄乌冲突初期，俄罗斯情报机构还对乌克兰发动了大规模网络攻击。因此，克里姆林宫试图同时对他们自己的人民和乌克兰人民使用互联网武器。

我们需要与我们的盟友和伙伴、私营部门、学术研究人员和民间组织共同努力，维护和加强各国在网络空间行为的全球框架，以促进持久和平，防止进一步冲突。

让恶意的网络行为者——无论是国家支持的还是私人的，为他们的行为负责，因为网络攻击不是没有受害者的犯罪。

帮助其他国家建立自身抵御网络攻击的能力，这些攻击可能会损害其国家安全、经济和公民信任。

与私营部门中值得信赖的供应商一起加倍努力，建立全球用户可以信赖的数字基础设施，以确保其个人数据的安全并保护其隐私。

投资于美国和其他志同道合国家的创新——因此，未来的工具和技术是为了扩大机会，而不是减少自由。

在美国国务院，国务卿布林肯将提升网络和新兴技术问题作为重中之重。这项工作进展顺利。在去年秋天宣布计划建立一个新的网络空间和数字政策局，以及一个新的关键和新兴技术特使后，我们在4月为新局的成立剪彩。

我们还努力确保美国将塑造我们未来的整个技术领域——从人工智能到半导体，再到生物技术，保持并加强我们的全球领导者地位。

我们认识到人工智能的进步将对国际安全和稳定产生深远影响，并正在与我们的盟友和伙伴合作，就如何负责任地开发、部署和使用人工智能技术（包括在防御系统中）达成共识。

最近的《芯片与科学法案》不仅对我们国内开发和制造半导体的能力进行了前

所未有的投资，还包括为国务院的国际技术安全创新基金提供5亿美元。该基金将支持半导体和信息通信技术安全方面的国际项目，是我们与世界各地的盟友和合作伙伴建立强大创新生态系统的更广泛努力的一部分。

本周早些时候，拜登总统签署了两项新的行政命令，这将有助于推动我们的努力。首先，一项关于生物技术和生物经济的范围广泛的行政命令，责成国务院和其他外交政策机构深化我们在生物技术、监管最佳做法、数据共享、供应链和国家安全挑战等领域的国际合作。其次，一项行政命令为美国外国投资委员会提供指导，指导它在评估特定交易的国家安全风险时，考虑外国投资对美国在关键和新兴技术以及供应链弹性方面领导地位的影响。

这些努力意味着我们不仅投资于技术创新和国内的工业基础，还鼓励我们的盟友和伙伴也这样做：去投资、去创新，与我们一起塑造这些技术的未来——它们是什么、在哪里制造、为什么使用，以及如何管理。

因此，国务院在技术方面的工作不仅仅是重组，更是显著提高我们的能力和专业知识，以理解和应对新兴技术带来的机遇和挑战。而且要招聘和留住我们现在需要的人才，并创造职业道路，以建立一个强大的团队来长期领导这项工作。这是为了深化我们与志同道合的伙伴、企业、学术研究人员和民间社会的外交接触，以建设我们希望看到的未来。

为此，我们正在与盟友和伙伴合作，进行沟通协调，包括通过美国－欧盟贸易和技术委员会、四方关键和新兴技术工作组、印度－太平洋经济框架和美洲经济繁荣伙伴关系等。我们正在共同努力：为数字经济推广一个全面、积极、高标准的愿景；为我们都需要的技术部件建立安全可靠的供应链；加强我们在关键和新兴技术方面的协调；并为我们的行业创造一个公平、透明的竞争环境。

我们正在为国际电信联盟的候选人多琳·波格丹一世·马丁努力竞选。国际电信联盟在制定全球电信标准和分配频谱方面发挥着至关重要的作用——这样，从你口袋里的电话到轨道上的卫星，一切都可以连接和通信。国际电信联盟还通过调动公私融资和技术专长来扩大数字基础设施，以支持可持续发展。

多琳有超过30年的经验——包括在国际电信联盟，她非常适合这份工作，并且对国际电信联盟的使命充满热情。她带头倡导改善世界各地人们的互联互通。她与利益攸关方建立了创新的合作伙伴关系，以帮助国际电信联盟拓展其工作。她以正直、诚实和透明的方式与国际电信联盟成员国合作。因此，我们非常希望多琳本月晚些时候在布加勒斯特举行的国际电信联盟全权代表会议上当选为秘书长。

归根结底，这取决于我们——我们所有人，来建设我们希望看到的网络空间和技术的未来。我们不能想当然地认为，如果不采取措施保护互联网，自由、开放、可互操作、安全和可靠的互联网将继续存在。我们不能想当然地认为，如果不采取行动防止窃取商业秘密和保持全球公平竞争，私营部门将能够继续享受其投资和创新的竞争优势。

这不仅是国务院，也是联邦政府或世界各国政府的工作。这是公共部门和私营部门、民间社会和学术研究人员、技术专家和人权倡导者、工程师和教育工作者、军事领导人和平民的工作。我们所有人都拿出自己的专业知识，我们所有人都相互倾听、相互学习，我们所有人都共同努力，确保技术为人类造福。我可以向你们保证，美国外交官将尽我们的一份力量。

谢谢大家，期待大家的提问。

5. 特别竞争研究项目组，作为人工智能国家安全委员会的延续性机构，继续提供决策支持

2021年10月，在人工智能国家安全委员会解散后，几乎是原班人马又成立了"特别竞争研究项目组"，号称是一个非营利性的智囊组织，可以向

特别竞争研究项目组徽标

美国副总统哈里斯直接汇报，其成员包括前政府高官、企业高管及学术领袖等，且大多来自美国人工智能国家安全委员会。因此，一般认为该智囊是美国人工智能国家安全委员会的延续，该智囊的使命同样是向美国政府提供战略建议，但是其关注范围比人工智能国家安全委员会更宽泛，涵盖了包括人工智能在内的所有新兴技术，以加强美国的长期竞争力，确保美国赢得从目前到2030年之间的技术和经济竞争。

> 过去10年，人工智能已经在某些领域超过人类，但它也会犯错，且不能对其发现的成果进行反思。因此，人工智能的行动必须由人类决定，人类必须规范和监督这项技术。
>
> ——亨利·基辛格

"特别竞争研究项目组"和"特别研究组"

"特别竞争研究项目组"（SCSP）有着深厚的冷战渊源。早在20世纪就设立了跨党派的"特别研究组"（SSP），由纳尔逊·洛克菲勒于1956年发起，亨利·基辛格担任该项目主任，主要任务是研究应对苏联这个意识形态与核对手，分析美国面临的主要问题和机遇，并规划振兴美国社会的道路，恢复强大国家安全战略并维持美国的国际领导地位。几经历史变迁，如今重新启用类似的"特别竞争研究项目组"名称来研究中美竞争问题，冷战意味十足。

通过"特别竞争研究项目组"发布的报告不难看出，其充斥着当年对付苏联的那一套歇斯底里冷战思维逻辑，把中美竞争描述成为一场在地缘、政治、军事、技术、经济和意识形态领域决定西方生死的全方位对抗。认为在众多技术领域，要么中国已经取得优势，要么正被中国追赶，要么处于中国势力范围的阴影之下。并渲染了一幅中国一旦在新兴技术领域领先后，民主让位于极权、科技受制于中国、关键技术供应链被中国切断、市场被中国主宰、数字和网络失去自由，全世界都处于中国控制之下的可怕场景。反映了美国战略界对对未来中美竞争的严重焦虑和不安。

"一个不通过自己的目的来塑造事件的国家，最终将被他人塑造的事件所吞没。"（特别研究组，1956年）

杰拉尔德·福特（左）、纳尔逊·洛克菲勒（中）和前特别研究
组主任亨利·基辛格（右）在椭圆形办公室

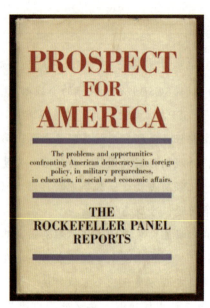

《美国的前景》封面

"特别研究组"从1956年持续到1961年，号称为应对冷战紧张局势而创建的特别研究召集了来自政府、企业和学术界等各个领域的领导人，以探索和定义美国在未来10~15年内将面临的"问题和机遇"，制作6份美国外交和国内政策的报告，汇编成《美国的前景》一书公开发行400余万册。

1）主要职责

启迪过去，放眼未来。提出战略建议，以加强美国的长期竞争力，最终在人工智能和其他新兴技术方面，重塑美国国家安全、经济和社会的未来。确保美国处于有利地位和组织，以赢得从现在到2030年的技术经济竞争。

主要应对以下挑战。

（1）正处于2025—2030年关键时间窗口考验。

（2）一系列技术正在改变世界。

（3）与中国和俄罗斯的地缘政治竞争正在加剧。

（4）价值观是竞争的核心，民主国家在国内正面临技术考验。

2）机构构成

"特别竞争研究项目组"共分为6个小组。

（1）外交政策小组。设计外交政策，提供愿景、战略和行动，以促进和保护美国及其盟国，在人工智能和其他新兴技术领域，重塑世界竞争力、安全和民主价值观。

（2）情报小组。为美国情报界如何利用人工智能和新兴技术收集、分析和提供国外情报和反情报信息，为实现美国的治国方略制定愿景。

（3）防御小组。通过广泛采用和整合人工智能和其他新兴技术，帮助美国实现并保持对抗竞争对手的军事技术优势。

（4）经济小组。确保美国经济保持竞争优势并创造机会，因为新兴技术改变了经济结构，而产能集中在大型科技公司，美国需要应对这些挑战。

（5）社会小组。确保美国在新兴技术时代民主政策的弹性。

（6）未来技术平台小组。通过融合公共和私营部门的专业知识和资源，来策划和资助未来技术研发，确保美国在人工智能和其他新兴技术的优势。

外交政策

设计一项外交政策，提供愿景、战略和行动，以促进和保护美国和我们盟国在人工智能和其他新兴技术塑造的世界中的竞争力、安全和民主价值观。

情报

为美国情报界如何利用人工智能和新兴技术收集、分析和提供外国情报和反情报信息，以实现美国的治国方略制定愿景。

防御

通过广泛采用和整合人工智能和其他新兴技术，帮助美国实现并保持对抗竞争对手和对手的军事技术优势。

经济

确保美国经济保持竞争优势并创造机会，因为新兴技术改变了经济，产能集中在大型科技公司，美国应对战略竞争的挑战。

社会

确保美国人在新技术时代民主理想的弹性。

未来技术平台

通过融合公共和私营部门的专业知识和资源来策划和资助未来技术研发，确保美国人工智能和其他新兴技术的地位优势。

特别竞争研究项目组官网展示的 6 个小组目标

3）运行模式

延续人工智能国家安全委员会的运行模式，特别竞争研究项目组仍然是通过撰写战略研究报告以影响美国战略走向，同时继续召开国际峰会，推广美国价值观。目前特别竞争研究项目组已经在 2022 年 9 月发布了首份报告《国家竞争力十年中期挑战》，并且 6 个小组也发布了对应主题的分报告。

知识链接：

美国"特别竞争研究项目组"首份报告

2022 年 9 月 12 日，美国智囊"特别竞争研究项目组"发布《国家竞争力十年中期挑战》报告（以下简称《报告》），认为 2025—2030 年是决定美国全球技术领导地位的关键期，将中美人工智能等关键技术领域的竞争描述成为一场事关政治体制、意识形态、经济发展和军事竞争的生死之战，是近几年来美国在科技、经济与军事等领域反华制华的集成和扩展，将把原本已存在的中美对抗提升到一个新高度。

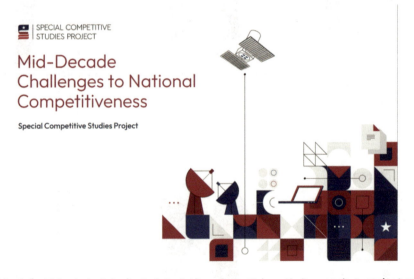

《报告》详细论述了与中国进行地缘、意识形态、技术、经济和军事对抗必须采取的行动，提出了 2030 年前确保美国地位和竞争力必须重视的问题。

（1）加强政府协调以推动技术创新。

《报告》主张在国家层面确定技术发展所需要关注的重点领域，包括人工智能、计算能力、网络、生物技术、能源生产和存储以及智能制造等，制订国家行动计划，以加速技术突破和创新；建议加强跨商业、学术、政府部门的合作，构建公私营部门合作模式，并通过有效的技术产业战略，使之转化为经济成果。

（2）整合赢得技术优势所需的资源。

创新的社会环境、劳动力和金融是美国技术和经济竞争力的源泉。美国政府需要加大对数字基础设施的投资，支持更多的基础研究和下一代应用的试点；加强技术人才培养（包括吸引海外人才）；利用公私合作体系的优势，将私营部门的力量纳入构建跨国经济技术联盟的战略计划中。

（3）推动人工智能治理的美国方案。

人工智能技术发展存在的不确定性，会破坏公众对政府的信心，引发阻碍创新的舆论，为此美国需探索出一种基于民主价值观的治理方案，发展和推广人工智能治理四项原则，即治理、授权、聚焦和加强。包括制定更加灵活的、对人工智能发展友好的相关法规和政策；根据各部门的具体情况制定差异化的规则；对于应用频率高的技术，监管应侧重于规避使用此类技术可能引发的严重后果；打击深度造假和社交机器人等，增强民众对人工智能的信心。

（4）重建美国在技术领域的竞争优势。

美国必须重新致力于构建技术合作联盟，以应对中国的封闭、监控的数字威权主义。包括整合欧亚盟友到单一的技术联盟中，以塑造包含数字规范、联合研发、人才交流、出口管制和投资审查的新制度，并共同处理数据隐私和内容审核等技术治理问题。利用技术优势和金融手段来支持盟友，打击对手。例如，尽管美国在出口 5G 网络和技术方面缺乏商业竞争力，但仍可以利用金融手段支持盟友，从而阻止华为、中兴或其他中国公司在竞争中获胜。

（5）提出针对解放军的新型作战概念。

《报告》提出了新版"抵消战略"——"抵消战略"-X，及全新的作战概念，包括采用分布式网络中心战，在战术、战役和战略层实现人机协同和人机编组；增强软件中心战、系统弹性、与盟国伙伴之间互操作和交互能力，从而更好地适应人工智能时代的战争样式，在智慧作战、机动作战等方面超越解放军；在未来台海冲突中，用人工智能手段发动舆论认知战，破坏中国政治安全，达到军事目的；发展反智能战，接管或用动能及非动能手段摧毁中国的人工智能系统。

特别竞争研究项目组 2023 年 5 月专门推出"抵消战略"-X 报告

（6）构建数据竞争时代的情报系统。

采用统一战略、通用数据标准和可操作的数字基础设施来加速情报部门的数字化转型。支持跨情报界大规模采购人工智能等新兴技术的项目，以充分利用私营公司在数据分析方面的优势。更新优化安全和人力资源流程，以确保最优秀的人才和技术可以安全地整合到情报界。

2023 年 6 月发布《人工智能治理机构选项》《重新获得美国在先进网络领导地位》等多份重要咨询报告，直接提交美国总统，提出要在总统办公室建立人工智能安全监管权力机构。

知识链接：

2023 年全球新兴技术峰会

事实上，从 2022 年峰会开始，就是由特别竞争研究项目组进行举办，2023 年峰会计划于 9 月 21 日举办，目前确定演讲嘉宾包括艾薇儿·海恩斯和里德·霍夫曼。

艾薇儿·海恩斯于 2021 年 1 月 21 日宣誓就任美国国家情报总监，是第一位领导美国情报界的女性，拥有丰富的国家安全经验。

里德·霍夫曼是一位成功的企业家，高管和投资者，并在建立当今许多领先的消费技术业务方面发挥了不可或缺的作用。2003 年，霍夫曼共同创立了全球最大的专业网络服务商领英。

艾薇儿·海恩斯　　　　　　　　　　　　里德·霍夫曼

6. 国家人工智能计划办公室，是整个美国创新生态系统中人工智能协调和监管的中心枢纽

2021 年 1 月，美国白宫科学技术与政策办公室宣布设立国家人工智能计划办公室，作为专职机构协调和沟通美国人工智能研究和决策，统筹政府与私营部门协作，督导和实施美国国家人工智能战略，进一步促进美国的人工智能研发，确保美国在人工智能这一关键领域的领导地位。

该办公室是依据《2020 年国家人工智能计划法》设立。该法案显示了两党对美国政府在人工智能领域长期努力的大力支持。

知识链接：

国家人工智能计划办公室徽章

白宫的官网公布了国家人工智能计划办公室的徽章标志，这是美国联邦机构首次通过徽章标志来描述其对人工智能的看法。国家人工智能计划办公室徽章上，一只白头鹰抓住了相互连接的节点，而这些节点象征的是神经网络。白宫在声明中写道："鹰从神经网络中浮现出来，代表着人工智能有力量和潜力将数据转换为知识，技术突破和新能力。"

徽章底部的七颗星表示该办公室成立于人工智能的第七个10年，神经网络中的一个节点是美国国旗，这表示了"对美国在人工智能领域领导地位的承诺"，要"集全美力量去研究、开发和部署人工智能"。

国家人工智能办公室徽章

1）主要职责

根据《2020年国家人工智能计划法》成立，国家人工智能计划办公室的职责包括以下各项。

（1）加大人工智能研究领域的投资。

（2）运用好联邦人工智能计算和数据资源。

（3）建立人工智能技术标准。

（4）培养人工智能领域的专门人才。

（5）加强人工智能领域的国际合作。

（6）向人工智能特别委员会和国家人工智能计划咨询委员会提供技术和行政指导。

（7）监督、协调国家人工智能计划的执行。

（8）作为联邦政府部门和产业界、学术界、非营利组织、专业协会、州政府及其他机构间人工智能计划相关活动的技术和计划信息交流的中心联络点。

（9）对不同利益攸关方定期进行公共宣传。

（10）促进联邦政府各部门任务和系统获得人工智能相关的技术、创新、最佳实践和专业知识。

2）主要举措

国家人工智能计划办公室监督和见证了美国人工智能研发战略计划的更新、一个国家人工智能研究工作组（也就是国家人工智能研究资源工作组，由琳内·帕克兼任工作组联合负责人）和一个帮助研究人员的人工智能门户网站的创立，并进行了人工智能的相关评估。

一是建立门户网站。2021年12月，国家人工智能计划办公室在整合政府相关人工智能研究资源的基础上，向人工智能研究人员推出了"人工智能研究人员门户"（在该办公室互联网网站上可以直接访问），旨在为人工智能应用培训提供方便的数据集和测试环境。门户网站上有一些可用工具和测试数据集，包括资金和赠款信息、数据集、计算资源、研究项目目录和试验台选择。有了这些资源，从事人工智能项目的研究人员可以利用来自美国国家航空航天局、国家海洋和大气管理局、国家标准与技术研究所和国家卫生研究院等联邦机构的高质量数据改进他们的研究和项目。除了公共数据集和各种测试平台环境选项外，门户网站还提供了美国政府人工智能在研项目清单，列出了目前正在与政府机构合作的项目，以及可以合作的项目。比如国家标准与技术研究所的公共安全通信网络建模和国家卫生研究院的研究生数据科学暑期项目。相关人员可以通过查看政府人工智能研究计划目录来寻找资金和合作机会。

二是督促研发战略更新。美国《国家人工智能研发战略计划》是协调美国政府机构投资人工智能的指导性规划，于2016年首次发布，制定了7个关键战略领域。国家人工智能计划办公室协调督促人工智能特别委员会等单位对研发战略计划每3年更新一版，2019年已更新第一次，目前正在筹划第二次更新。对研发战略计划进行更新，是为了在人工智能研究快速发展的情况下，重新评估研发投资的优先事项，以确保继续推动美国始终站在人工智能技术领域的最前沿。

三是推进可信赖人工智能。美国国家人工智能计划的主要目的之一是确保美国在公共和私营部门开发和使用可信赖的人工智能系统方面处于世界领先地位。国家人工智能计划办公室推进可信赖的人工智能采取了多方面的方法，包括协调各政府部门解决关键技术挑战的研发投资、开发衡量和评估人工智能可信度的指标/标准和评估工具、制定人工智能技术标准、促进公共和私营部门使用人工智能的治理方法、协调建立国际合作和伙伴关系，以及为未来的工作准备多元化和包容性的劳动力。

人物链接：

琳内·帕克

琳内·帕克（Lynne Parker）是国家人工智能计划办公室首任主任，也是白宫科学技术与政策办公室的人工智能助理主任。曾担任田纳西大学的 Tickle 工程学院（TCE）的临时院长，在此之前是 TCE 教师事务和参与的副院长。曾在国家卫生基金会担任信息和智能系统部门主任，并在橡树岭国家实验室工作了几年，担任杰出的研发人员。她在麻省理工学院获得计算机科学博士学位。

琳内·帕克还是 UT 分布式智能实验室的创始人，该实验室在多机器人系统、传感器网络、机器学习和人机交互方面进行了研究。她在分布式和异构机器人系统、机器学习和人机交互方面做出了重大研究贡献。她关于 ALLIANCE 一种用于多机器人协作的分布式架构的论文研究（1994 年），是全球第一篇关于多机器人系统主题的博士论文，被认为是该领域的开创者。她在人工智能领域发表了大量文章，并因其研究、教学和服务而获得了无数奖项，包括 PECASE 奖（美国总统科学家和工程师早期职业奖）、IEEE RAS 杰出服务奖等。她还曾担任 2015 年 IEEE 机器人与自动化国际会议的主席，IEEE RAS 会议编辑委员会的主编，以及 IEEE 机器人事务的编辑。

2020 年 1 月，在白宫科学技术与政策办公室工作期间，林恩·帕克宣布该办公室发布了一份清单，给出了美国政府机构在制定关于人工智能的政策时应遵循的指导原则，包括可信任、科学、公平、透明和基于风险的法律制定方法，特别是要考虑到"哪些风险是可接受的、哪些风险可能带来不可接受的危害或导致预期成本高于预期收益的危害"。

7. 国家人工智能研究资源工作组，创建、协调和管理开放共享的美国人工智能的研究资源

2021年6月，美国政府宣布成立国家人工智能研究资源工作组（NAIRRTF），是根据《2020年国家人工智能计划法》设立的，由国家科学基金会与白宫科学技术与政策办公室联合组建，研究建立国家人工智能研究资源的可行性，并制定路线图，详细说明如何建立和维持这种资源。

1）主要职责

根据《2020年国家人工智能计划法》，该工作组作为政府咨询委员会，帮助创建和实施国家人工智能研究资源的蓝图，实现研究基础设施共享共用，为所有科学学科的人工智能研究人员和学生提供计算资源、高质量数据、教育工具和用户支持，具体包括以下各项。

（1）处理国家人工智能研究资源的所有权和管理权。

（2）开展治理。

（3）发展资源所需的能力。

（4）更好地传播高质量政府数据集。

（5）确保安全。

（6）对隐私、公民权利和公民自由要求的评估。

（7）维持资源的计划，包括通过公私伙伴关系。

2）人员构成

国家人工智能研究资源工作组由12名来自政府、学术界和私营部门的成员组成。由国家科学基金会的埃尔文·吉安产丹尼和白宫科学技术与政策办公室的琳内·帕克担任负责人。

埃尔文·吉安产丹尼

埃尔文·吉安产丹尼（Erwin Gianchandani）博士是美国国家科学基金会负责技术、创新和伙伴关系助理主任。在过去的 10 年中，埃尔文·吉安产丹尼在国家科学基金会担任过各种职务，曾任负责计算机和信息科学与工程（CISE）副助理主任 6 年，并两次担任代理助理主任。他对 CISE 的领导和管理，包括制定和实施 1 亿美元的年度预算，开展战略和人力资本规划，以及监督由 130 多人组成的团队的日常运营。他领导了几项新计划的开发和启动，包括智能和互联社区计划、公民创新挑战、高级无线研究平台和国家人工智能研究所。他拥有弗吉尼亚大学的博士学位，并在计算系统生物学方面发表了大量文章。

李飞飞

国家人工智能研究资源工作组的成员还包括一位华人——李飞飞。她是斯坦福大学红杉计算机科学教授，也是斯坦福大学以人为本的人工智能研究所（HAI）的联合负责人。她的研究包括认知启发的人工智能、机器学习、深度学习、计算机视觉和人工智能＋医疗保健。在共同创立 HAI 之前，她曾担任斯坦福大学人工智能实验室的主任，还担任过谷歌的副总裁和谷歌云的人工智能／机器学习首席科学家。在加入斯坦福大学之前，她曾在普林斯顿大学和伊利诺伊大学厄巴纳－香槟分校任教。她目前还是美国全国性非营利组织 AI4ALL 的联合创始人兼主席，该组织正在增加人工智能教育的包容性和多样性。她是美国国家工程院的当选院士，拥有普林斯顿大学物理学学士学位和加州理工学院电气工程博士学位。

3）主要举措

一是提供咨询报告。根据国会法案要求，工作组在 2022 年向国会提交两份报告。在报告撰写过程中，工作组充分听取了多方意见，举行了十余次会议，与数十位专家就与国家人工智能研究资源设计有关的事项进行了接触，并审议了公众对信息请求（RFI）的近百份答复。

2022年5月的中期报告分析了国家人工智能研究资源受到大型科技公司与顶尖大学的垄断，未能很好地惠及大众，由此形成了严重的资源鸿沟。为此，工作组对国家人工智能研究资源的架构、资源、能力和用途提出数十条建议，希望能够让人工智能研究资源更为普及，同时兼顾安全与公平，即采用零信任架构和五大安全框架（安全项目、安全人员、安全设置、安全数据和安全输出）。

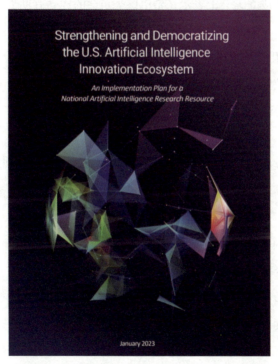

《国家人工智能研究资源工作组最终报告》封面

2023年1月的最终报告建立了国家人工智能研究基础设施的路线图，该基础设施将扩大对人工智能研究和发展至关重要资源的访问。通过为人工智能创造公平的网络基础设施，为广泛的研究人员和社区的参与建立入口，可以在全国范围内建立人工智能能力，支持负责任的人工智能研究和开发，从而确保美国在这一关键技术领域的长期竞争力。

二是推进国家研究云。工作组继续推动李飞飞 2019 年开始筹建的"国家研究云"项目，目的是建立一个由学术界、政府和大型科技公司（谷歌、亚马逊和 IBM 等）三方共同组成的联盟，使普通科学家能够访问大型科技公司的云数据中心以及用于研究的公共数据集。

8. 国家人工智能咨询委员会，专门设置人工智能与执法小组委员会，解决隐私偏见等问题

2022 年 5 月，美国设立国家人工智能咨询委员会（NAIAC），由商务部下设的国家标准与技术研究院（NIST）进行管理。商务部部长吉娜·雷蒙多、副国务卿唐·格雷夫斯在成立大会上表示，希望该委员会的成立有助于为美国建立负责任且兼具包容性的人工智能技术开辟道路，并致力于促进经济公平。

该委员会是根据《2020 年国家人工智能计划法》设立的，法案要求商务部部长、科学技术与政策办公室主任、国防部部长、能源部部长、国务卿、司法部部长和国家情报总监协商，建立国家人工智能咨询委员会。

1）主要职责

委员会的设立实际上就是服务于《2020 年国家人工智能计划法》，就该法案相关事项向总统和国家人工智能计划办公室提供建议。据此，确定委员会的具体职责如下。

（1）研究美国在人工智能领域的竞争力和领导地位的现状，包括美国在人工智能研究方面的投资范围和规模等。

（2）在执行该计划方面取得的进展，包括根据机构间确定的衡量标准审查该计划实现目标的程度。

（3）围绕人工智能的科学发展状况，包括通用人工智能的进展。

（4）与人工智能和美国劳动力有关的问题，包括与使用人工智能进行劳动力培训的潜力有关的事项、技术取代的可能后果等。

（5）如何利用该计划的资源来简化和加强政府在各领域的运行，包括医疗保健、网络安全、基础设施和灾难恢复。

（6）更新该计划的需求。

（7）就计划本身的管理和协调提供建议，包括其活动和资金的平衡。

（8）机构间委员会制定或更新的战略计划是否有助于保持美国在人工领域的领导地位。

（9）计划的管理、协调和活动。

（10）道德、法律、安全和其他社会问题是否得到充分解决。

（11）与盟友在人工智能研究方面开展国际合作的机会、活动、标准制定和国际法规。

（12）问责制和法律权利，包括与使用监管和非监管方法监督人工智能系统、人工智能系统违反现行法律的责任，以及如何在推进创新与保护个人权利之间取得平衡。

（13）人工智能如何增加美国不同地理区域的机会，包括城市和农村。

根据法案的规定，国家人工智能咨询委员会需要在成立的第一年向总统和国会提交一份报告，然后每3年再次提交一份报告。

2）机构构成

国家人工智能咨询委员会分为五个工作小组，主要包括可信赖的人工智能领导力、研发领导地位、支持美国劳动力并提供机会、美国在竞争力和国际合作方面的领导地位等。

特别针对安全相关问题，国家人工智能咨询委员会设立了"人工智能与执法小组委员会"（NAIAC-LE），该小组委员会就人工智能带来的偏见、数据安全、人工智能在安全或执法方面的可采用性以及法律标准等主题向总统提供建议，确保人工智能的使用符合隐私权、公民权利和公民自由以及残疾人权利的法律标准，具体建议如下。

（1）偏见。包括政府部门（含执法部门）使用面部识别是否考虑到道德因素，以及此类使用是否应受到额外的监督、控制和限制。

（2）数据安全。包括执法部门对数据的访问以及数据安全参数。

（3）可采用性。包括允许美国政府和产业界利用人工智能系统进行安全或执法的方法，同时确保减少技术的潜在滥用。

（4）法律标准。包括确保人工智能系统的使用符合隐私权、公民权利和公民自由的标准，以及使用这些技术引起的残疾人权利问题。

3）人员构成

MAIAC 由 27 名来自学术界、非营利组织、民间组织和私营部门的具有广泛和跨学科人工智能相关专业知识的专家组成，其中包括 12 位女性成员。委员会成员具有科学技术研究、开发、伦理、标准、教育、治理、技术转让、商业应用、安全、经济竞争力以及与人工智能相关的知识背景。

人物链接:

米丽安·沃格尔

委员会主席，同时也是非营利组织 Equal AI 的总裁兼首席执行官。Equal AI 旨在减少人工智能中的无意识偏见并促进负责任的人工智能治理。米丽安还在乔治城大学教授技术法和政策，还担任校友会主席，并在责任人工智能研究所董事会任职。米丽安曾在白宫的两届政府中任职，包括在联邦政府的三个分支机构的负责人，还担任副总检察长助理，就广泛的法律、政策和运营问题向总检察长和副总检察长提供咨询。

人物链接:

詹姆斯·马尼卡

委员会副主席，也是谷歌的技术与社会高级副总裁、麦肯锡全球研究所的名誉主席和主任。詹姆斯曾担任奥巴马总统在白宫的全球发展委员会、商务部数字经济委员会和国家创新委员会副主席，还是牛津大学的客座教授，曾在麻省理工学院、哈佛大学和斯坦福大学以人为中心的人工智能研究所和人工智能100年研究机构的董事会任职，并在美国国家科学院、工程院和医学院的责任计算委员会任职。他也是美国艺术与科学院院士、斯坦福大学人工智能研究所杰出研究员、牛津大学伦理与人工智能杰出研究员。詹姆斯拥有牛津大学人工智能、数学和计算机科学学位，以及津巴布韦大学电气工程学位。

伊力·巴吉拉塔里

委员会成员，也是特别竞争研究项目组的首席执行官。他曾担任国家安全委员会人工智能执行主任、国家安全顾问的参谋长，并担任参谋长联席会议主席登普西将军的特别助理。他最初于2010年加入美国国防部，曾在负责政策的副部长办公室担任阿富汗国家主任，后来又担任印度问题主任。巴吉拉塔里是国防部杰出文职医疗奖的获得者，这是授予国防部文职人员的最高奖项。

4）主要举措

2022年5月，国家人工智能咨询委员会发布《国家人工智能咨询委员会第一年度报告》，围绕四大主题，提出了14项目标，涵盖从后勤到创新等多个领域。同时，为了确保报告具有可操作性，提出了24项行动建议。

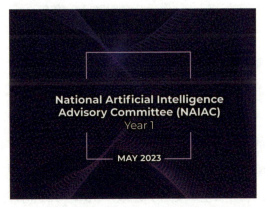

《国家人工智能咨询委员会首份报告》封面

主题一：可信人工智能的领导力。

目标1：实施可信人工智能的治理。2023年1月，美国发布了人工智能风险管理框架，为如何在人工智能生命周期的所有阶段应对其带来的风险提供了详细指导。国家人工智能咨询委员会建议美国白宫鼓励联邦机构实施该框架或与之类似的政策，以有效解决人工智能生命周期所有阶段的风险，并对人工智能系统进行适当的评估和迭代。同时，采用该框架不应局限于公共部门，政府还应通过现有机制鼓励私营部门采用这一框架。

行动建议1：支持公私部门采用该框架。

目标2：加强美国政府对人工智能的领导、协调和资助。为保证美国在可信人工智能领域的全球领导地位，美国政府需要有效地协调和资助联邦机构的工作。在本报告中，为美国政府提出了构建人工智能领导力的方法。每种方法都可以提供适当的机制来帮助协调、领导和模拟负责任的人工智能的使用、治理和监管。

行动建议2：任命并填补总统行政办公室中空缺的人工智能领导职位。

行动建议3：为美国国家人工智能计划办公室提供资金，帮助其充分履行职责。

行动建议4：设立新的人工智能首席责任官。

行动建议5：建立新兴技术委员会。

行动建议6：资助国家标准与技术研究院的人工智能工作。

目标3：建立并加强联邦机构中的人工智能领导力。美国政府必须以身作则，采用和推广可信人工智能，以促进各机构围绕人工智能进行战略规划，提高各机构对使用和监管人工智能的认识，并增强公众对联邦政府有关可信人工智能的承诺的信心。

行动建议7：确保每个部门或机构对人工智能的领导力和协调能力。

行动建议8：继续执行美国国会关于人工智能的任务和行政命令。

目标4：增强中小型组织的能力，以实现可信人工智能的开发和使用。可信人工智能是许多公私部门的既定目标。然而，它们普遍缺乏相关的知识和技能。这在中小型组织（SMOs）中尤为明显，这些组织很少有资源或能力为发展可信人工智能来建立完整的部门或办公室。要缩小资源、知识、方法和技能方面的差距，需要广泛的合作伙伴共同参与，给予支持。

行动建议9：建立一个多机构工作组，为SMOs采用可信人工智能制定框架。

目标5：确保人工智能是可信赖的、合法的，并扩大机会。能否利用人工智能创造机会在很大程度上取决于能否建立和维护公众信任。行政命令已经指示各机构"以培养公众信任的方式设计、开发、获取和使用人工智能，同时保护隐私、公民权利、公民自由和美国价值观。"

行动建议 10：确保有足够的资源用于与人工智能相关的民权执法工作。

主题二：人工智能研发的领导地位。

目标 6：支持人工智能系统的社会技术研究。社会技术研究对维持美国在人工智能研发领域的领导地位至关重要。需要以价值为驱动的人工智能解决方案，而不仅仅考虑效率和节约成本。这些解决方案应该包含美国的价值观，例如平等、结果公正和机会公平。这样的解决方案应该采用以人为本的设计，保护人的主观能动性和尊严，并带来积极的社会效果。

行动建议 11：在人工智能研发生态系统中发展一个专注于社会技术研究的研究基地和专家社区。

目标 7：创建人工智能研究和创新观察站。

行动建议 12：创建人工智能研究和创新观察站，以衡量全球人工智能生态系统的整体进展。

目标 8：打造大规模的国家人工智能研究资源。2023 年 1 月，国家人工智能研究资源工作组批准了最终报告《加强和实现美国人工智能创新生态系统民主化：国家人工智能研究资源实施计划》，许多个人、团体和组织越来越难以进入美国的人工智能研发生态系统。大规模的国家人工智能研究资源将为资源不足和代表性不足的群体提供急需的支持和机会，以实现可信人工智能的创新。

行动建议 13：推进 NAIRR 最终报告中的实施计划，创建大规模的国家人工智能研究资源。

主题三：支持人才培养并提供机会。

目标 9：为人工智能时代实现联邦劳动力市场数据的现代化。努力实现劳动力市场信息系统现代化，同时确保劳动力的隐私得到保护，并采取强有力的保障措施防止数据滥用。通过适当的投资和隐私保护措施，实现将人工智能驱动的工具与实时劳动力市场数据相结合，不仅可以使劳动力适应不断变化的工作场景，而且还可以使劳动力得到解放。

行动建议 14：支持美国劳工部，为人工智能时代实现联邦劳动力市场数据的现代化。

目标 10：扩大具备人工智能技能的联邦劳动力规模。人工智能技术在日常生活中得到广泛应用，由此产生的伦理和社会问题，使人工智能劳动力的培养工作变得更加紧迫。然而，美国政府严重缺乏数字人才，包括精通人工智能技术、社会、伦理和政策领域的人才。其中一个原因是，政府提供的薪酬无法与私营部门相竞争。此外，现有公务员的技能提升计划也没有落实到位，无法充分利用内部人才。美国政府无法跟上人工智能的发展速度以及满足人工智能人才的需求。虽然美国政府已经成功地通过邀请技术专家和其他数字人才来加强其人才队伍，但这些项目还无法为全美各机构提供所需规模的人才，以确保美国人工智能的竞争力。

行动建议 15：制定方法为人工智能时代培养当下和未来的联邦劳动力。

行动建议 16：培训新一代具有人工智能技能的公务人员。

行动建议 17：投资联邦劳动力，满足人工智能发展需求。

行动建议 18：短期内扩充联邦人工智能人才。

行动建议 19：改革移民政策以吸引和保留国际科技人才。

主题四：国际合作。

目标 11：继续培养人工智能方面的国际合作和领导力。在人工智能领域取得领导地位并获得外交盟友的支持，对促进美国经济增长、在未来继续维护民主价值观和保持竞争优势至关重要。

行动建议 20：通过扩大和深化国际联盟来保持人工智能的领导地位。

行动建议 21：使 NIST 的人工智能风险管理框架国际化。

目标 12：为美国商务部国家海洋和大气管理局（NOAA）以及美国国务院创建一个多边联盟，以加速人工智能促进气候工作。人工智能造福社会的重要表现之一是帮助应对全球挑战。尽管目前的气候模型在评估全球范围内的气候方面效果良好，但在评估局部影响方面却表现不佳。人工智能的发展，使监测地球健康、提高运输网络和供应链的弹性、降低极端天气事件和气候相关灾害的风险成为可能。

行动建议 22：建立一个以美国为基地的多边联盟，在加速人工智能促进气候的工作方面进行国际合作。

目标 13：扩大人工智能外交方面的国际合作。美国国务院已将包括人工智能在内的新兴技术确定为美国外交和外交政策重点关注领域和重要机遇。

行动建议 23：为美国国家新扩大的网络空间和数字政策局以及新设立的关键

和新兴技术特使办公室提供充足的资金。

目标14：扩大人工智能研发方面的国际合作。人工智能领导力是确保人工智能建立在民主价值观基础上的必要条件，这需要美国与国际盟友和合作伙伴相协调，建立规则和规范以营造自由开放的合作环境。实现这一目标的方法之一是与盟国和伙伴进行合作研究与开发。建议美国国家科学基金会（NSF）与美国国务院一起建立美国多边人工智能研究所（MAIRI），以促进人工智能的研究和开发。

行动建议24：通过 NSF 和美国国务院建立 MAIRI。

9. 关键和新兴技术特使办公室，作为协调中心机构制定、平衡关键和新兴技术的外交政策

2023 年 1 月 3 日，美国国务院设立关键和新兴技术特使办公室。根据公告，美国国务院认为重塑世界的关键和新兴技术是美国现代外交政策和外交行为的组成部分，开发和部署基础技术的竞争正在加剧。该办公室将为美国国务院处理关键和新兴技术的方法提供更多的技术政策知识、外交和战略。该办公室将提供一个专业知识和资源中心，制定和协调关键和新兴技术外交政策，协调外国合作伙伴参与"改变社会、经济和安全"的新兴技术，包括生物技术、先进计算、人工智能和量子信息技术。赛博·散特博士将出任副特使，负责领导该办公室。

知识链接：

美国国务院

美国国务院英文名称是"Department of State"，直接翻译过来就是国务院，一听起来还是很唬人，感觉就是美国政府的同义词，但其实并不然，美国国务院只是美国政府或者称为联邦政府的一个组成部门，与国防部、能源部是平级单位，而且它负责的事情实际就等同于外交部，其最早的名称是"Department of Foreign Affairs"，就是外交部的意思，只是后来更名为国务院，增加了处理国内事务的权限，如货币管理、领地管理、人口统计、国玺保管等，再后来其主管的国内事务又被转交给其他部门。

美国国务院在美国政府机构序列还是排名第一的，其一把手称为国务卿，是总统首席外交顾问，负责执行总体的外交政策，根据美国总统继任法规定，一旦总统意外死亡或被弹劾等情况，其继位次序分别为副总统、参众议院议长、国务卿。

美国国务院徽标

　　该办公室的使命是确保美国实施一项国际战略，在改变社会、经济和国家安全的关键和新兴技术中进一步增强其竞争优势，具体职责如下。

　　（1）成为美国战略竞争以及与盟国和合作伙伴在关键和新兴技术方面的合作协调中心。

　　（2）领导、规划国际技术外交，以支持国家安全优先事项。

　　（3）帮助协调政策，以应对新的全球技术发展，包括人工智能、量子和生物技术。

　　（4）以强有力的国际方法来补充国内政策，培养专业人才，保护盟国技术生态系统的完整性，并推进相关标准。

人物链接：

赛博·散特

　　赛博·散特博士是国务院关键和新兴技术特使办公室副特使。曾担任国务院政策规划工作人员，帮助制定国务院的网络空间和新兴技术战略框架，并担任人工智能国家安全委员会高级顾问，领导撰写了该委员会的最终报告。还曾担任白宫国家安全委员会的国家安全战略和历史主任。此外，他还担任特别竞争研究项目组的高级顾问，在此之前是战略与国际研究中心的高级研究员。在康奈尔大学获得学士学位，在弗吉尼亚大学获得博士学位。

10. 生成式人工智能工作组，专门用于处理生成式人工智能快速发展所引发的安全风险问题

2023 年 5 月，美国白宫总统科技顾问委员会（PCAST）宣布设立生成式人工智能工作组，旨在评估关键机遇和风险，并就如何最好地确保这些技术的开发和部署尽可能公平、负责任和安全，向总统提供意见建议。首任联合负责人为劳拉·格林、陶哲轩。

生成式人工智能示意图

1）设立原因

生成式人工智能是指一类人工智能系统，在对大型数据集进行训练后，可用于从给定提示，自动生成文本、图像、视频或其他输出。该技术正在迅速发展，并有可能彻底改变现代生活的许多方面。在科学领域，这些工具被用于设计新药、蛋白质或材料，并有望加快发现的步伐；在医学领域，生成式人工智能有可能为医疗保健专业人员提供建议；在编程领域，这些工具可以加快计算机代码的编写速度。

但是，生成式人工智能也可用于恶意目的，例如创建虚假信息、推动错误信息活动或进行恶意冒充。在没有保障措施的情况下，生成式人工智能会引发两极分化，加剧社会中的偏见和不平等。此外，生成式人工智能还可能侵犯隐私并破坏知识产权。与科学和技术的进步一样，应该在鼓励创新和追求技术的有益应用与识别和减轻潜在危害之间找到平衡。虽然美国已经设立了不少人工智能安全管理机构，但是仍然需要与时俱进设立监管最新技术发展的专有机构。

2）主要举措

一是举办研讨会议。白宫总统科技顾问委员会与来自各行各业的专家进行协商，2023 年 5 月 19 日进行第一次生成式人工智能工作组讨论。主题一是人工智能赋能科学，邀请了斯坦福大学的李飞飞、加州理工学院和英伟达公司的阿尼玛·阿南德库玛、DeepMind 的德米斯·哈萨比斯博士进行主题发言。主题二是人工智能对社会的影响，邀请了麻省理工学院的达龙·阿西莫格鲁、康奈尔大学的莎拉·克雷普斯、芝加哥大学的森德希尔·穆莱纳坦进行主题发言。

二是听取公众意见。邀请公众在 2023 年 8 月 1 日前，就如何识别和促进生成式人工智能的有益部署以及如何最好地降低风险提交书面意见，提交的内容长度不超过五页。

（1）在一个可以轻松大规模生成令人信服的图像、音频和文本的时代，如何确保可靠地访问可验证、值得信赖的信息？我们如何确定特定媒体声音来源可信赖？

（2）如何才能最好地防范恶意行为者使用人工智能操纵民众信仰和理解？

（3）可以开发哪些技术、政策和基础设施来检测和打击人工智能生成的虚假信息？

（4）如何确保民众与民选代表的互动（民主的基石）不会被人工智能产生的噪声淹没？

（5）如何帮助每个人，包括科学、政治、工业和教育领导者，培养识别生成式人工智能的错误信息、冒充和操纵所需的技能？

知识链接：

美国商务部发布"人工智能问责政策"征求意见稿

2023 年 4 月 11 日，美国商务部下属国家电信和信息管理局 (NTIA) 发布"人工智能问责政策"征求意见稿 (RFC)，就是否需要对 ChatGPT 等人工智能工具实行审查、新的人工智能模型在发布前是否应经过认证程序等问题征求意见，期限为 60 日。

此次征求意见稿涉及人工智能审计、安全风险评估、认证等内容，目的是建立合法、有效、合乎道德、安全可信的人工智能系统。

（1）人工智能审计和风险评估需要涵盖哪些方面的数据？

推进人工智能问责制的适当目标和方法可能取决于风险级别、部门、用例以及与被检查系统相关的法律或监管要求。评估和审计是为人工智能系统特性提供保证的最常见机制。人工智能审计和风险评估共同关注的领域包括有害偏见和歧视、有效性、数据和隐私保护、透明度和人类对人工智能系统预测或决策的可理解性。对于社交媒体、生成式人工智能模型以及搜索引擎等服务而言，审计和评估内容还可能涵盖错误信息、虚假信息、深度造假、隐私侵犯和其他相关现象。

一些问责制可以使用法律标准作为基准。例如，基于性别、宗教、种族、肤色、残疾、国籍等的就业歧视标准，可作为人工智能审计以及法律合规行动的基准。部分公司开始在技术层面提供人工智能模型测试，以检测偏见和 / 或不同的影响。但应该认识到，对于可信人工智能的某些特性，可能很难创建普适性的标准。

（2）监管机构和其他行为者如何激励和支持人工智能系统的可信性，以及建立不同形式的问责制？

可作为人工智能系统模型问责制证明材料的范围非常广泛，从具有相对统一的财务审计报表，到标准多样的环境、社会和治理 (ESG) 均可。考虑到可信赖人工智能系统部署环境各不相同，在短期内，人工智能问责制很可能是多样化的。

但是，建立充分和有意义的问责制还存在障碍。某些机制可能需要使用敏感数据构建的数据集，这会使隐私安全面临风险。此外，没有足够多的合格人员来审核系统，或在对人工智能系统进行基准测试时审核或评估标准不充分都是问题。

人工智能价值链，包括数据源、人工智能工具以及开发人员和客户之间的关系，也可能影响问责制并使其复杂化。数据质量是一个特别重要的变量，但遇到开发人员需要根据客户提供的数据训练人工智能工具、或者客户以开发人员未预见或无意的方式使用人工智能工具时，数据质量无法保证。

为了解决这些障碍，评论员建议政策制定者和其他人可以通过以下方式加强人工智能问责制。

美国国家电信与信息管理局局长艾伦·戴维森宣布，
就人工智能技术相关的问责措施正式公开征求意见

强制进行影响评估和审计，定义第三方审计的"独立性"，制定采购标准，利用赏金、奖品和补贴激励有效的审计和评估，为人工智能评估和审计设定数据访问权限、为人工智能保证制定共识标准，提供审计员认证、提供测试数据。

此外，征求意见稿还对不同的行业部门（如就业或医疗保健）需要采取什么不同的方法相关问题进行征询意见。

11. 能源部人工智能与技术办公室，为相关研究人员提供联邦数据模型和高性能计算资源

2019年9月5日，美国能源部设立人工智能与技术办公室，目的是通过加速负责任和可信赖人工智能的研究、开发、协调、交付、示范和应用，将能源部转变为世界领先的人工智能企业。

知识链接：

enterprise 的翻译

美国政府机构频繁在官方文件（如国防部体系结构DoDAF等）中提及"enterprise"一词，往往都是用于描绘整个部门的发展愿景，希望把整个国防部或能源部建成一个"enterprise"。初次接触到这一词汇的人，往往都是一头雾水，不知道怎么翻译了，而且还疑惑为啥政府部门变成企业了，这岂不是国有资产流失？但事实上这个词就是指企业，是借鉴现代化大型企业的先进管理思想（如IBM等企业率先提出面向服务等理念），把整个国防部或者能源部像企业一样高效运营。根据美国国家安全系统委员会术语解释，企业指有明确的任务/目标和边界的组织，使用信息系统来执行该任务，并负责管理自身的风险和性能。

翻译原则

1）主要职责

能源部设立人工智能与技术办公室是协调负责任和值得信赖的人工智能治理和能力，具体包括以下四项。

（1）管理相关项目。

（2）提供有关值得信赖的人工智能／机器学习策略的建议。

（3）扩大公共、私营和国际的伙伴关系。

（4）支持国家人工智能领导力和创新。

知识链接：

能源部人工智能与技术办公室徽章

能源部的官网公布了人工智能与技术办公室的徽章，和其他政府部门的徽章类似，也是以美国的国鸟——白头鹰为核心要素，并将人工智能网格化的元素融入其中，象征着整合碎片化数据。

徽章

人物链接：

谢丽尔·英施塔德

谢丽尔·英施塔德是能源部人工智能与技术办公室主任。在此之前，曾担任国防情报局信息行动处的早期领导人，随后在3M公司领导了人工智能／机器学习研发的关键商业化工作。

谢丽尔·英施塔德拥有约翰霍普金斯大学高级国际研究学院的国际经济和国际关系硕士学位、乔治敦大学的学士学位，她还是美国陆军信号军官基础课程和美国陆军情报分析课程的毕业生。

2）主要举措

一是发布《人工智能风险管理手册》。2022年8月，美国能源部发布人工智能风险管理手册，是和国家标准与技术研究院协商制定的交互式参考指南，为用户提供100余种风险处理和预防技术，以推进负责任和可信赖的人工智能的使用和发展。虽然人工智能风险管理手册不是具有约束力的文件，但提出的人工智能风险和预防性考虑因素（如人工智能公平性）很有参考借鉴价值。

二是组织能源部内的各类智能活动。协调相关研发、应用、政策乃至基础设施等工作。能源部的领导一直在通过数据治理委员会充分利用其已经拥有的大量数据，并保证对后续收集到的数据进行及时整理、标记与保护。能源部[①]有600多个人工智能相关项目，用于加强能源、网络以及国家安全方面的核心使命，同时加速科学发现。例如，人工智能已用于推动地下能源的精准勘探，这不仅带来了产量提升，同时也减少了对环境的破坏性影响。人工智能有助于提高电网的可靠性与弹性，为美国的经济乃至国家安全奠定了基础，人工智能已用于增强关键基础设施的网络攻击防护水平。

12. 国家科学基金会资助的多个国家人工智能研究所，专门设置主题研究可信赖人工智能

1950年成立的美国国家科学基金会是美国政府唯一一个以资助基础研究为主的机构，其影响力较大。从2020年开始，国家科学基金会围绕人工智能研究分多批资助建立了数十个人工智能研究所，这些投资几乎覆盖美国所有的社会领域，对美国人工智能创新生态建设起到了重要推动作用。该项工作是联合美国农业部（USDA）、国家食品和农业研究所（NIFA）、美国教育部（ED）教育科学研究所（IES）、美国国土安全部（DHS）科学技术理事会（S&T）、国家标准与技术研究所（NIST）、美国国防部（DoD）负责研究和工程的国防部副部长办公室（OUSD）开展的，亚马逊、谷歌、英特尔等大型科技巨头也参与了相关投资。

知识链接：

国家科学基金会

国家科学基金会（National Science Foundation, NSF）由美国国会于1950年成立，旨在促进科学进步和提高国家福利、健康与繁荣发展。国家科学基金会2021年预算为85亿美元，是美国大学、机构和智库基础研究的最大资金来源之一。

---

① 美国能源部在物理科学方面的研究远超其他美国政府机构，管辖了劳伦斯伯克利国家实验室、橡树岭国家实验室、阿贡国家实验室、艾姆斯实验室、布鲁克海文国家实验室、洛斯阿拉莫斯国家实验室、桑迪亚国家实验室、劳伦斯利弗莫尔国家实验室、SLAC国家加速器实验室，以及其他数十个机构，为美国在计算、物理、化学、材料科学等多个领域的研究贡献了超过40%的资金。能源部还运行着全球性能最强大的两台超级计算机：Summit与Sierra。

NSF主任和理事会成员由美国总统任命并经参议院确认，其总部位于弗吉尼亚州亚历山大市，拥有2000多名员工。2020年5月，美国国会参众两院提出的两党法案《无尽前沿法案》，建议将国家科学基金会更名为美国科学与技术基金会，增设一个技术局，并大幅增加资金投入，以确保美国在技术创新方面的领先地位，将参照DARPA运行模式运行，包括定期任命私营部门的专家，并注重具体的、期限驱动的成果。

从人类学到动物学，国家科学基金会资助的学术领域非常广泛，并且面向各级研究人员。其不仅提供传统的学术奖学金，还为高风险、高回报、通常难以获得资金支持的研究和创新合作项目提供资助。国家科学基金会不直接雇佣研究人员从事特定的研究项目，而是为在美国各个研究机构的研究人员提供资金，支持他们从事自行选定的研究项目。从研究生到终身教授，研究人员在其职业生涯的各个阶段和各个层次都可以申请资助。

国家科学基金会所秉持的战略目标为"发现，学习，研究基础设施和管理"，为国家提供综合战略，推动知识前沿，营造世界一流，培养广泛博大的科学和工程人才，并致力于延展提升全体公民的科学素养。坚持新知识的持续获取，是社会知识和经济进步、公民幸福感提升的关键，而NSF是这个过程的重要组成部分。

国家科学基金会所支持项目的许多发现和技术进步对人类而言都是革命性的。在过去的几十年里，NSF支持的研究人员已经获得了大约223项诺贝尔奖以及其他不胜枚举的荣誉。包括那些发现部分物质基本粒子的科学家，有的开创了古代文物的C-14测年方法，有的分析了宇宙最早时代留下的宇宙微波，有的解码了病毒遗传学，有的创造了波色·爱因斯坦凝聚态的全新物质状态。

美国国家科学基金会徽标

1）主要职责

维护美国在人工智能领域的竞争力、粮食安全、公共安全和教育，具体如下。

（1）面向下一代网络安全的智能代理。

（2）人工智能的神经和认知基础。

（3）人工智能促进气候智能型农业和林业。

（4）人工智能决策。

（5）可信赖的人工智能。

（6）人工智能增强学习扩大教育机会。

2）发展阶段

2020年，开始资助7个人工智能研究所（投资1.4亿美元），7个人工智能研究所将设在美国大学中。每家研究所在5年内资助额为2000万美元，其中5家是国家科学基金会支持的，2家是农业部国家粮食与农业研究所支持的。

2021年，新增11个人工智能研究所（投资2.2亿美元）。美国国土安全部、亚马逊、谷歌、英特尔、埃森哲等政府机构和企业参与提供资助。新研究所涉及7个研究领域，分别是人机交互与合作、人工智能优化进展、人工智能与高级网络基础设施、计算机和网络系统中的人工智能、动态系统中的人工智能、人工智能增强学习、农业和粮食系统中的人工智能驱动创新。

2023年，通过ExpandAI计划进一步扩大资助范围，并新建7个人工智能研究所（投资1.4亿美元）。国家科学基金会与国土安全部科学和技术局、农业部国家食品和农业研究所、国家标准与技术研究所和国防部负责研究和工程的副部长办公室合作建立了"通过能力建设和合作伙伴关系扩大人工智能创新计划"（ExpandAI），显著扩大少数群体服务机构在人工智能研究、教育和劳动力发展中的参与。该计划包括两个部分：一是扩大能力建设试点，侧重于现有人工智能项目没有的少数族裔服务机构的能力建设；二是扩大合作伙伴，扩大已经建立的人工智能研究和教育计划，并启动和利用与人工智能机构的新合作。

2023年5月4日，美国国家科学基金会宣布投资1.4亿美元，用于建立7个新的国家人工智能研究所，以推进负责任的人工智能创新、支持美国的人工智能研发基础设施和多元化人工智能劳动力的发展。新建研究所将推进人工智能，推动气候、农业、能源、公共卫生、教育和网络安全等关键领域的突破。7 个新研究所包括法律与社会可信赖人工智能研究所、基于代理的网络威胁情报和运营人工智能研究所、气候 – 土地相互作用 / 减缓 / 适应 / 权衡和经济人工智能研究所、人工智能与自然智能研究所、人工智能社会决策研究所、人工智能教育包容性智能技术研究所、特殊教育研究所。

3）主要举措

一是建立了人工智能研究所虚拟组织（AIVO）。以联合体形式开展集中攻关，以各种方式连接和支持人工智能研究所，每季度举办一次信息网络研讨会。

AIVO 主要获奖者

二是研究人工智能公平性问题。从 2019 年开始，国家科学基金和亚马逊开展人工智能公平性研究，目标是为可信赖的人工智能系统做出贡献，应对社会安全问题。人工智能公平性研究的主题包括透明度、可解释性、问责制、包容性、潜在的社会偏见和影响、缓解策略、算法进步、公平验证以及广泛可访问性和实用性等。截至 2022 年 12 月，人工智能公平性研究下设有 33 个子项目，包括卡内基梅隆大学、马里兰大学帕克分校、匹兹堡大学、哈佛大学等，见下表。

人工智能公平性项目摘选

序号	名称	依托机构	开始时间	结束时间	金额/美元
1	通过人机算法协作促进人工智能公平性	卡内基梅隆大学	2020 年 10 月 1 日	2023 年 12 月 31 日	498076
2	公平游戏：开发和认证公平人工智能的博弈理论框架	华盛顿大学	2020 年 1 月 1 日	2023 年 12 月 31 日	444145
3	公共政策中的公平人工智能在教育、刑事司法和卫生与公共服务中的机器学习应用	卡内基梅隆大学	2021 年 4 月 1 日	2024 年 3 月 31 日	391000
4	基于学习解释的深度神经网络公平性研究	得州 A&M 工程实验站	2020 年 3 月 1 日	2023 年 2 月 28 日	509211
5	网络分析的公平性感知算法	密歇根州立大学	2020 年 1 月 1 日	2023 年 12 月 31 日	375842
6	迈向公平网络学习的计算基础	伊利诺伊大学香槟分校	2020 年 1 月 1 日	2023 年 12 月 31 日	601592
7	以一种以人为本的方法来开发可访问和可靠的机器翻译	马里兰大学帕克分校	2022 年 3 月 1 日	2025 年 2 月 28 日	392993
8	实现公平决策和资源分配，应用人工智能辅助研究生入学和完成学位	马里兰大学帕克分校	2022 年 2 月 15 日	2025 年 1 月 31 日	625000

序号	名称	依托机构	开始时间	结束时间	金额/美元
9	利用人工智能来完善司法获取途径，从而增加公平	匹兹堡大学	2021年2月1日	2024年1月31日	375000
10	基于匹配和决策树的危重患者护理的可解释人工智能框架	杜克大学	2022年7月1日	2025年6月30日	625000
11	量化和减轻语言技术的差异	卡内基梅隆大学	2021年10月1日	2024年9月30日	383000
12	推进深度学习实现太空公平	匹兹堡大学	2022年6月1日	2025年5月31日	755098

13. 食品药品监督管理局数字健康卓越中心，战略性地推进数字健康技术的安全可控发展

2020年9月，美国食品药品监督管理局（FDA）宣布在其设备和放射健康中心设立数字健康卓越中心（DHCoE），致力于在食品药品监督管理局监管和监督角色的框架内，战略性地推进数字健康技术的发展。

美国食品药品监督管理局门前的标志

1）主要职责

该中心的目标是通过促进负责任和高质量的数字医疗创新，使利益攸关方能够推进医疗保健，具体如下。

（1）赋能利益攸关方。启动推进数字健康技术的战略计划、提供技术和政策建议等。

（2）连接利益攸关方。促进数字健康监管科学研究的协同效应、推进设备监管政策的国际协调、推进数字健康技术国际标准等。

（3）创新监管方法。实现高效、透明和可预测的产品审查，并具有一致的评估质量。

（4）分享知识。共享信息以提高对数字健康进步的认识。

2）主要举措

（1）确定了 7 项指导原则。以促进使用人工智能 / 机器学习的安全、有效和高质量的医疗设备。这些原则是与加拿大、英国的对应机构共同制定的。

人物链接：

巴库尔·帕特尔

巴库尔·帕特尔（工商管理硕士）是数字健康卓越中心首任主任，于 2022 月 5 日，担任谷歌公司新设立的全球数字健康战略高级总监。

类似的政商旋转门的官员还有，他的继任者——现任美国食品药品监督管理局专员罗伯特·卡里弗是前 Alphabet 高级顾问，谷歌公司首席健康官凯伦·德萨尔沃是国家卫生信息技术协调员办公室的前主任。

（2）发布了行动计划。2021 年 1 月，美国食品药品监督管理局发布了该机构的首个基于人工智能 / 机器学习的软件作为医疗设备行动计划，该行动计划描述了一种多管齐下的方法来推进该机构对基于人工智能 / 机器学习的医疗软件的监督。

（3）定期进行设备统计。定期更新支持人工智能 / 机器学习的医疗设备清单，作为向公众提供有关这些设备和 FDA 对该设备的评估，通过信息公开，确保相关设备的安全使用。

14. 卫生与公众服务部首席人工智能官办公室，旨在建立卫生部门人工智能安全治理体系

鉴于人工智能在改善健康和人类服务方面的巨大潜力，美国卫生与公众服务部

（HHS）于2021年3月专门设立了首席人工智能官办公室，并任命了其首位首席人工智能官欧克·米可。

美国卫生与公众服务部徽标

1）主要职责

（1）推动卫生与公众服务部人工智能战略的实施。

（2）建立卫生与公众服务部人工智能治理结构。

（3）协调对人工智能相关政府机构任务的响应。

（4）促进卫生与公众服务部机构之间的协作。

2）主要举措

一是推动设立人工智能委员会。落实2021年1月发布的《美国卫生与公众服务部人工智能战略》，推动设立人工智能委员会，以支持整个卫生与公众服务部的人工智能治理、战略执行和战略优先事项的开发。具体包括培养人工智能型员工队伍并加强人工智能文化、鼓励健康人工智能创新和研发、使基础人工智能工具和资源可用化、促进可信赖人工智能的使用和开发。

《美国卫生与公众服务部人工智能战略》

二是发布《可信赖人工智能行动手册》。其中包含如何自信地使用和部署人工智能解决方案的卫生与公众服务部标准程序和指南，促进合乎道德、可信赖的人工智能使用和发展。

三是启动由从业者组成的实践社区。包括卫生与公众服务部的数据科学家、机器学习专家、数学家、系统开发人员、计算机程序员、解决方案架构师、健康科学家和项目负责人。旨在培养人工智能流畅度、技能和意识，为相关从业者提供媒介，建立联系，并确定协作、共享人工智能解决方案。

四是开发详细的人工智能用例清单。来鼓励健康人工智能创新和研发，该清单将允许卫生与公众服务部员工跟踪人工智能应用程序的部署方式，并与其他政府部门和社会公众共享经验做法。

15. 国土安全部人工智能工作组，分析生成式人工智能等技术的不利影响并进行充分利用

2023 年 4 月，美国国土安全部（DHS）宣布设立人工智能工作组，旨在评估以 ChatGPT 为代表的生成式人工智能所带来的机遇和风险，并利用人工智能来保卫国家的关键基础设施。重点工作还包括运用人工智能进行供应链和边境贸易管理，如通过人工智能技术识别和拦截全球范围的化学品流动，以及对犯罪行为进行调查取证。该工作组将在 60 天内发布工作路线图。

此前，2021 年 7 月，国土安全部科学和技术理事会发布了其人工智能与机器学习战略计划。作为该部门的科学和技术顾问，以及支持庞大的国土安全任务的主要研发实体，科学和技术理事会将结合人工智能与机器学习的技术进步，以提高国土安全部各部门的效率和有效性。该战略计划确定了科技部门将进行的研究，以了解伴随快速变化的人工智能与机器学习技术格局及其对国土安全部任务的影响所带来的机遇和风险。三个战略目标是：①推动下一代人工智能与机器学习技术，以实现跨领域的国土安全能力；②促进在国土安全任务中使用经过验证的人工智能与机器学习功能；③建立一支经过人工智能/机器学习培训的跨学科员工队伍。

工作组主要职责如下：

（1）将人工智能整合到工作中，以增强供应链和更广泛贸易环境的完整性。将寻求部署人工智能，以更有能力地筛查货物，识别强迫劳动生产的货物的进口，并

管理风险。

（2）利用人工智能来对抗芬太尼流入美国，将探索使用这项技术更好地检测芬太尼的运输，识别和阻断前体化学品在世界各地的流动，并瞄准破坏犯罪网络中的关键节点。

（3）将人工智能应用于数字取证工具，以帮助识别、定位和营救在线儿童性剥削和虐待的受害者，并识别和逮捕这一令人发指的罪行的肇事者。

（4）与政府、行业和学术界的合作伙伴合作，评估人工智能对保护关键基础设施能力的影响。

知识链接：

国土安全部

国土安全部是美国政府在9·11事件之后设立的一个联邦行政部门，负责国内安全及防止恐怖活动。时任美国总统小布什于2002年11月25日在白宫签署《2002年国土安全法》，宣布成立国土安全部，并成立国土安全部是美国自1947年成立国防部以来最大规模的一次政府机构调整。

国土安全部由海岸警卫队、移民和归化局及海关总署等22个联邦机构合并而成，工作人员17万多名，年预算额接近400亿美元，总部位于内布拉斯加大道广场，格言是保卫我们的自由。

其职权范围非常广泛，主要如下：

（1）加强空中和陆路交通的安全，防止恐怖分子进入美国境内。

（2）提高美国应对和处理紧急情况的能力。

（3）预防美国遭受生化和核恐怖袭击。

（4）保卫美国关键的基础设施，汇总和分析来自联邦调查局、中央情报局等部门的情报。

美国国土安全部徽标

16.国家标准与技术研究院人工智能公共工作组，以应对快速推进的生成式人工智能风险

2023 年 6 月，美国商务部部长吉娜·雷蒙多宣布，国家标准与技术研究院（NIST）在其信息技术实验室下成立一个新的人工智能公共工作组。该工作组将在国家标准与技术研究院人工智能风险管理框架（RMF）的基础上，进一步解决人工智能技术快速发展带来的问题。该工作组将招募来自私营和公共部门的志愿者与技术专家，并将重点关注与生成式人工智能相关的风险，因为生成式人工智能正在推动技术和市场的快速变化。

国家标准与技术研究院主要职责示意图

工作组主要职责如下：

（1）短期来看，人工智能公共工作组将提供指导意见，向外界介绍如何使用国家标准与技术研究院的人工智能风险管理框架来支持生成式人工智能研发。

（2）中期来看，人工智能公共工作组将支持国家标准与技术研究院在生成式人工智能相关的测试、评估等方面的工作。

（3）长期来看，人工智能公共工作组将探索有效利用生成式人工智能来解决社会问题的可能性，如健康、环境和气候变化等议题。

人工智能公共工作组官网配图

三、军事序列

1. 算法战跨职能小组，代表美国军方开始重视军事智能安全问题

2017 年 4 月，美国国防部副部长鲍勃·沃克宣布组建"算法战跨职能小组"（AWCFT）实施"马文计划"（Maven），管理无人机监视当前收集的大量数据，加速国防部大数据与机器学习的集成，其开发出智能算法在打击伊斯兰国军事行动中作用显著。算法战强调在智能化作战中体现软件代码承载算法的"灵魂"作用，寻求以软补硬、算法制胜，通过算法灵活、敏捷、智能等特征抵消和拉大与作战对手硬件上的差距。

DEPUTY SECRETARY OF DEFENSE
1010 DEFENSE PENTAGON
WASHINGTON, DC 20301-1010

APR 26 2017

MEMORANDUM FOR: SEE DISTRIBUTION

SUBJECT: Establishment of an Algorithmic Warfare Cross-Functional Team (Project Maven)

As numerous studies have made clear, the Department of Defense (DoD) must integrate artificial intelligence and machine learning more effectively across operations to maintain advantages over increasingly capable adversaries and competitors. Although we have taken tentative steps to explore the potential of artificial intelligence, big data, and deep learning, I remain convinced that we need to do much more, and move much faster, across DoD to take advantage of recent and future advances in these critical areas.

Accordingly, I am establishing the Algorithmic Warfare Cross-Functional Team (AWCFT) to accelerate DoD's integration of big data and machine learning. The AWCFT's objective is to turn the enormous volume of data available to DoD into actionable intelligence and insights at speed.

The AWCFT's first task is to field technology to augment or automate Processing, Exploitation, and Dissemination (PED) for tactical Unmanned Aerial System (UAS) and Mid-Altitude Full-Motion Video (FMV) in support of the Defeat-ISIS campaign. This will help to

有人说软件正在"吞噬世界"。曾经由机械或人为控制的系统正在不断依赖代码。这一点在 2015 年夏天或许再清楚不过了。当时，美联航因为离境管理系统出现问题，在一天之内停飞了其机队，纽约证券交易暂停交易，《华尔街日报》网站首页崩溃，西雅图的 911 系统再次瘫痪，这次是因为路由器故障。这么多软件系统同时出现故障，一开始让人觉得是协同网络攻击。更可怕的是，那天晚些时候，我意识到，这不只是一个巧合。

——詹姆斯·萨默斯

1）人员构成

"算法战跨部门小组"由美国国防部负责情报的副部长监管，国防情报局长杰克·沙纳汉空军中将担任其主管。小组共包括 12 名成员。

2）主要举措

（1）"三步走"处理原始数据。第一步，对数据进行编目和标注，使其可用于训练算法；第二步，在谷歌等承包商的帮助下，操控员利用已标注数据为特定任务和地区量身定制一套算法；第三步，将该算法交付部队，并探索如何最好地对其加以利用。与现有分析工具相比，这些算法本身"相对轻量级"，且可以快速部署，仅需一天左右的时间即可完成设置。

（2）强调算法的反复训练。该小组认识到在部署后对算法进行"重新训练"非常重要，算法不会在部署后立即完美发挥作用，为此在用户界面上内置了一个"训练人工智能"按钮，如果一种新算法把人识别为棕榈树，那么操控员仅需单击"训练人工智能"按钮，即可进行调整。该算法首次在美国非洲司令部部署期间，团队在 5 天内对算法进行了 6 次重新训练，最终获得了令人印象深刻的性能。

（3）依靠企业为国防部服务。国防部和谷歌公司签署合同，将谷歌公司的 TensorFlow 用于集中监视数据、扩展机器学习开发和试验，并为国防部搭建通用平台基础设施，通过深度学习和计算机视觉算法对全动态视频图像中的目标进行监测、分类和跟踪。

谷歌公司员工抗议直接导致"马文计划"下马

2018 年，有约 4000 名谷歌公司员工公开表示，希望公司终止与国防部的合作关系，理由是人们担心会使用谷歌公司的技术来开发武器，特别是马文计划合同使用谷歌公司的人工智能技术来分析无人机监控录像。这些抗议员工提出了著名的"人工智能不作恶"口号。随后，谷歌公司表示不会续签合同，并宣布了未来人工智能项目的指导原则，将不会开发"主要目的是造成或直接促使人员伤害的武器或技术"的人工智能项目。此次抗议在业界造成了较大的影响，为了平息事态发展，直接导致美国国防部不得不撤销了"马文计划"，也就是算法战跨职能小组。但是，后续以原班人马设立了国防部联合人工智能中心，其职责和管理范围反而得到了扩大。

谷歌公司"人工智能不作恶"口号

虽然谷歌公司嘴上说得很冠冕堂皇，暂停了部分国防背景的项目。事实上，国防部在人工智能上的开支规模庞大——很难确定确切数字，但估计 2020 财年就高达 40 亿美元——这使得任何一家人工智能科技巨头都不太可能离得开美国国防部。尽管退出了"马文计划"，但谷歌公司高管仍坚持认为，他们的公司非常愿意与五角大楼合作。"谷歌公司渴望做得更多，"谷歌公司高级副总裁肯特·沃克在国家人工智能安全委员会会议上说。与此同时，亚马逊首席执行官杰夫·贝索斯正在利用这个问题来表明，他的公司不会回避承担军事工作的争议。"如果大型科技公司背弃国防部，这个国家就有麻烦了，"他在里根国防论坛上说。

谷歌公司仍然与国防部互动频繁，主要体现在以下几个方面。

（1）通过了五角大楼的安全认证——允许其处理政府信息，随时做好参与军方项目的准备。

（2）通过投资初创公司加强与军方的隐蔽合作。2019 年通过 Gradient 风投公司向 Labelbox 公司投资 100 万美元。2020 年 5 月，Labelbox 公司获得军方合约，为美国空军提供用于分类和管理训练数据的平台。

（3）积极争取军方的大合同。与多家企业竞标国防部迄今为止最重要的云合同——"联合作战云能力"（JWCC）项目。该项目源于美国国防部的"联合企业国防基础设施"（JEDI）项目，是其加强版，旨在建设通用的企业云服务解决方案，覆盖国防部和各军种信息需求，存储处理所有密级数据，并为美军执行各层级作战任务提供智能化支持。按照设想，该项目将建设成几乎在任何环境中都可供作战人员使用的"全球体系"——涵盖武器系统、战场态势及情报等各种信息。美国高科技公司都在竞相争夺美国国防部这一块大蛋糕，争夺过程旷日持久、各种诋毁起诉手段频频，最终在 2022 年 12 月终于由谷歌、亚马逊、甲骨文和微软等公司共享价值 90 亿美元的联合作战云能力建设项目，项目周期将持续到 2028 年。

此外，谷歌公司还和国防部国防创新小组（DIU）签订价值数百万美元的合约，为国防部的云环境测试新技术。作为合同的一部分，谷歌公司向国防部提供多个机器学习应用程序，如"语音转文本预置型"。

战术边缘能力
为从 CONUS 到前线的作战人员提供数据和设备

敏捷、可扩展的环境
通过将数据驱动的见解交到每个人手中，做出明智、自信的业务决策。最大的灵活性、弹性和跨提供商对最佳技术的访问

集中管理，分布式控制
专为速度、可扩展性和弹性而设计

所有安全分类级别
在所需的分类级别获取所需的云

商业担保提供商
国防部授权的受控基础设施，具有商业评价和定价

支持和培训包
可从云提供商和各种其他供应商处获得

联合作战云能力特点

2. 国防部联合人工智能中心，负责协调和监管国防部人工智能活动

为整合国防部人工智能研发活动、加快人工智能工具在国防部范围内的应用、解决人工智能应用的道德问题、深度融合人工智能与作战能力，2018 年 6 月，美国国防部宣布在算法战跨职能小组原班人马基础上，成立联合人工智能中心（JAIC），主要职责是贯彻落实美国国防部人工智能战略，管理和监督国防部人工智能项目，协调人工智能全寿命周期活动，满足美军当前需求。美军关于人工智能安全重要论述"负责任的人工智能原则"就出自该中心，2021 年 5 月 26 日还专门在中心下设了"负责任的人工智能工作委员会"。联合人工智能中心于 2022 年 6 月正式被并入美国国防部首席数字和人工智能官办公室。

国防部联合人工智能中心徽标

1）人员构成

联合人工智能中心管理团队主要由 1 名主任和 1 名首席架构师组成，共有 30 名军职和文职人员，后来扩展至上百人。首任主任由空军中将杰克·沙纳汉担任，现任主任是海军陆战队中将迈克尔·格罗。

人物链接：

杰克·沙纳汉

国防部联合人工智能中心首任主任，空军中将，大幅加快了国防部人工智能能力的交付，扩大了人工智能在美国军方的影响力。他曾在部队各个岗位任职，担任过五角大楼国防情报局副局长办公室国防情报主任，还担任过算法战跨职能小组负责人，在那里他建立并领导了国防部人工智能计划，负责加速自动化的情报收集和分析。

其学习经历丰富，于 1984 年作为密歇根大学后备军官训练队项目的杰出毕业生入伍，1990 年阿拉巴马州麦克斯韦空军基地中队军官学校毕业，1996 年罗德岛州纽波特海军战争学院海军指挥与参谋学院文学硕士，2001 年华盛顿特区莱斯利·麦克奈尔堡国家战争学院国家安全战略理学硕士。

2）组织模式

联合人工智能中心汇报上级最初是国防部首席信息官，根据《2021 财政年度国防授权法案》，该中心直接向美国国防部副部长进行报告，中心地位和重要性显著进行了提升，已从项目和产品开发机构转变为国防部的人工智能服务和支持中心。未来该中心将设立一个顾问委员会，委员会可以就人工智能研发、道德伦理、劳动力、长期战略和供应链等问题为联合人工智能中心主任和国防部部长提供建议。

联合人工智能中心初期运行参照"专家工程"模式开展，即各军种提出可利用人工智能解决的问题，中心负责协调计算资源、承包商和学术机构等，最后主要依靠承包商和第三方研发人工智能解决方案。针对需要交付的人工智能能力，"专家工程"项目已经开发了一整套数据、工具和基础设施，用于采办、试验与鉴定，以及作战评估的初步范式。作为国防部人工智能活动的枢纽，联合人工智能中心负责协调国防部范围内所有价值超过 1500 万美元的人工智能项目，通过成立跨职能小组的形式与各军种、联合作战部队、商业部门及学术界开展合作，并负责同步国防部已在进行的相关活动，避免重复建设，推动人工智能能力的研发与交付。联合人工智能中心与各军种等单位形成了合作关系，包括网络司令部、陆军人工智能专业工作组、国防创新小组、DARPA 及战略能力办公室（SCO）等。合作研发项目包括利用人工智能进行网络防御、装备预测性维护、改进人工智能集成能力等。

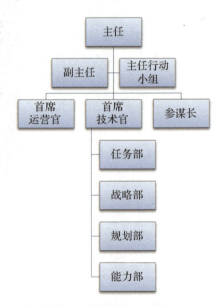

国防部联合人工智能中心体系架构图

3）运行情况

（1）工作主题。一是快速交付人工智能赋能能力。中心将与国防部团队合作，系统地对任务需求进行识别、优先级排序和甄选，并快速实施具有价值和发展前景的一系列应用。二是实现人工智能规模化应用，包括向终端用户交付新型能力，以及扩大人工智能在国防部应用的关键通用基础，如共享数据、可复用工具、数据库、标准及人工智能云和边缘服务。三是打造中心运行团队。中心吸引和培养一批世界一流的任务驱动型人工智能人才，包括来自各军种、各部门及工业界的人才。

（2）项目分类。中心开展的人工智能项目分为"国家任务计划"（NMI）和"部门任务计划"（CMI）两类。其中，"国家任务计划"以《国防战略》中的关键作战问题或上级部门下达为主，旨在解决紧迫的作战或业务改革问题，由中心推动开展，各军种协同推进。中心组建了多个跨职能小组（由联合人工智能中心的人员和国防部领域专家组成），执行各"国家任务计划"。"部门任务计划"旨在利用人工智能解决各部门所面临的问题。中心通过与国防创新小组等部门密切合作，利用数据库、云基础设施及最佳案例，加速人工智能技术部署。中心围绕感知、预测性维护、人道主义援助/灾难救援，以及网络感知等领域推进项目实施。

（3）经费情况。根据国防部2018年提交国会的预算文件，国防部计划投入500万美元用于组建该中心，并计划在2018财年为新项目投资7500万美元。这些资金将确保2019财年上半年至少有两个项目能够按照规定的交付办法和项目进度实现作战解决方案的快速研发与部署。2018财年开展的人工智能计划包括利用人工智能增强预测性维护以及演示验证人工智能在兵棋推演中的战略推理能力。2021—2025财年期间，中心将获得最高可达每年7500万美元的资金，用于授出新合同。

4）主要举措

随着职能角色从人工智能项目和产品开发机构向服务和支持中心的转变，联合人工智能中心在6个方面加强国防部人工智能军事应用。一是加快人工智能在任务管理、自动报告和通信、人力资源、法律、安全、预算、财务、合同和后勤等领域的研发和部署速度。二是对项目经理和采购项目办公室进行人工智能课程培训，使其能够更明智、更有效地采购人工智能产品和服务。三是引导美国与盟国之间的人工智能人才加强沟通和交流。四是协调人工智能解决方案、算法和经验在军种之间、机构之间、国家之间进行交流共享。五是主导少数跨组织的、面临最多障碍的人工智能重大项目。六是主导对抗性机器学习技术的实验和测试，以欺骗或破解人工智能算法。

联合人工智能中心推进的亮点举措如下。

（1）搞统一。开发"联合通用结构"统一全军人工智能开发平台（2021年4月）。该结构将由各种人工智能开发平台组成，类似美国空军的"平台一号"，将多个开发平台整合到一个平台结构中，将运行和开发环境结合在一起，以便轻松地将数据从陆军传感器共享到空军系统，反之亦然。"联合通用结构"是联合人工智能中心"联合通用基础"（JCF）的衍生产品，联合通用基础是一个基于云的人工智能平台，将加速新人工智能能力的开发、测试与部署。此前国防部内的许多部门都设有人工智能研发项目，并有各自的云平台和开发工具，但由于缺少相关机制和手段工具，这些部门开发的人工智能项目仅在各自的云平台上运行。由于这些平台能力不一、功能不同，导致运行在这些平台上的人工智能应用存在算力不足或算力冗余情况。该平台将实现以下功能：形成一个统一的人工智能平台，使国防部所有用户快速成功创建和部署人工智能任务；对机器学习过程中出现的偏差进行检测、测量和标准化，以推动制定更可靠的人工智能相关解决方案；为人工智能支持的系统、自动化产品和自主系统的试验鉴定提供可操作的解决方案；将人工智能试验鉴定工具/服务与联合人工智能中心的架构、技术标准和安全标准相结合。

（2）保安全。力求美军人工智能项目公开透明。联合人工智能中心已经承诺要"引领军事道德和人工智能安全"，着眼于提高透明度，就可接受的人工智能技术军事应用进行公开讨论。具体举措就是制定并公布一个框架，根据决策自由度和紧急程度对项目进行分类。然后尽可能用这个框架对所有进行中的项目进行分类，并确定每个项目需要哪些安全措施和监督。

（3）促联合。一是联合军内单位，2021年6月，启动"人工智能与数据加速倡议"（AIDA）计划，旨在向作战部队指挥机关派遣多个技术小组，为"联合全域指挥控制"（JADC2）做好准备，使得作战人员能够快速获取基于人工智能系统的数据。"联合全域指挥控制"计划连接来自所有军种（空军、陆军、海军、陆战队、

美国国防部数字现代化

太空军以及特种部队）的传感器，形成一个理论上更加高效且成本更低的单一网络。二是强化军方与私营企业的联系，借助私营企业尤其是硅谷人工智能高新技术企业的力量，实施美军重大的人工智能相关项目，这与该中心的由来也很有关系（马文计划）。为了推进公私合作，该中心专门开发了 Tradewind 门户网站，提供合同工具包，加速合同签订过程，目标是每个项目在 30~90 天内完成从正式的招标书到合同授予。

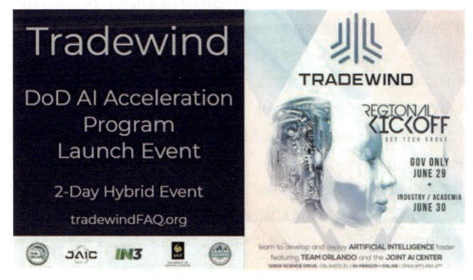

Tradewind 宣传海报

（4）推原则。提出"实施负责任人工智能"的基本原则（2021年6月）。一是"实施负责任人工智能"治理。确保国防部范围内严格的治理结构和流程，以便进行监督和问责，并明确国防部关于"实施负责任人工智能"的指导方针和政策以及相关激励措施，加速国防部采用"实施负责任人工智能"。二是作战人员信任人工智能。建立试验、鉴定以及验证和确认框架，确保作战人员对人工智能的信任。三是产品和采办寿命周期。开发工具、政策、流程、系统和指南，以在整个采办寿命周期内同步人工智能产品的"实施负责任人工智能"。四是要求验证。将"实施负责任人工智能"纳入所有适用的人工智能要求中，以确保"实施负责任人工智能"包含在国防部人工智能能力中。五是建立"实施负责任人工智能"生态系统。建立国家和全球"实施负责任人工智能"生态系统，以改善政府间、学术界、工业界和利益攸关方的合作，并促进基于共同价值观的全球规范。六是人工智能人才队伍建设。建立、训练、装备和留住"实施负责任人工智能"人才队伍，以确保强有力的人才规划、招聘和能力建设措施。

（5）改流程。改革人工智能采办流程以维护道德准则（2021年7月）。为实现"负责任的人工智能"，联合人工智能中心宣布进行一项采办审查流程的试点，为相关人工智能采办设计出创新流程、指导方针、基础设施以及有关评估。该举措不仅关注人工智能技术，更是要培养国防部的运行架构及文化，并为那些有意向同美国国防部进行合作以确保能够负责任地研发并使用人工智能的机构提供明确的指导与期望。此举的原因还包括人工智能技术具有发展快速、复杂多样等突出特点，无法沿用传统装备技术采办流程，可能上午的智能技术刚部署，下午就需要重新升级安装，否则就实现不了预期的军事效果。

（6）发指南。发布《人工智能技术指南》（2020年5月），提供了人工智能技术概述，包括监督学习、无监督学习、半监督学习和强化学习等，使绝大多数高级领导者了解使用人工智能的要求，从而制定人工智能相关决策。充足的人才资源以及人工智能专家的协助是国防部人工智能战略成功的关键因素。任何想要了解人工智能技术的人都可以通过《人工智能技术指南》学习技术基础。文件提供了技术概述，足以使绝大多数高级领导者了解在组织中使用人工智能的要求。

《人工智能技术指南》配图

DEPUTY SECRETARY OF DEFENSE
1010 DEFENSE PENTAGON
WASHINGTON, DC 20301-1010

JUN 2 1 2021

MEMORANDUM FOR SENIOR PENTAGON LEADERSHIP
COMMANDERS OF THE COMBATANT COMMANDS
DEFENSE AGENCY AND DOD FIELD ACTIVITY DIRECTORS

SUBJECT: Accelerating Data and Artificial Intelligence for the Warfighter

Secretary Austin's May 13, 2021 memorandum approving the Joint All Domain Command and Control Strategy (JADC2) sets forth a pathway to enable our leaders and warfighters to orient, decide, and act faster than our competitors. Doing so requires providing operational commanders with data-driven technologies, including artificial intelligence, machine learning, and automation.

To accelerate progress on JADC2 in support of the Secretary's vision, the Department will launch an AI and Data Acceleration (ADA) Initiative. The ADA Initiative will support our Combatant Commands in integrating and scaling ongoing and proven capabilities used in real-world operations, simulations, experiments, and demonstrations. Designed to move quickly, the initiative will be a catalyst for our Combatant Commands on two critical dimensions:

- Improving data management with "Operational Data Teams" (ODT) forward-deployed to each Combatant Command's data office. ODTs will scale existing platforms and assist warfighters in making their data visible, accessible, understandable, linked, trustworthy, interoperable, and secure.

- Adopting interoperable AI-enabled sensor fusion, asset tasking, mission autonomy, and real-time decision advantage planning tools developed and deployed through a cross-component AI expert team (AIET). The AIET will support continuous experimentation, to enable Commanders to act with the awareness, speed, and precision for battlefield advantage.

Operational Data Teams will arrive at the first tranche of Combatant Commands within 90 days. The first AIET will be deployed by the end of 2021. The progress of these teams and any lessons learned will be regularly briefed to the Secretary of Defense to ensure continued advancement of JADC2 priorities. I have directed appropriate resources be aligned to support this effort.

人工智能和数据加速计划国防部备忘录

（7）重算法。推进"人工智能和数据加速"（AIDA）计划（2021年6月）。该计划旨在建立联合操作系统，以实现联合全域指挥控制，连接所有传感器到所有决策者，将为作战司令部建立一个类似于"应用商店"的算法库，战场指挥官可在库中随时提取对应算法以应对现实中的挑战，同时可针对具体问题的算法进行定制。

（8）建评估。建立分散的人工智能测试与评估机制（2022年2月）。合同价值约1500万美元，为人工智能系统的自动化测试创建标准、确定指标，并提供最佳实践，确保国防部人工智能测试工作的兼容性和标准。根据协议，供应商将负责测试技术与工具供应、数据集开发/管理、测试工具开发、模型输出分析、算法测试与评估、系统测试与评估、操作测试与评估、人为因素/用户验收测试与评估、项目管理等。

3. 国防部首席数字和人工智能官办公室，集中统管国防部人工智能

2021年12月，国防部副部长凯瑟琳·希克斯指示建立首席数字与人工智能官办公室（CDAO），整合联合人工智能中心、数字服务局及首席数字和人工智能官办公室，三个办公室仍保持独立，但都向新办公室报告。首席数字和人工智能官办公室是一个首席参谋长助理（PSA）级别的机构，直接向国防部副部长凯瑟琳·希克斯报告，由国防部首席信息官约翰·谢尔曼担任数据与人工智能首席办公室代理负责人，目前由克雷格·马爹利担任。该办公室于2022年2月正式启动，2022年6月达到全面运行能力。

该办公室可以视为联合人工智能中心的高级版本，负责领导国防部人工智能、数据和分析的整合，加强行业对人工智能的参与，并领导国际合作，促进国防部做好和负责任地使用人工智能，并快速、大规模地采用人工智能功能。

首席数字和人工智能官办公室徽标

DEPUTY SECRETARY OF DEFENSE
1010 DEFENSE PENTAGON
WASHINGTON, DC 20301-1010

DEC - 8 2021

MEMORANDUM FOR SENIOR PENTAGON LEADERSHIP
COMMANDERS OF THE COMBATANT COMMANDS
DEFENSE AGENCY AND DOD FIELD ACTIVITY DIRECTORS

SUBJECT: Establishment of the Chief Digital and Artificial Intelligence Officer

The Department has made significant strides in unlocking the power of its data, harnessing artificial intelligence (AI), and providing digital solutions for the joint force. Many components have contributed to this progress. Yet stronger alignment and synchronization are needed to accelerate decision advantage and generate advanced capabilities for our warfighters.

Accordingly, effective February 1, 2022, there will be within the Office of the Secretary of Defense a new position of Chief Digital and AI Officer (CDAO), reporting directly to me and through me to the Secretary of Defense. The CDAO will serve as the Department's senior official responsible for strengthening and integrating data, artificial intelligence, and digital solutions in the Department.

The Office of the CDAO shall perform in an initial operating capability (IOC) upon its stand-up, with a goal of reaching full operating capability (FOC) no later than June 1, 2022. By January 15, 2022, Mr. James Mitre, Senior Advisor to the Deputy Secretary of Defense, will submit for my approval an implementation plan to reach these IOC and FOC milestones. Mr. Mitre will work closely with all affected DoD stakeholders, congressional staff, and outside experts in developing his recommendations.

Nothing in this memorandum shall be interpreted to supersede existing statutory requirements. At its IOC, the Office of CDAO will bear the following relationship to related OSD AI, digital, and data offices:

- Joint Artificial Intelligence Center (JAIC). The Office of the CDAO shall serve as the successor organization to the JAIC, reporting directly to the Deputy Secretary of Defense, pursuant to Section 238 of the John S. McCain National Defense Authorization Act (NDAA) for FY 2019, as amended.

- Defense Digital Service (DDS). The CDAO shall serve as an intervening supervisor between DDS and the Immediate Office of the Secretary of Defense and the Deputy Secretary of Defense, consistent with DoD Directive 5105.87.

- Chief Data Officer (CDO). The CDO shall be operationally aligned to the OCDAO, while continuing to report to the Secretary of Defense and the Deputy Secretary of Defense through the Chief Information Officer of the Department of Defense (DoD CIO), as required by Section 903(b)(3) of the NDAA for FY 2020.

Thank you in advance for your support in our efforts to adopt industry best practice and accelerate innovation.

OSD010894-21/CMD013905-21

设立国防部首席数字和人工智能官办公室的备忘录

人物链接：

克雷格·马爹利

宾夕法尼亚大学计算机科学博士，现任国防部首席数字和人工智能官，曾在麻省理工学院出版社出版《伟大的计算原理》一书，在高科技企业和军队单位都曾担任职位。

在领英公司（领英）担任以下职务：

（1）机器智能主管，领导领英公司人工智能学院的发展。

（2）机器学习科学与工程主管、销售解决方案主管、学习体验工程主管。

（3）机器学习工程主管，负责数据标准化，垃圾邮件和自然语言处理。

在海军研究生院担任以下职务：

（1）终身计算机科学教授，专门研究自然语言处理（NLP）。

（2）NPS自然语言处理实验室主任，领导大型研究团队应用机器学习/数据挖掘算法为国防部构建社交媒体原型分析工具。

1）主要职责

首席数字和人工智能官办公室将与各军种、联合参谋部、国防部首席信息官、国防部负责研发与工程的副部长，以及其他人工智能相关领导密切协调，履行以下几项关键职能。

（1）领导国防部在数据、分析和人工智能应用方面的战略和政策，并管理和监督整个国防部相关工作。

（2）支持在国防部开发数字和支持人工智能的解决方案，同时有选择地推广成熟解决方案。

（3）提供一支成熟的技术专家骨干队伍，作为数据和数字响应力量，能够通过最先进的数字解决方案来应对紧急危机和新出现的挑战。

2）主要举措

（1）实施负责任的人工智能。2022年6月，国防部副部长凯瑟琳·希克斯签署并发布《美国国防部负责任的人工智能战略与实施路径》文件，相比于之前发布的美国国防部人工智能战略，更加强调人工智能安全，可操作性更强。首席数字和人工智能官办公室主导实施负责任的人工智能。该战略包括以下基本原则。①

负责任的人工智能治理：管理结构和流程现代化，持续监督国防部人工智能使用；②作战人员信任：操作者须达到标准水平的技术熟练程度，创建可信的人工智能与人工智能赋能系统；③人工智能产品与采办生命周期：考虑到潜在风险，使人工智能开发速度满足国防部需求；④需求验证：通过需求验证流程，使人工智能能力与作战需求保持一致，同时解决相关风险；⑤负责任的人工智能生态系统：通过国际合作促进对设计、开发、部署和使用负责任的人工智能的共同理解；⑥人工智能劳动力：确保所有国防部人工智能人员理解实施人工智能的技术、开发过程和操作方法。每项原则都附有工作路线、对应的主要负责办公室和预期实施时间框架。

《美国国防部负责任的人工智能战略与实施路径》封面

（2）整合各军种联合全域指挥控制工作。曾任国防部首席信息官的约翰·谢尔曼表示，首席数字和人工智能官办公室将在实现联合全域指挥控制方面发挥关键作用。2022 年 9 月，美国空军部部长肯德尔表示，国防部首席数字和人工智能官马特尔是领导各军种联合全域指挥控制工作整合的最佳人选。马特尔计划采用以软件为中心的方法，"自下而上插入服务"，特别是战术级服务，增强美国空军"先进战斗管理系统"、陆军"融合计划"以及海军"超越工程"间的互操作性。美国国防部其他官员表示，在整合能力过程中，还需引入自上而下的结构，且服务应确保可访问和共享数据，以实现各军种互操作性，最终打破阻碍军事联合行动的障碍。

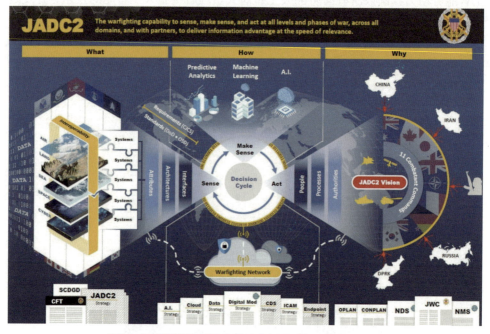

《联合全域指挥控制战略总结》插图（2022 年 5 月）

（3）重启全球信息优势试验。首席数字和人工智能官办公室计划在 2023 年共进行 4 次现实与虚拟方式相结合的试验，以快速创新国防部关键能力，支持国防部发展联合全域指挥控制和联合作战概念。第五次全球信息优势试验于 2023 年 1 月 30 日至 2 月 2 日举行，试验小组由所有军种和多个作战司令部构成，标志着美国国防部首次通过数据、分析和人工智能进行全球规模的联合试验。此次试验重点关注：确定数据共享在政策、安全和连接等方面面临的挑战；研究数据、分析和人工智能在改进联合作战方面的作用。

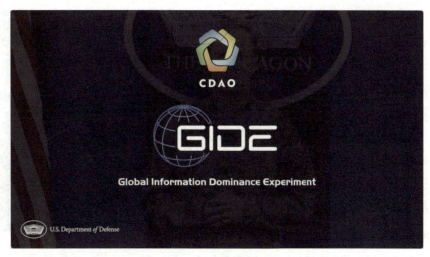

全球信息优势试验示意图

4. 国防部新兴能力政策办公室，加快研发采办改革并重视伦理问题

2022年5月，美国国防部设立新兴能力政策办公室，负责为国防部研究和采办人员制定与人工智能、高超声速等新能力有关的政策，帮助将新能力整合到国防部的战略、规划指南和预算流程之中，以加快新兴能力的部署。该办公室向国防部负责战略、规划和能力的助理部长玛拉·卡林汇报工作。

该办公室从事技术与政策交叉领域的工作，其人员将与科学家、采办与保障人员以及联合参谋部的作战人员密切合作，评估所有政策的效果。新兴能力政策办公室主任迈克尔·霍洛维茨表示，战略、规划和预算、伦理问题、战略稳定问题以及与盟友和伙伴国的合作对美国防务至关重要，鉴于战争的速度，这些问题的决定必须以负责任的速度进行、以有意识的方式发生。该办公室将协调一些创新活动，确保技术开发与战略制定被整合在一起。

人物链接：

迈克尔·霍洛维茨

新兴能力政策办公室主任。霍洛维茨博士在领导、研究和学术角色方面拥有20多年的经验，专注于国际安全问题。霍洛维茨博士是《军事力量的扩散：国际政治的原因和后果》一书的作者，也是《领导人为什么战斗》的合著者。他获得了国际研究协会颁发的卡尔·多伊奇奖，以表彰他在国际关系与和平研究领域的早期职业贡献。他曾在各种同行评审期刊和热门媒体上发表过文章，他的专长包括国防创新、人工智能和机器人等新兴技术与全球政治的交集、领导者在国际政治中的作用以及地缘政治预测方法。

霍洛维茨博士曾在负责政策的国防部副部长办公室从事部队发展规划的工作，是外交关系委员会的终身会员。他在埃默里大学获得政治学学士学位，在哈佛大学获得政府学博士学位。

该办公室负责在安全相关事务方面提供长期的预测和战略视角，推动新兴能力政策、战略和流程的变革，以促进国家利益，主要职责如下。

（1）战略方面。理解和思考可改变游戏规则的能力对国防战略的影响，研究自主系统、高超声速和定向能武器对战略竞争的影响，以及新技术与现有能力结合对战略平衡的影响，确保技术开发与战略制定有效整合。

（2）政策方面。制定相关政策和规定，使国防部在签署规划指南、审查项目预算时充分考虑新兴能力并提供充足资源保障，支持与盟友和伙伴国协调新兴能力的发展。

（3）伦理方面。关注新兴能力可能引发的伦理问题，如武器系统应该如何自主、如何让决策者处于杀伤链路中，并制定新型武器系统额外审查政策，更新2012年发布的国防部《武器系统中的自主性》指令。

知识链接：

《武器系统的自主性》

2023年1月，美国国防部更新国防部指令3000.09"武器系统的自主性"，以最大限度地减少自主和半自主武器系统可能带来的意外冲突，最新版的指令强调以下几点。

（1）自主和半自主武器系统将被设计成允许指挥官与操作人员对武器的使用进行适度人为干预。

（2）自主和半自主武器系统的授权使用、指导使用或操作人员需要遵守战争法、适用条约、武器系统安全规则和交战规则。

（3）自主和半自主武器系统需要具备适当的性能、能力、可靠性、有效性和适用性。

（4）自主和半自主武器系统的设计、开发、部署和使用符合国防部人工智能伦理准则和国防部《负责任的人工智能战略实施途径》。

DoD DIRECTIVE 3000.09

AUTONOMY IN WEAPON SYSTEMS

Originating Component:	Office of the Under Secretary of Defense for Policy
Effective:	January 25, 2023
Releasability:	Cleared for public release. Available on the Directives Division Website at https://www.esd.whs.mil/DD/.
Reissues and Cancels:	DoD Directive 3000.09, "Autonomy in Weapon Systems," November 21, 2012
Approved by:	Kathleen H. Hicks, Deputy Secretary of Defense

Purpose: This directive:
- Establishes policy and assigns responsibilities for developing and using autonomous and semi-autonomous functions in weapon systems, including armed platforms that are remotely operated or operated by onboard personnel.
- Establishes guidelines designed to minimize the probability and consequences of failures in autonomous and semi-autonomous weapon systems that could lead to unintended engagements.
- Establishes the Autonomous Weapon Systems Working Group.

《武器系统的自主性》

5. 陆军人工智能任务小组，推广、整合、评估陆军的人工智能活动

2018 年 10 月，美国陆军未来司令部正式成立陆军人工智能任务小组（A–AI TF），在卡内基梅隆大学开展业务，这是根据陆军指令 2018–18《陆军人工智能任务小组支持国防部联合人工智能中心》设立的。首任组长由马修·伊斯利担任，人员十余名，由政府官员和人工智能领域技术人才组成，其中约三分之二为陆军军人，三分之一为文职人员。目前，任务小组正积极与卡内基梅隆大学及其机器人研

究所、美国国家机器人工程中心，以及众多自主系统科技公司等开展密切合作，推动陆军人工智能军事应用的快速、稳健发展。

美国陆军徽标

1）主要职责

陆军人工智能任务小组首要任务就是确保陆军的人工智能工作成果能够为国防部联合人工智能中心提供支持，具体与人工智能安全相关的职责如下。

（1）整合。统一管理陆军开展的各项人工智能科学、技术与研发工程工作。

（2）甄别。梳理陆军现有的和未来的机器学习计划，包括数据集、时间表、资金、成果及向列编项目的转化计划。

（3）评估。挖掘那些禁止或阻碍机器学习、深度学习、自动化以及整合型解决方案的相关政策。

（4）管理。与陆军分析小组进行联合开发和部署"人员风险管理工具"。

（5）试验。利用恰当的硬件、软件和网络访问权限建立一个陆军人工智能试验设施，用于机器学习能力和工作流程的试验、训练、部署与测试。

2）主要举措

一是从制度上扫清人工智能发展壁垒。陆军人工智能任务小组将全面审查陆军现有和正在进行的人工智能与机器学习计划，并审查可能会抑制该技术领域发展的政策，从制度层面为人工智能发展创造有利条件。2019 年 5 月，陆军人工智能任务小组发布《陆军人工智能战略》，强调人工智能在陆军"多域作战"（MDO）的赋能。

美国陆军无人车

  二是建立军学融合人工智能发展生态。陆军人工智能任务小组选址卡内基梅隆大学，就是为了利用该校与学术界和产业界的紧密联系，夯实陆军人工智能发展基础，使陆军能够雇佣、发展和保留必要的人才，支持陆军人工智能领域的长远发展。例如，陆军人工智能任务小组利用卡内基梅隆大学的"人工智能堆栈"框架，从计算层、传感器、数据管理、算法、决策支持等方面寻求解决办法，将人工智能这一使能技术整合于各武器平台，最终为作战人员的能力提升提供支撑。

卡内基梅隆大学

三是加速陆军智能化转型、应用进度。陆军人工智能任务小组正与陆军八个跨职能团队密切合作，寻求将人工智能更多嵌入到军队建设当中，特别是使武器装备效能得到大幅提升，加快智能化装备建设步伐。陆军人工智能任务小组协助陆军相关机构授予微软公司4.8亿美元合同，借助人工智能技术提升作战人员复杂环境下的态势感知能力，同时通过无线网络快速连接武器实现发现即摧毁。2018年11月，美国陆军发布了《利用机器人与自主系统支持多域作战》白皮书，文件称美国陆军未来将把机器人与自主系统集成到作战部队中，使其成为陆军装备武器体系的重要组成部分，并提出要利用人工智能等技术提高机器人与自主系统在执行任务时的独立工作能力，从而提升士兵的多域作战能力。为支持这一目标，美国陆军已经成立了机器人创新中心、机器人技术和自主系统能力管理办公室以及人工智能任务部队等机构，负责管理人工智能技术的战场推广应用。

Operationalizing Robotic and Autonomous Systems in Support of Multi-Domain Operations White Paper

Prepared by:

Army Capabilities Integration Center – Future Warfare Division

30 November 2018

Distribution
Unclassified
Distribution is unlimited

《利用机器人与自主系统支持多域作战》白皮书封面

四是加强对算法及其训练数据的保护。陆军人工智能任务小组关注的一个重要领域是保护陆军自身的算法及这些算法中所使用的训练数据。为训练有效的人工智能，工作组需要大量训练数据，过去开展的第一个项目是收集数据，用于开发先进目标识别能力，识别诸如不同类型的战斗车辆等目标。

五是推动"联合全域指挥控制"的陆军部分，即融合计划（又称"汇聚工程"），围绕五大核心要素（士兵、武器系统、指挥与控制、信息和地形）进行设计，计划按年度周期实施"融合计划"。通过全年频繁的技术、设备试验及士兵反馈来实现目标，并最终开展年度演习。目前，已经开展了2020年、2021年、2022年三个年度演习，演习成员从最初的陆军扩大到陆海空多军种，再到澳大利亚、加拿大、新西兰和英国等盟国部队，演示验证了无人机、人工智能与机器学习算法等，涵盖了目标自动识别、目标与打击平台的智能匹配、优化打击节奏、战场毁伤评估等作战环节，实现了传感器到射手的全覆盖。

美国陆军参加"汇聚工程"演习

趣话：

美国高校与军方千丝万缕的联系

作为军事强国，美国国防科技的发展一向引人注目，在预研、申请国会投资阶段还可以做到部分公开，一旦物化为具体装备进行定型、列装就变为高度机密，无法轻易获取。这也可以理解，毕竟预研阶段仅仅是探索性研究，还不一定具有实用价值，适当公开，不仅可以吸引和调动更多的研究力量参与进来，还可以制造科技迷雾将对手带入耗时耗力的科研误区或者死胡同（类似于美苏"星球大战"）。

"星球大战"漫画

对于美国而言，其国防科技研发模式不仅有军工复合体，还有军学复合体，就类似于陆军人工智能任务小组依托卡内基梅隆大学那样，美军提供建立长期资助关系或者公开发布研究需求公告等多种方式，委托高等科研院校承担了大量的国防项目。美国国防部于 2008 年推出"密涅瓦"计划，系统性地支持相关院校开展国防基础研究，其中国家安全相关项目占据很大比例。

之所以选择高等科研院校作为国防科技合作伙伴，一方面是充分运用院校前沿探索、基础研究、交叉融合的优势；另一方面也为军方吸引更多的优秀人才。如美国加利福尼亚大学就是美国核武器的重要研究基地，第一颗原子弹就诞生于此。

清华大学计算机系团队通过分析 2000 年至今的美国数万篇论文和数千个机构（包括高校、企业、政府机构、投资机构）的公开数据，以及收集的 37510 个国防项目，展示了 200 多所美国高校的国防科研实力，以及 15 家与美国国防科研参与度很高的资助机构。通过整合论文、领域、项目、基金数据，可以准确地评估美国高校国防科研能力，以及其对美国国防工业的贡献，也可以更加客观全面地掌握美国国防科技的最新发展情况。

高校	国防科研活跃度	科研指数
麻省理工学院 Massachusetts Institute of Technology (MIT)	非常高	74.1
斯坦福大学 Stanford University (CA)	非常高	53.8
加州大学圣迭戈分校 University of California, San Diego (UCSD)	非常高	47.6
马里兰大学帕克分校 University of Maryland, College Park (UMD)	较高	43.7
加州大学洛杉矶分校 University of California, Los Angeles (UCLA)	非常高	43.4
密歇根大学 University of Michigan (UMich)	非常高	39.9
哈佛大学 Harvard University (Harvard)	非常高	39.7
加州大学伯克利分校 University of California, Berkeley (UCB)	中等	38.8
美国西北大学 Northwestern University (NU)	非常高	36.7
华盛顿大学 University of Washington (UWashington)	非常高	36.4
卡内基梅隆大学 Carnegie Mellon University (CMU)	非常高	21.3
美国国防医科大学 Uniformed Services University of the Health Sciences (usu)	较低	20.7
弗吉尼亚理工大学 Virginia Tech (VT)	非常高	20.5
耶鲁大学 Yale University (Yale)	非常高	20.2
犹他州大学 University of Utah (Utah)	非常高	18.9

美国高校国防科研实力排名

6.空军人工智能跨职能小组，加速空军人工智能技术快速转化应用

2018 年 11 月，美国空军设立人工智能跨职能小组（AICFT）。首任领导由空军负责人工智能及机器学习发展工作的迈克尔·卡纳安上校、空军副首席技术官莱斯利·佩金斯和空军"多领域指挥控制团队"的负责人三人联合担任，成员由空军各职能部门的 22 名代表构成，其中包括美国空军部、空军研究实验室和其他相关部门。该小组将重点研究人工智能相关规划，从法律、人员到后勤保障等领域对人工智能应用的理解，与情报行动及全范围作战有关的其他内容等工作。

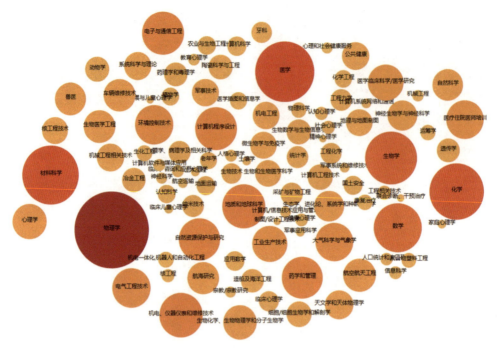

美国国防科研资助热门领域

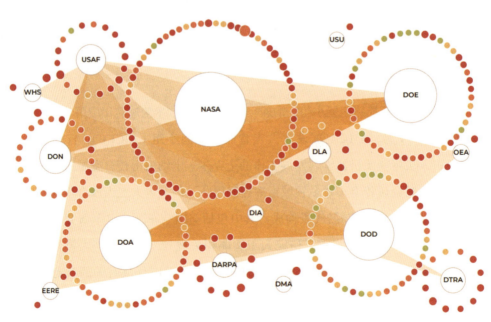

美国国防科研主要资助机构

1）主要职责

空军人工智能跨职能小组首要任务是为空军能力发展委员会提供人工智能领域的建议和决策支持，具体职责如下。

（1）探索包括云、软件平台和基础设施及服务等商业能力。

（2）提高人工智能训练数据的品质。

（3）测量权威性数据。

（4）获得免费算法访问权限。

（5）发展熟练掌握人工智能技术的人员队伍。

2）主要举措

一是制定空军人工智能战略。2019 年 8 月，空军人工智能跨职能小组参与制定《2019 年美国空军人工智能战略》，强调："通过领导关于空军在道德、伦理和法律方面使用人工智能的对话，增强公众信任"。该战略阐述了美国空军的 5 个战略关注领域：①降低技术进入壁垒，目标是将运营完全利用商业化能力的技术部署模型；②将数据视为战略资产，目标是持续生成高质量的训练数据，并安全地传递给适当的硬件、软件和人员；③广泛采用公开的人工智能解决方案，目标是在风险可控前提下，开发不同的算法集，广泛使用人工智能业界公开成果，迅速产生一系列解决方案；④招募、开发、培养人才，目标是提高空军工作人员信息技术水平，招募有相关技能、以解决方案为导向的人才；⑤增加与国际、政府、行业和学术界的透明性与合作，目标是通过引领人工智能在空军的伦理、道德和合法的应用来增强公众信任。

《2019 年美国空军人工智能战略》封面

二是加速人工智能与装备的结合应用。推动空军人工智能技术转化应用，以有人驾驶平台为核心，无人飞行器为辅，打造数字化、信息化、网络化、自动化、智能化的多域或跨域一体的"空中主宰"作战群。这正如美国空军负责计划和项目的副参谋长纳霍姆中将所称，美国空军对下一代战斗机的能力发展思路是：其作战威力不再是一架简单的飞机平台，而是硬件和软件的融合，数据云、人工智能和无限互联的空中协奏曲。

"全球鹰"无人机机队

三是建立快速交付技术成果的采办流程。推动空军采取激进的采办策略，通过实施"数字化百系列"工程加快和改变下一代战斗机的采办和研制模式，要求工业界在五年或更短的时间内设计、开发和生产人工智能战斗机。

知识链接：

美国空军"遴选日"

2019年3月，美国空军召开了其首个"遴选日"活动，听取了59家小型企业的项目建议汇报，与其中的51家签订了一页纸的项目合同，并通过刷政府信用卡的方式迅速向合同乙方付齐首款。从授予合同到首款到账平均只需要15分钟，其中最短的过程仅花费3分钟。而在"遴选日"活动之前，国防部最快的合同授予过程都需要3个月的时间。这种颠覆性的合同授予方式的，或将极大地缩减繁琐的项目申报及合同审批授予流程，给小公司更多的时间和精力去专研技术。

四是公开发布空军应用人工智能的原则。2019年6月26日，美国空军负责人工智能及机器学习发展工作的迈克尔·卡纳安上校在美国华盛顿人工智能世界政府会议上阐述了美国空军应用人工智能的五条原则：消除技术壁垒，推进商业技术应用；将数据作为战略资产；实现人工智能准入民主化，使人工智能能力为所有人员可用；将计算技能视为战略资产；与国际政府、行业和学术合作伙伴开展沟通合作。

五是推动"联合全域指挥控制"的空军部分，即"先进作战管理系统"（ABMS），使用云环境和新的通信方法，使空军和太空部队系统能够使用人工智能无缝共享数据，以实现更快的决策。计划采用分布式、开放式架构，采用螺旋式开发路线。在2030—2040 年形成比较完善的系统，取代老旧的指挥和控制能力并开发情报、监视和侦察传感器网络，建立新的网络连接飞机、无人机、舰船和其他武器系统上的传感器，从而实时提供所有领域威胁的作战情况。

"先进作战管理系统"

7. 海军首席人工智能官办公室，重塑海军人工智能的研究开发运用

2019 年 5 月，布雷特·沃恩成为美国海军首席人工智能官，并且兼任海军研究办公室（ONR）的领导，以其多元化背景带到这个角色中，帮助塑造海军当前和未来的人工智能使用计划。

美国海军徽标

1）主要职责

海军首席人工智能官办公室类似于其他军种人工智能小组，也是为了支撑国防部联合人工智能中心、国防部首席数据与人工智能官办公室，具体职责如下。

（1）促进发展无人机、无人水面舰艇和无人水下舰艇。

（2）提高人工智能开发的优先级。

（3）制定人工智能解决方案的时间表。

（4）培养相关专业人才。

美国海军无人潜航器

2）主要举措

一是推动发布海军人工智能相关战略。2019年8月，指导美国海军分析中心（CNA）发布了《人工智能安全：海军的行动计划》，旨在让海军全面地认识和解决随着采用人工智能技术而出现的安全风险问题。该报告采用风险管理方法来构建对人工智能安全风险的处理框架，包括人工智能安全的战略当务之急、人工智能在海军中的应用情况、安全风险以及海军应对人工智能安全风险的行动计划。其中，第一种类型的安全风险本质上是技术性的，需要与工业界和学术界合作才能有效解决；第二类风险与特定的军事任务有关，可以通过军事实验，研究和概念开发相结合来解决，可以找到提高有效性和安全性的方法。

《人工智能安全：海军的行动计划》封面

二是将人工智能融入军事文化。尽管美国海军在过去 50 年中一直在研究人工智能的潜力（如海军人工智能应用研究中心（NCARAI）自 1981 年成立以来一直参与人工智能、认知科学、自主性和以人为本的计算的基础和应用研究），但该技术的实际应用和集成一直具有挑战性。现在的大多数公司要么天生数字化，要么可以快速采用以软件为中心的能力，而美国海军已有 250 年左右的历史，面临着向更加数字化的组织过渡的巨大挑战，开发和部署人工智能的过程在海军很难开展。为此，必须将软件、人工智能等纳入海军日常的思考、讨论和行动过程中。

三是推动"联合全域指挥控制"的海军部分，即"超越工程"，旨在加速交付人工智能、机器学习及工具，从而使舰队能够分散化部署、实施大规模火力、整合无人舰艇。海军领导者认为该计划能够在未来维持美国海军的海上优势，因此该计划在美国海军优先事项中仅次于建造"哥伦比亚"级弹道导弹核潜艇。海军在 2023 财年为"超越工程"寻求 1.95 亿美元，比去年为该项目获得的费用增加了 167%。

"超越工程" 2021 年演习徽标

8. 退伍军人事务部国家人工智能研究所，用人工智能改善相关护理

2019 年 6 月，退伍军人事务部（VA）研究与发展办公室和秘书战略伙伴关系中心办公室联合设立国家人工智能研究所，通过在全美国的退伍军人事务部医疗中心（VAMC）安置人工智能方面经验丰富的员工，成为负责人工智能研究、实施、政策和协作的杰出组织。

美国退伍军人事务部徽标

1）主要职责

（1）利用现有的人工智能能力更好地为退伍军人提供医疗保健和福利。

（2）开发这些现有的人工智能能力。

（3）提高资深人士和利益攸关方对人工智能的信任。

（4）建立与行业和其他政府机构的合作伙伴关系。

2）主要举措

一是制定战略。2021年10月，制定了《退伍军人事务部人工智能战略》，退伍军人事务部成为首批制定官方人工智能战略的五个政府机构之一。正式确定了退伍军人事务部将如何开发、使用和部署人工智能能力的愿景，惠及美国退伍军人和社会。并致力于确保人工智能能力的透明度和信任，推进值得信赖的道德人工智能，防止潜在的偏见并保护隐私。

二是公私合作。与多家高新企业开展合作。如2018年2月与DeepMind合作用人工智能来预测急性肾损伤，通过机器学习对700000个抹去个人信息的病史进行分析，进而预测患者恶化的风险因素及发病概率。

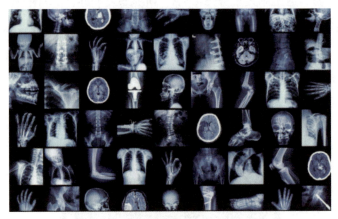

退伍军人事务部运用人工智能分析病例

此外，退伍军人事务部还主办了"人工智能技术冲刺赛"，旨在促进与业界和学术合作伙伴在人工智能工具方面的合作，这些工具利用联邦数据解决退伍军人的需求，如慢性病管理、癌症筛查、康复、患者体验等，该比赛吸引了英伟达等诸多人工智能企业参与。

走近美国退役军人管理保障机构

美国对军人的重视程度非常高，之前总是听说美国军人武装到牙齿，一个军人被包围，往往可以派出数十倍、数百倍的力量去营救（见电影"拯救大兵瑞恩"）。这种重视更是体现在对退役军人的优待，以下为全文引用我国退役军人事务部官方网站 2018 年 4 月 20 日的文章。

美国诞生于战争之中，军人作出了巨大贡献、付出了巨大牺牲，因此民众对军队、军人具有特殊情结，军人的地位受到广泛尊崇，军事职业具有无与伦比的荣誉感、优越感。美国联邦政府高度重视退役军人的安置工作，管理保障机构健全，主要分为立法机构与管理机构，为退役军人提供就业、培训、待遇、医疗、丧葬等全方位服务。

1. 立法机构

退役军人事务委员会。是美国国会参议院和众议院下设的退役军人事务立法机构，是退役军人事务部的授权委员会，主要负责有关退役军人待遇保障的立法工作，并监督各政府部门执行。

众议院退役军人事务委员会是众议院的常务委员会之一，负责对国防部、军队、能源部等机构提供资金并实施监督。委员会根据《1946 年立法机构重组法案》组建，职权范围包括对以下方面的立法与审核：战争养老金；由政府签发退役军人人寿保险；补偿、职业康复和退役军人教育；退役军人医院、医疗护理和退役军人待遇；士兵和水兵的救济；军人生活向平民生活的过渡；国家军人公墓。委员会下设有残疾援助及追悼事务次级委员会、经济机会次级委员会、医疗次级委员会、监督和调查次级委员会，其立法权限包括退役军人的医疗、教育、津贴、公墓管理等方面。其中，残疾援助及追悼事务次级委员会对补偿金和普通（特殊）养老金具有立法、监督和调查管辖权；经济机会次级委员会对退役军人教育、就业和培训、职业康复、住房计划以及服务人员的民事救济等方面具有立法、监督和调查管辖权；医疗次级委员会对退役军人事务部的退役军人医疗管理局具有立法、监督和调查管辖权，包括医疗服务、医疗支持、医疗设施、假肢研究等；监督和调查次级委员会对退役军人普通事项或必须由全体委员会主席转交小组委员会审议的重要事项具有监督和调查管辖权。众议院退役军人事务委员会负责建议立法扩大、限制或微调现行有关退役军人福利的法律，也可以监督和评估退役军人事务部的运作。如果委员会发现退役军人事务部没有按照国会的意愿运行，那么委员会将召开听证会，解决有关问题。

参议院退役军人事务委员会成立于1970年，负责包括国防部、军事研发、核能、军事人员福利待遇、兵役制度等国防政策的有关事务的立法与管理（此前参议院有关退役军人的管理事务由金融委员会和劳动与公共事务委员会负责），其立法权限与众议院退役军人事务委员会基本一致，委员会成员为14人。2013年，康涅狄格州一家隶属于退役军人事务部的医院误将一把手术刀留在了退役军人体内，直到2017年3月才被发现。该退役军人起诉了医院，随后参议院退役军人事务委员会也举行听证会，对涉事医生进行质询，并积极协调解决。

2. 管理机构

美国退役军人事务方面履行管理职能的机构包括联邦政府机构（国防部、退役军人事务部、劳工部等内阁部门及其附属机构）、地方政府机构（州退役军人事务局、县市退役军人服务办公室）以及军队内部机构（军种各级人力资源管理部门）三个层级。

国防部是美国武装部队的最高领导机关，位于华盛顿五角大楼。国防部在退役军人事务部的支持下，统管全军退役军人的管理保障工作，主要负责制定退役军人的安置方案（含职业培训、就业去向、家属工作、子女入学等方面的咨询和协助），下拨相关款项，并监督各军种执行。国防部部长是总负责人，负责人事与战备工作的副部长及一名负责军事人员政策的副部长帮办具体协调统筹。在具体执行层面，国防部通过各军种部门对退役军人相关事务实施分层次领导。军种部是各军种的最高行政领导机关，负责本军种的人事与行政管理、部队组建、战备训练、兵役动员、武器装备研制与采购以及后勤保障等工作。国防部对退役军人事务的管理主要分为三个方面。一是国防部设有过渡援助计划办公室（即军转民办公室），由主管退役军人就业和培训计划实施的部长助理领导，主要职责包括：负责与退役军人事务部、劳工部等部门协调，完成军人退役前的指导、咨询和军地协调工作，为退役军人和家属提供就业信息，组织相关培训，并提供经费。过渡援助计划办公室在全国设有300多个办公室，具体指导当地退役军人的培训和就业工作。二是陆军、海军、空军及海军陆战队的各级人力资源管理部门都下设有退役援助办公室和就业援助中心，制订有完备的退役军人就业安置计划，主要负责向现役和后备役军人、文职人员和家属提供求职培训、个人援助和就业咨询等服务。三是各部队设有军人家庭支援中心，在退役军人及其家属的安置过程中发挥了重要作用，为退役军人提供大量就业、医疗、住房、子女入学入托等方面的援助。

退役军人事务部是联邦政府向退役军人提供医疗保健、教育援助、残疾补偿、住房贷款、人寿保险、就业支持等服务的专门机构，主要负责全美2700多万退役军人和7500多万退役军人家属及遗孀的管理和服务工作。退役军人事务部是仅次于国防部的内阁第二大部，由1名部长、6名助理部长以及管理部门组成，截至2017年12月，全美共有37.8万名雇员，其中华盛顿总部约4000人。部长作为内阁成员，是总统有关退役军人事务的首席顾问，领导全军退役军人管理保障工作。退役军人事务部主要履行以下职能：发放残疾抚恤金、死亡抚恤金、退休金和参战补助金；资助退役士兵大学教育；为退役军人提高医疗服务，开展医疗科学研究；提供退役军人住房贷款担保；为退役军人提供就业帮助；管理退役军人人寿保险项目，监督退役军人和退役军人集体人寿保险项目；管理国家公墓。退役军人事务部的服务目标为：改善退役军人及其家属的生活；确保退役军人从军事岗位平稳过渡到平民生活；代表国家向退役军人表示敬意，向逝者表示怀念；通过高效管理、沟通和高超技术的应用，为退役军人及其家属提供优质服务；为美国的公众健康、危机管理、社会经济发展和历史作出贡献。从组织结构看，退役军人事务部主要由退役军人医疗管理局、退役军人福利管理局、国家公墓管理局组成。其中，退役军人医疗管理局管理着美国最大、最完整的医疗保健系统，包括1700余家医院、疗养中心、社区诊所等，还与全美医科大学及下属医院有合作关系。据统计，该局每年为超过500万名退役军人提供医疗服务。退役军人福利管理局主要为退役军人及其家属提供伤残赔偿金、抚恤金、就业和教育援助、住房贷款、人寿保险、安葬福利、遗孀福利等服务。国家公墓管理局负责退役军人的安葬事务和公墓的维护工作，并为全美和海外36万个墓穴提供纪念碑、标记和雕刻。该局管理130个国家公墓（阿灵顿国家公墓由陆军部管理），共安葬270多万退役军人，还负责对申请者进行严格的资格审查，审查合格后方可进入国家公墓。退役军人事务部华盛顿总部设有1个中心、2个委员会以及15个办公室，分别为合同审查委员会、退役军人申诉委员会、女退役军人服务中心、采购和装备管理办公室、争端协调办公室、预算办公室、公共及政府间事务办公室、国会事务办公室、职业歧视申诉协调办公室、财政管理办公室、法律顾问办公室、人力资源管理办公室、信息技术办公室、信息咨询办公室、职业安全办公室、政策研究办公室、章程和管理办公室、小企业办公室。除华盛顿总部外，退役军人事务部在全美还设立有57个地区办事处，各办事处主任均由部长任命，各个州、县也设有办事处。作为退役军人事务部的派出执行机构，各地区办公室、办事处主要负责所在辖区的退役军人管理保障工作。退役军人事务部的全部支出，包括退役军人的各项福利，都来源于联邦政府的财政预算，这些经费通过立法得到保证。因此，退役军人服务保障工作的各项经费是非常稳定且充足的，可以根据具体情况逐年增加。

劳工部是美国联邦政府行政部门之一，成立于1913年3月4日，主管全国所有的劳工事务，如就业、工资、福利、工作条件、就业培训等。劳工部下设25个部门及办公室，其中的退役军人就业和培训服务局主要负责退役军人的就业指导和培训工作。退役军人就业和培训局（VETS）向所有联邦政府就业保障机构的受益人提供技术帮助，并保证退役军人依法得到优先服务，该局的主要职责是通过"退役军人国家基金项目"下属的"残疾退役军人延伸项目专家"与"本地退役军人就业代表"两个项目，加强退役军人与雇主和当地政府机构的联系，向退役军人事务部提供市场空缺职位信息，为退役军人特别是身体残疾、生活贫困、教育程度低的退役军人提供就业咨询，进行军人职业技能培训和就业发展机会培训（如讲授制作简历、自我推荐、面试技巧等），并鼓励企业优先雇用残疾退役军人。退役军人就业和培训局在全美一共有40余个分支机构，由劳工部负责退役军人就业和培训服务的助理部长主管，他在退役军人的政策、程序和规章的制定与实施方面是部长的主要顾问，负责退役军人的就业管理和培训服务项目，并保证有关法律、规章得以落实。此外，该局还积极与雇主、工会、退役军人服务组织以及社区组织进行协调，为联邦承包商提供管理方面的帮助，以督促其遵守有关雇用退役军人的规定及承担相应的责任。

联邦人事管理局是联邦政府的一个独立机构，成立于1978年，负责招聘、管理、选拔联邦政府公务人员，并协助联邦雇员了解其在公共部门的薪酬水平和晋升机会。联邦人事管理局负责根据《美国法典》第5条管理退役军人优先就业权。该局通过增加雇用和保留退役军人机会，帮助那些具有经验、技能的军人及其家属向联邦政府需要的方向过渡。具体讲，联邦人事管理局为退役军人服务的主要范围包括：加强领导，提高退役军人的联邦就业机会；制定和执行政府对退役军人就业的战略计划，支持发展影响退役军人的人力资源政策；提高24个退役军人雇用办公室的知识、能力和效率，以更好地履行职责；为退役军人就业委员会和联邦人事管理局领导层提供业务支持；支持退役军人的相关纪念活动（如退役军人节、阵亡将士纪念日等），宣扬退役军人的价值、领导能力以及对国家的承诺和牺牲。

联邦小企业管理局是联邦政府的一个小型独立机构，成立于1953年7月30

日，其前身先后为战时小企业公司、重建金融公司、小企业局和国防小企业管理局。小企业管理局的预算每年由国会拨款，主要职责是向小企业（标准为批发业雇员不超过 100 人，制造业雇员不超过 500 人，零售业或服装业 3 年平均年销售额和收入一般在 450~3200 万美元，建筑业为 1200~3100 万美元）提供贷款、贷款担保、合同、咨询服务和其他形式的援助，以保护小企业利益，维护自由竞争。在服务退役军人创业方面，小企业管理局在全美各州设有 90 个区域（地区）办公室以及分支机构，帮助那些有开办小型企业意愿或已开办小企业的退役军人及伤残退役军人获取企业计划援助、企业咨询援助、低息贷款援助以及经营管理培训服务等方面的支持。该局向有合作关系的商业贷款机构申请贷款，对符合条件的退役军人小企业予以担保，如产生坏账，该局将在担保范围内赔偿企业损失。小企业管理局还设立"爱国引导贷款计划"，退役军人可将该计划提供的贷款用于小企业的启动资金以及购买设备、设立营销网点、支付人工费用；创建学习中心网站，为退役军人安排小企业启动、计划编制、经营管理、融资会计、营销广告、电子商务、联邦税收等方面的在线学习；与 UPS（美国快递公司）、Subway（赛百味）、7-Eleven（连锁便利店）、Anytime Fitness（健身俱乐部）等大企业合作，向退役军人提供咨询、加盟、培训、免除加盟费等服务。1999 年，小企业管理局曾将至少 3% 的联邦合同授予了由伤残退役军人拥有或实际控制的小型企业。2009—2012 年，该局共向全美退役军人创办的小企业提供了 12000 笔总计超过 310 万美元的贷款，全美由退役军人经营的企业已超过 240 万家。

退役军人就业委员会是一个跨部门的退役军人管理机构，2009 年 11 月根据奥巴马总统《联邦政府聘用退役军人行政命令》正式成立，由劳工部和退役军人事务部部长共同担任主席（联合主席），联邦人事管理局局长担任副主席，国务院、财政部、国防部、司法部、商业部、卫生与公众服务部、住房和城市发展部、交通部、能源部、国土安全部等 24 个联邦政府机构的主要领导担任成员。退役军人就业委员会的主要职责包括：建议并协助总统协调政府各部门相关工作，通过加强就业招聘和培训，增加联邦政府聘用退役军人的数量；在全国范围内扩大退役军人在行政部门的就业机会；采用绩效评估措施，向总统提交有关情况的年度报告。在委员会联合主席的指导下，理事会设 3 人以上的分委会；副主席有权指定委员会的执行主任，协助管理委员会的活动。联邦人事管理局根据法律规定和拨款向委员会提供行政支持。在委员会中，联邦人事管理局局长担任重要角色，其必须在法律规定的范围内履行以下职责：一是制定联邦政府促进退役军人就业招聘的战略计划，内容涉及行政部门退役军人的就业问题。例如：改善退役军人的就业环境；增强即将或已退役军人的技能；向联邦机构推荐具备才能、经验和献身精神的即将退役或已退役军人；向退役军人和招聘官员宣传联邦就业资讯。二是确定重点职业，关注联邦政府对一些高要求职业岗位的日常需求，以充实人员编制。三是对负责人力资源的人员和招聘经理进行强制性培训。四是整理并在联邦人事管理局网站上发布政府聘用退役军人的相关数据。

四、立法序列

由于本节的相关立法机构并不是专门为人工智能安全设立的，所以不对其机构情况进行介绍，主要对其安全举措进行研究。

1. 美国政府问责局，负责监督政府规划和支出，全面审查美国人工智能发展情况

美国政府问责局（GAO）于2004年正式成立，其前身是总审计署，是隶属于国会履行监督制衡政府功能的专门问责部门。随着美国不断推动人工智能的发展，政府问责局对美国政府的人工智能相关情况进行了审查和评估。

知识链接：

美国政府问责局

美国政府问责局具有很强的独立性，否则其无法客观公正、无后顾之忧地开展政府审计，负责人又称审计长，其去留总统无权决定，免职的唯一途径是通过国会弹劾或由参众两院通过联合议案决定。该机构设立至今近100年间，总共只有7位审计长，还没有任何一个被诉求正式免职。

2004年7月7日，对美国最高审计机关的发展来说，是一个重要的历史节点。根据国会通过的《GAO人力资源改革法案》第8款，从当天起，沿用了83年的"美国审计总署"（U.S. General Accounting Office）的机构名称，正式改名为"美国政府问责局"（U.S. Government Accountability Office）。碰巧的是，前后两块牌子的英文缩写都是"GAO"。

美国政府问责局的徽章

政府问责局的徽章中，国会建筑的圆形屋顶代表它在立法机构中的角色，蓝带上的 13 颗星代表最早的 13 个州，秤象征平衡及公平的原则，账本、鹅毛笔和钥匙则隐喻其在评估纳税人金钱被如何运用中的角色。

1）举办论坛，探析人工智能带来的利与弊

2017 年 7 月，在华盛顿举办人工智能论坛，来自行业、政府、学术界和非营利组织的与会者考虑了人工智能技术带来的整体好处和挑战以及潜在影响。与会者认为，人工智能为经济和社会带来越来越多好处，但相关的机遇和挑战需要更多研究来支持，人工智能对相关领域政策也产生较多影响。该论坛相关结论以《人工智能：新兴机遇、挑战和影响》报告形式于 2018 年 3 月在美国政府问责局发布。

一是人工智能带来的好处。改善社会经济并提高生产力水平；改善或增强人类决策；为社会和经济复杂紧迫的问题提供见解和潜在解决方案；其他完全无法预测的益处。

二是人工智能带来的坏处。收集和分享人工智能所需的可靠和高质量的数据；充足的计算资源和人力资本；确保人工智能系统的完备法律法规，确保人工智能不侵犯公民自由；制定管理人工智能使用的道德框架，确保人工智能系统的行为和决定可被使用者人解释和接受。

三是人工智能带来的政策问题。激励数据共享，需要提供分享敏感信息的机制，包括知识产权、个人数据和品牌信息，同时也保护公众和制造商利益；提高安全性和保障性，需要建立制造商和用户间分担安全保障成本和责任的框架；更新监管方法，利用技术来改善监管并评估结果；评估可接受的风险和道德决策，建立一个机制来评估折衷方案并对人工智能系统性能进行基准测试。

四是需进一步关注的人工智能研究领域。建立试验监管沙箱，开发用于在另一个监管框架中测试人工智能产品、服务和商业模式的机制；开发高质量的标签数据，提供机制来提高数据质量并开发用于培训系统的标记数据，目标是减少偏见并提高预期成果的产量；了解人工智能对就业的影响，提供必要的教育和培训，以满足当前和未来的就业需求；探索计算机伦理和可解释的人工智能，需要提供一个框架，为人工智能研究和开发制定明确的道德准则，包括开发可解释的人工智

能系统，使用户理解人工智能系统所做行动的原因，建立用户对系统未来行为的信任。

2）制定框架，涉及治理、数据、性能和监测

2021 年 6 月，美国政府问责局对联邦机构及其他组织机构发布了人工智能问责框架，该框架分为治理、数据、性能和监测四个部分，每部分都包含关键做法、关键问题和问责程序等内容。第三方评估和审计对于实现这些非常重要。此次出台人工智能问责框架，为美国创设相关立法、出台政策设定了原则和方向，是美国在人工智能治理方面一个比较重要的进展，也体现了美国上下对人工智能伦理问题的关注。

人工智能问责是指，一旦人工智能系统采取了某个行动、做了某个决策，就必须为由此产生的结果负责。当然，由于人工智能系统本质上是机器，无法承担法律责任，因此问责的对象实际上是系统背后的人或机构。政府问责局认为，人工智能的运行和操作对用户是不可见的，透明度缺乏将为监管和审查带来阻力。同时，人工智能有可能放大与公民自由、道德和社会差异相关的偏见和担忧。因此，政府问责局强调应重视人工智能问责，以确保相关技术和系统的公平、可靠、可追溯和可治理，并引导美国政府和所有参与设计、开发、部署和持续监测人工智能系统的机构与企业负责任地使用该技术。当然，在有效监管的同时，也需要平衡好保护公众免受人工智能技术潜在有害影响与鼓励积极创新之间的关系。

为了开发这个框架，美国政府问责局召开了一次论坛，来自联邦政府、行业和非营利部门的人工智能专家参加了论坛。它还进行了广泛的文献综述，并从项目官员和主题专家那里获得了对关键实践的独立验证。此外，美国政府问责局还采访了代表行业、州审计协会、非营利实体和其他组织的人工智能专家，以及联邦机构和监察长办公室的官员。

（1）治理。通过建立管理、操作和监督实施的流程来促进问责制。组织层面的治理，应明确目标、角色和责任，展示培养信任的价值观和原则，发展有能力的员工队伍，以减轻风险，并实施特定的风险管理计划。系统层面的治理，应建立技术规范，以确保人工智能系统满足其预期目的，并符合相关法律、法规和标准。并通过授权外部利益攸关方访问人工智能系统上的信息来提高透明度。

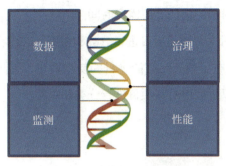

人工智能问责框架

（2）数据。确保数据来源和处理的质量、可靠性和代表性。用于开发人工智能模型的数据，应记录数据的来源和出处，确保数据的可靠性，并评估数据属性、变量和增强的适当性。用于操作人工智能系统的数据，应评估使人工智能系统可操作化的数据的相互联系和依赖性，识别潜在偏差，并评估数据安全性和隐私性。

（3）性能。产生与计划目标一致的结果。组件级别的性能，应该对构成人工智能系统的模型和非模型组件进行分类，定义度量标准，并评估每个组件的性能和输出。系统级性能，应定义指标并评估人工智能系统的性能。此外，应记录评估方法、绩效指标和结果；识别潜在的偏见；定义和开发对人工智能系统进行监控的程序。

（4）监测。确保长期的可靠性和相关性。持续监测性能，应制订持续或例行监控人工智能系统的计划，并记录结果和采取的纠正措施，以确保系统产生预期结果。评估维持和扩大使用，应评估人工智能系统的效用，并确定人工智能系统在何种条件下可以或不可以升级或扩展到当前用途之外。

3）开展评估，调查国防部人工智能项目

2022年2月，美国政府问责局公布了关于国防部人工智能项目调查的结果。

（1）梳理了美国国防部人工智能项目总体情况。国防部正在开展的人工智能项目超过685个，其中陆军处于领先地位，至少有232个项目，排第二位的海军陆战队至少有33个项目。美国国防部将人工智能视为其现代化优先事项之一并积极进行投资，以帮助实现目标识别、战场分析和无人驾驶系统自主性。美国政府问责局认为，美国国防部一直在努力引入包括人工智能在内的依赖复杂软件的新功能，而将以软件为中心的技术集成到最初不是为其设计的武器和网络中具有相当大的挑战

性，建立起作战人员对其的信任等还需要时间。

（2）推动国防部对人工智能项目进行分类和跟踪。在国会的推动下，美国国防部已于 2021 年 4 月公布了其人工智能项目的初步清单，美国政府问责局建议国防部开发一个新系统，以更好地对其项目进行分类和跟踪。

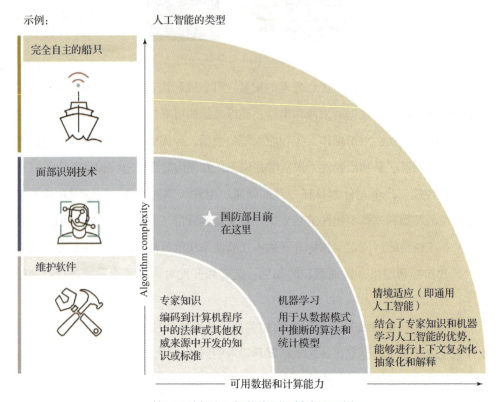

美国国防部人工智能类型及其应用示例

4）发布报告，分析新兴技术带来的风险问题

美国政府问责局还通过发布报告的方式，分析人工智能等新兴技术所带来的风险。2022 年 9 月，发布报告《信息环境：国防部国家安全使命的机遇和威胁》，通过对国防部下属 25 个信息相关部门开展的调查研究，确定了影响美国国防安全使命的 6 个关键因素。

一是无处不在的恶意信息。无处不在的信息和技术的融合，使个人、组织和国家利用个人信念、情感等认知，达到善意或恶意的目的。无处不在的错误信息、虚假信息和恶意信息的激增，促使国防专家开始研究认知安全领域。

美国政府问责局报告中指出的信息环境威胁

二是影响国防部使命的信息环境。技术、电磁频谱和数据共享对于完成国防部信息环境中的任务不可或缺。国防部各部门始终将军事行动、通信、指挥和控制决策等使命和职能建立在信息环境基础上。

三是对国防部安全构成威胁的行为者。美国和美国国防部层面均认识到，俄罗斯、伊朗、朝鲜等国家对美国安全构成了威胁，这些国家会利用恶意网络、电磁频谱和灰色地带活动来损害美国国防部的利益。此外，内部威胁、外国恐怖分子、跨国犯罪组织等，也对国防部安全构成威胁。

四是对国防部安全构成威胁的行动。国防部明确了对国防部人员和作战能力产生不利影响的各种网络空间威胁、信息或情报收集威胁和电磁频谱干扰，如针对信息系统的恶意网络行动、恶意使用电磁频谱降低或损害国防部能力、操纵指挥控制信息系统以降低决策能力等。

五是国防部信息环境下面临的体制挑战。国家和国防部的战略和文件确定了国防部当下必须应对的一些体制挑战，包括资源资金不足问题、新技术推广和过时的操作流程等。

六是能够影响国防部任务和行动的新兴技术。国防部已确定在信息环境中可能给国防部带来机遇或挑战的新兴技术：人工智能与机器学习、量子计算、社交媒体平台和机器人。此外，相关报告和行业专家已将扩展现实、第五代无线通信和物联网确定为可能对国防部产生积极或消极影响的新兴技术。

2022 年 9 月，美国政府问责局还发布报告《核武器网络安全：国家核安全管理局（NNSA）应全面实施基本的网络安全风险管理实践做法》，评估了 NNSA 在核武器网络安全风险管理方面存在的问题，并就如何加强核武器网络安全向 NNSA 提出措施建议。

传统信息技术　　　　　运营技术　　　　　核武器信息技术

美国政府问责局报告中 NNSA 信息环境

一是六项问题。NNSA 及其承包商在核武器的传统信息技术环境、运行技术环境和核武器信息技术环境中都没有完全实施六项基本网络安全风险实践做法。

（1）确定并分配网络安全风险管理角色和职责。

（2）制定和维持机构网络安全风险管理策略。

（3）记录和维持网络安全项目政策与计划。

（4）评估和更新机构网络安全风险。

（5）指定可供信息系统或程序使用的控件。

（6）制定并维持持续监控机构风险的策略。

二是九项建议。鉴于 NNSA 在核武器网络安全风险管理方面存在的不足，美国政府问责局为其提出以下九条措施建议，以加强美国的核武器网络安全。

（1）将相关的联邦网络安全要求纳入其计划修订的补充指令 205.1 "基线网络安全项目"中，并至少每 3 年对该指令进行一次评审。

（2）确保补充指令 205.1 含有要求对承包商和分包商网络安全举措进行第三方验证的相关描述。

（3）全面实施一项持续的信息技术监管策略。

（4）确定和分配国家标准与技术研究所指南中要求的所有风险管理角色和职责。

（5）运行核场所的承包商应保持实施该场所范围内的网络安全风险管理策略。

（6）判断运行技术环境所需的资源。

（7）制定核武器信息技术网络安全风险管理策略。

（8）加强对分包商网络安全的监控。

（9）将管理与运营核场所的承包商监管分包商网络安全举措的绩效评估标准纳入承包商绩效评估流程。

2. 国会研究服务处，围绕人工智能发展和安全问题为国会提供战略咨询建议

美国国会研究服务处（CRS）是美国国会的主要智库机构，不是专职的人工智能安全管理机构，但近年来针对人工智能发展和安全问题，为国会提供了数份研究报告，有效支撑了国会开展人工智能安全立法、监督等工作。下面精选三份重要报告进行分析。

知识链接：

国会研究服务处

国会研究服务部是美国政府立法部门的一个无党派机构，为国会提供当前或日益增长的国家利益问题的信息。拥有详细、准确和客观的信息，立法者更有能力做出最有可能成功的理性决策。国会研究服务所提供的信息被用于立法的每一个阶段，从法案初稿前的初步概念阶段开始，通过听证会和辩论，甚至在监督和分析现有法律的过程中立法。国会研究服务处的报告是根据一系列核心原则编写的这些原则——保密性、及时性、准确性、客观性和平衡性，确保了这些报告是可靠的信息来源，而不是党派工具。这些报告不包括政策建议，并尽一切努力不受政党政治的影响。

1914年，来自威斯康星州的两位国会议员——参议员罗伯特·拉福莱特和众议员约翰·M.纳尔逊提出立法，要求国会图书馆的一个研究分部提供所需信息这项提案是基于纽约州和威斯康星州图书馆类似举措的成功经验而提出的。根据1946年的《立法重组法案》，该部门被命名为立法参考服务机构，负责事实核查，研究和分析由政府机构和私营部门编制的文件和出版物。随着1970年《立法重组法案》的通过，立法参考服务处更名为国会研究服务处。随着该法案的实施，重点有所转变，该法案还要求与国会预算办公室和政府问责办公室进行高度合作。

美国国会研究服务处徽标

1）2018 年 4 月《人工智能与国家安全》

该报告从立法的角度探讨了人工智能的潜在问题。人工智能已经在伊拉克和叙利亚的军事行动中得到应用，算法的使用加快了目标识别速度。国会的措施有可能影响人工智能技术的发展轨迹，相关财政和监管政策可能会影响国家安全应用的发展以及军用人工智能相对于国际竞争对手的发展地位。

一是人工智能影响国家安全的主要技术点。

（1）自主性。人工智能是自主系统的主要驱动力，自主系统往往被认为是该技术军用的主要优势。

（2）速度。人工智能能够以极短的时间尺度参与作战，能够以千兆赫的速度作出反应，并支撑多种系统执行超出人类耐力的长期任务。

（3）扩展性。人工智能有潜力发挥出力量倍增器的效果，能够提高人类士兵能力，引入能力更强但成本更低的军事系统。

（4）信息优势。人工智能能够用来应对情报分析面临的数据爆炸问题。

（5）可预测性。鉴于人工智能技术具有含糊不清的特性，人工智能算法往往会产生不可预知的结果，但人工智能系统也会以不可预知的方式失效，具有"易碎和固执"的特点。

（6）可解释性。许多人工智能系统无法解释其方案的推导过程，这使得可预测性问题更加复杂化，人工智能领域的专家将此特点称为解释性。

（7）对手可利用人工智能。人工智能系统为攻击者提供了独特的攻击渠道。人工智能系统是基于软件的系统，这一点与网络非常相似，并且可能具有相同的漏洞，因而容易被黑客盗用。

二是需要注意的问题。人工智能在识别一些变形的图片对象时会出现错误，如将大熊猫识别为长臂猿。

（1）商业和政府在人工智能研发资助上的最佳平衡点是什么？

（2）国会如何影响那些推动军事人工智能应用的国防采办改革计划？

（3）国会和国防部需要做出哪些改变才能有效监管人工智能的发展？

（4）对于军事人工智能应用，需要做出哪些法规更改？

（5）为保护人工智能免受国际竞争对手的利用，并维持美国在这一领域的优势，国会需要采取哪些措施？

2）2019 年 10 月《深度造假与国家安全》

2019 年 10 月，国会研究服务处发布《深度造假与国家安全》报告（2021 年 5 月、2023 年 4 月多次进行更新），介绍了深度造假的技术原理、恶意使用、识别检测等情况，分析了国会为应对深度造假威胁应考虑的因素和潜在问题。报告指出，深度造假技术日益精进，且技术门槛逐渐降低，即使非专业人员也可通过下载软件工具、利用开源数据等手段进行造假，对国家安全产生一定影响。

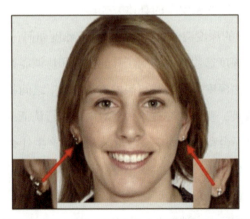

美国国会研究服务处报告给出的深度造假示例图

一是深度造假技术往往被恶意使用。深度造假通常指利用机器学习技术，尤其是"生成对抗网络"（GAN）技术制作虚假内容。深度造假技术可用于医疗、娱乐等合法用途，但也更多被恶意使用。例如，敌对国家或不法分子可能发布包含公众人物煽动性言论或不当行为的虚假视频，以操控舆论、干扰选举，或用于胁迫、敲诈涉密人员。此外，该技术还具有"骗子红利"效应，即实际做出不当言行之人可谎称他人利用深度造假技术诬陷自己，从而否认自身的不当言行，以逃避责任。

二是该技术将随着检测手段的发展不断升级。为有效应对深度造假技术，DARPA 启动"媒体取证"和"语义取证"项目，旨在识别和检测利用深度造假技术制作的各种产品，提高美军在信息战中的防御能力。"媒体取证"项目旨在开发能自动分析照片或视频完整性的算法，识别其中视听上的不一致情况（如像素不一致、与物理规律不一致、与其他信息源不一致等），并将能证明虚假内容如何生成的相关证据信息提供给分析人员。"语义取证"项目旨在以"媒体取证"技术为支撑，开发能自动检测、定性和表征各种类型深度造假内容的算法，对语义上的不一致进行分类，并将可疑的深度造假内容进行排序，以供人工检查。基于算法的检测工具问世后，深度造假技术可能也会相应地升级，能够修复被检测工具发现的缺陷。

三是建议国会在应考虑以下 7 个问题。

（1）国防部、国务院和情报部门是否充分掌握相关国家深度造假技术发展情况，以及其用于危害美国国家安全的具体方式。

（2）DARPA 开发的深度造假自动检测工具成熟度如何，有哪些局限。

（3）联邦政府对深度造假自动检测工具的投资和协调能否满足研发需要。

（4）如何在"打击深度造假"与"保护言论自由"之间找到平衡。

（5）是否制定政策，要求社交媒体平台对内容进行认证或标记，并要求用户提交内容来源，这将对平台和用户的安全、保障及隐私产生什么影响。

（6）社交媒体平台和用户应在多大程度上、以何种方式对虚假内容的传播及影响负责，如何确定对恶意造假者的惩罚力度。

（7）如何向大众普及深度造假相关知识。

3）2022 年 11 月《新兴军事技术：国会面临的问题》

国会研究服务处对 2020 年 7 月发布的报告进行再次更新，报告分析了美国在人工智能军事应用等方面面临的问题。

Emerging Military Technologies: Background and Issues for Congress

《新兴军事技术：国会面临的问题》报告

一是人工智能军事应用带来的挑战。例如，因训练数据或模型而受到算法偏差影响，这可能对人工智能在军事背景下的应用产生重大影响；又如，将未被认同的偏见纳入具有致命影响的系统可能会导致身份错误和对平民或非战斗人员的意外杀害。同样，人工智能算法可以产生不可预测和非常规的结果，如果纳入军事系统，可能会导致意想不到的失败。例如，相关算法的预测可能被对手故意利用来破坏依赖人工智能或人工智能辅助的目标识别、选择和交战。如果导致系统选择和攻击一个或一类未经操控员确认的目标，将会引起伦理问题，或者可能导致违反武装冲突原则。新闻报道和分析强调了人工智能在实现日益逼真的照片、音频和视频深度造假中的作用。对手可以在"灰色地带"冲突中部署这种人工智能能力，作为其信息作战的一部分。

二是美国已在人工智能军事应用上做了大量工作。国防部在人工智能方面的非机密投资已经从 2016 财年的 6 亿美元增长到 2023 财年的 11 亿美元，据报道国防部维持着超过 685 个正在进行的人工智能项目。根据 2019 财年国防授权法案（P.L.115-232）国防部建立了联合人工智能中心来协调国防部超过 1500 万美元的项目。联合人工智能中心已经确定其人工智能的优先国家任务是预测维护、人道主义援助和救灾、网络空间和自动化。此外，联合人工智能中心还维护着"安全的基于云的人工智能开发和实验环境"，旨在支持全部门人工智能能力的测试和部署。2021 年 12 月，国防部副部长凯瑟琳·希克斯指示建立首席数字和人工智能官办公室。该办公室将作为联合人工智能中心的后续组织，直接向国防部副部长报告。《2019 财年国防授权法》还指示国防部发布人工智能开发和部署的战略路线图，以及为人工智能开发和使用，制定适当的伦理、法律和其他政策指导。为了支持这项任务，国防创新委员会起草了关于人工智能道德使用的建议。国防部采纳了这些建议，公布了人工智能的五项道德原则：责任、公平性、可追溯性、可靠性和可管理性。2021 年 5 月 26 日，国防部副部长凯瑟琳·希克斯发布了一份备忘录，为负责任人工智能的实施提供了符合道德原则的指导。国防部随后于 2022 年 6 月发布了负责任人工智能战略和实施途径。最后，根据《2019 财年国防授权法》第 1051 条成立了人工智能国家安全委员会，对军事相关的人工智能技术进行全面评估，并为加强美国的竞争力提供建议。该委员会向国会提交的最终报告于 2021 年 3 月提交，总体上提供了五条主要工作路线的建议：①投资研发；②将人工智能应用于国家安全任务；③培训和招募人工智能人才；④保护和建立美国的技术优势；⑤组织全球人工智能合作。人工智能国家安全委员会的许多建议已经通过并成为法律。此外，《2022 财年国防授权法》第 247 节指示国防部部长向国会国防委员会提交年度态势报告，说明国防部实施人工智能国家安全委员会建议的时间表。

特朗普签署《2019 财年国防授权法》

三是国会可能面临的问题。国防部在执行人工智能的伦理原则方面采取了哪些措施，这些措施是否足以确保国防部遵守这些原则；国防部如何测试和评估人工智能系统以确保它们不被对手利用；国防部和情报界是否有足够的信息，了解外国军方人工智能应用的状况，以及这些应用可能会以何种方式危害美国国家安全；首席数据与人工智能官办公室的建立如何影响国防部采用人工智能应用的能力；关于深度造假的国家安全考虑如何与言论自由保护、艺术表现和潜在技术的有益使用相平衡，如果有的话，美国政府应该采取什么措施来确保公众接受关于深度造假的教育。

3. 众议院科学、空间和技术委员会几乎参与了美国人工智能安全管理全过程

美国参议院与众议院

理论上，根据《美国宪法》，参、众两院没有太大差别，是平等的，一项提案都必须同时经过两院批准才能生效。但事实上，每一名众议员都梦想成为参议员，每一名参议员都梦想成为总统，参议院规模 100 人左右，众议院规模 500 人左右，总统的人事任命、与国外的条约都只需经过参议院投票，因此执政党最需要争取的是参议院席位，参议院政治地位明显更高些，导致参议院成为了精英聚集区，而众议院成为了"菜市场式"的存在。

众议院：体现民主，人数多的州份额大，每州至少 1 人。现有 26 个委员会，负责防务、拨款等。

参议院：体现平等，州权利和地位一样，每州只能 2 人。现有 26 个委员会，负责军事、司法等。

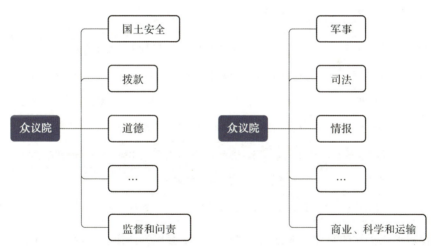

众议院和参议院简要对比图

为了对抗苏联 1957 年发射第一颗人造卫星，美国于 1958 年 7 月通过《太空法》并设立众议院科学和航天委员会，即现在的科学、空间和技术委员会的前身。委员会最初的管辖权包括探索和控制外层空间、航天研究与开发、科学研究与开发、科学奖学金和与科学机构有关的立法。委员会下的科学机构最初包括国家标准局（现为国家标准与技术研究院（NIST））、宇航局、国家航空航天委员会和国

家科学基金会（NSF）。后来该委员会的管辖范围扩大到包括与能源、环境、大气、民航研究与发展相关的立法。科学和技术委员会还被赋予"特别监督"职能，规定所有国会常设委员会专门负责持续审查和研究非军事研发的所有法律、计划和政府活动，特别是其下设的研究与技术小组委员会，近年来加大了对包括人工智能、量子计算在内的新兴技术研发的监管。

此外，众议院的其他委员会也对人工智能相关问题进行了重点关注，如2019年6月13日，众议院情报委员会召开关于人工智能深度造假的听证会，讨论了深度造假技术对国家、社会和个人的风险及防范和应对措施。2023年5月17日，众议院司法委员会召开了关于人工智能和知识产权的听证会，就生成式人工智能技术与版权法的交叉问题进行探讨，话题涵盖版权保护作品在生成式人工智能模型训练中的使用，使用生成性人工智能辅助创作的作品的版权保护，以及生成式人工智能对创作者和创意产业的经济影响等。

1）主要活动

日期	活动名称
2022年9月29日	听证会，可信赖的人工智能：管理人工智能的风险
2021年6月11日	H.R. 3844，早期职业人工智能研究人员奖学金和实习法
2020年12月28日	H.R. 6216，2020年国家人工智能计划法案
2020年3月3日	H.R. 6145，未来产业法案
2020年1月28日	H.R. 5685，确保美国在科学和技术领域的领导地位法案
2019年9月24日	听证会，人工智能和工作的未来
2018年6月26日	听证会，人工智能的权力越大、责任越大

比较值得关注的是促成国家人工智能计划法案成为法律。由众议院科学、空间和技术委员会主席约翰逊联合参议院领导一起发布声明，内容如下。

"我们为两党在将《国家人工智能计划法案》通过成为法律方面取得的成就感到自豪。颁布这项立法将是本委员会和国会今年的标志性成就之一。《国家人工智能计划法案》的通过向我们的盟友和对手发出了一个信号，即美国将继续成为开发和采用可信赖人工智能的全球领导者。这项立法将制定一项广泛的国家战略，以加快我们对这项关键技术的负责任研究和开发的投资，以及美国人工智能劳动力的教育和培训。技术进步不必以牺牲安全、安保、公平或透明度为代价。事实上，将我们的价值观融入技术发展对我们的经济竞争力和国家安全至关重要。我们要感谢参议院商务委员会、军事委员会，众议院和参议院许多其他委员会为这项立法作出贡献的同事。"

众议院科学、空间和技术委员会的徽标

4. 参议院司法委员会加大了对近年来的生成式人工智能等新兴技术监管力度

参议院司法委员会成立于 1816 年，是参议院最初的常设委员会之一，是国会最具影响力的委员会之一。其下设的隐私、技术和法律小组是国会监管人工智能的重要部分，负责：①监督政府收集、保护、使用和传播个人身份信息的法律和政策，包括在线隐私问题；②利用技术保护隐私、公民权利和公民自由、加强信息的自由流动、鼓励创新；③技术的隐私、数字安全和保障以及公民自由的影响。

1）主要活动

日期	活动名称
2023 年 6 月 13 日	听证会，人工智能与人权
2023 年 6 月 7 日	听证会，人工智能与知识产权——第一部分：专利、创新和竞争
2023 年 5 月 16 日	听证会，人工智能的监督：人工智能规则
2021 年 5 月 13 日	法案，人工智能能力与透明度法案、军事人工智能法案
2021 年 4 月 27 日	听证会，算法和放大：社交媒体平台的设计选择如何塑造话语权和世界观
2020 年 3 月 10 日	听证会，数字技术市场的竞争：研究数字平台的自我偏好

比较值得关注的是 2023 年 5 月 16 日，OpenAI 首席执行官山姆·奥特曼就人工智能技术的潜在危险发表证词，建议国会成立一个新机构，为"超过一定规模的能力"的人工智能技术颁发许可证，在向公众发布人工智能系统之前，应该由可以判断该模型是否符合这些规定的专家进行审查。出庭作证的还有 IBM 的首席隐私和信任官克里斯蒂娜·蒙哥马利和人工智能专家加里·马库斯。马库斯指出，美国政府可能需要一个拥有技术专长的"内阁级组织"专门监督人工智能。

奥特曼出席听证会

该听证会主要探讨了以下三个问题。

（1）需要一个新的政府机构吗？

令人惊讶的是，该提议得到了两党的支持。参议院司法委员会主席参议员迪克·德宾建议，需要一个新的机构来监督人工智能的发展——可能是一个国际机构。司法委员会资深成员、共和党参议员林赛·格雷厄姆表示支持成立一个机构的想法，该机构将为强大的新人工智能工具颁发许可证。奥特曼在听证会上参与了该机构和许可的想法，并表示他正在全球范围内，而不仅仅是全国范围内寻找法规。不过，并非所有人都同意：小组成员、IBM 首席隐私和信任官克里斯蒂娜·蒙哥马利表示，现有的监督足以管理人工智能，更多的监管会扼杀创新。

（2）谁可以拥有人工智能训练的数据？

最大和最强大的人工智能平台——OpenAI 和其他公司制作的"大型语言模型"，建立在大量现有数据之上，其中大部分是由那些不知道他们的工作将被用来训练软件的人制作的。参议员玛莎·布莱克本提出，谁应该拥有由受版权保护的作品训练的大型语言模型产生的所有人工智能生成的材料。这位田纳西州参议员在上届国会提出了反垄断立法，以拆分 TicketMaster。虽然奥特曼在为不断增长的创作者社区提供的解决方案方面没有太多建议，他们对其工作被用来训练大型语言模型感到愤怒，但他确实在听证会上表示，人们应该能够选择不让他们的数据用于训练这些模型。这个问题将由众议院司法小组委员会审议，关于生成人工智能和版权法的交叉。

（3）人工智能将在多大程度上影响 2024 年的选举？

聊天机器人非常擅长模拟人类的语音和写作，参议员乔希·霍利提出了人工智能在 2024 年选举周期中影响人们意见的能力，称它可以用来在选举周期中针对犹豫不决的选民。参议员艾米·克洛布查尔提出了她自己的担忧，即 ChatGPT 可能会向选民提供有关选举本身的不准确信息。奥特曼表示了赞同"这是我最担心的领域之一，这些模型操纵、说服、提供一对一虚假信息的更普遍的能力。"奥特曼和人工智能专家加里·马库斯都试图将技术政策对话中的生成式人工智能与围绕社交媒体平台用于推荐内容的算法的讨论区分开来，强调 OpenAI 的人工智能模型并没有最大限度地提高受众参与度。

此前，2018 年 4 月 11 日，脸书公司首席执行官马克·扎克伯格出席了参议院商业委员会和司法委员会举行的联合听证会，长达 5 小时，就脸书公司隐私门问题进行辩解，指出虽然脸书公司在过去几年时间里犯了不少错误，需要在监管整个生态系统的问题上采取更加积极的立场，但是利用人工智能与机器学习来控制仇恨言论以及对抗恐怖主义宣传的问题而言，目前还很难实现。

扎克伯格出席听证会

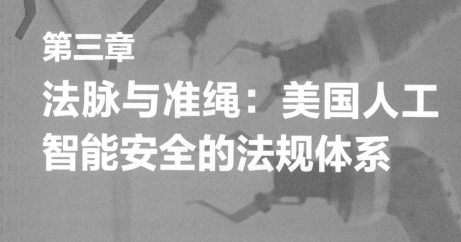

第三章

法脉与准绳：美国人工智能安全的法规体系

人工智能安全立法是应对人工智能安全风险的必要举措，是通过引入法律的方式规范或预防人工智能适用中的安全风险。本章所探讨的人工智能安全立法既包括关于促进人工智能技术健康发展的法规，也包括防控人工智能安全风险的法规。重点从联邦和州的层面，介绍美国人工智能安全立法现状，并探讨人工智能安全立法的未来发展趋势和启示建议。

人工智能安全立法

推动人工智能安全立法，有利于促进人工智能技术健康发展，为人工智能产业保驾护航，改善人民的整体生活水平，促进社会稳定。美国人工智能安全立法是其社会治理的必然要求。从社会治理的角度来看，技术发展与社会认知并不一致，甚至相互背离。人工智能所特有的国家、社会、商业、伦理纵横交错的复杂利益关系导致人工智能的安全问题不断复杂化，不仅增加了监管机构的监管难度，也模糊了法律的管辖边界。

一、美国人工智能安全立法的基本架构

美国人工智能安全立法在整体上分为联邦立法和州立法两个层面。联邦立法以国会立法为基点，白宫文件为指导，联邦机构具体执行人工智能安全监管及法律实施等事宜。各州也对人工智能技术的进步、特定领域人工智能应用进行规制，同时成立人工智能工作组筹备立法。

1. 国会立法

以宪法精神为指导，国会推动了一系列人工智能立法，如2017年《人工智能未来法案》、2018年《国防授权法》、2021年《人工智能倡议法案》等，确立了保障人工智能安全的基本原则和制度，也为安全监管提供了基础。国会也着重促进人工智能的技术发展和能力建设，呼吁"确保美国在人工智能研究和开发方面继续处于领先地位"，侧重于指导政府和私营机构安全使用人工智能。

2. 白宫指导性文件

美国政府对人工智能监管政策是优先确保人工智能的发展和创新，实施"轻监管"的政策。2020年1月，白宫公布了《美国人工智能监管原则（草案）》，目的在于限制监管部门过度插手，要求联邦机构重点采用基于风险和成本效益的人工智能监管方法，并在可能情况下优先考虑非监管方法。2020年11月，美国管理与预算办公室向联邦机构发布了监管私营部门使用人工智能的指导意见，要求政府在进行监管时首先进行监管影响评估，即监管风险和成本效益评估，确保人工智能创新的良性发展。拜登政府的《人工智能权利法案蓝图》规定了关于人工智能风险和安全的指导性原则和做法，但并不具有法律约束力。该文件支持针对特定部门的人工智能治理方法，并针对卫生、劳工和教育等各个部门量身定制政策干预措施，没有为人工智能安全制定统一或一致的联邦方法。

美国总统行政令也是白宫指导性文件当中重要的一类，依据法律而发布，又能够避免传统法律制定周期长的缺点。2019年2月，特朗普签署了总统行政令，从国家层面正式启动了"美国人工智能计划"，调动更多政府资金和资源用于人工智能研发。2020年12月，在意识到人工智能的安全弊端后，特朗普总统再次签发行政令，框定了政府使用人工智能必须遵守的规则和路线，强调人工智能的使用必须合法、有目的性、准确、可靠、有效、安全、有保障、有弹性、可理解、负责任、可追溯、可监测、透明和可追责。同样的，拜登政府也发布了不少总统行政令，如2023年5月，行政令严格限制美国企业对中国高科技产业的投资，包括人工智能、半导体和量子技术等领域。当然，总统行政令的效力弱，政策连续性也不强，如2021年5月14日，拜登政府发布声明，宣布撤销一系列特朗普政府时期签发的总统行政令。

3. 联邦机构的规则

整体上看联邦立法高度分布于不同联邦机构，联邦贸易委员会要求使用人工智能系统的企业做出数据隐私保证。平等就业机会委员会要求为残疾人提供非人工智能替代方案，并在使用人工智能进行招聘时实施非歧视原则。如果国会没有新的立法，联邦机构将仅限于实施现有立法，这样可以尽可能充分地发挥现有法律体系的作用，调整现有的法律以适应人工智能发展的新场景。但这也助长了人工智能安全立法聚焦于特定领域，尚未实现全面、平衡的立法发展。

同时，还有各州立法的努力，至少有 17 个州已经出台了与人工智能相关的立法。许多州已经或正在考虑建立自己的工作组来推进立法，有的拟议法律将激励本地开发人工智能产品，有的法律将限制人工智能在医疗保健和招聘等场景中的使用。

总体上看，美国的人工智能安全立法一直是、而且很可能仍然是由各个机构的方法和各领域的立法组成，这需要众多政府机构之间进行前所未有的协调与合作，见下表。

美国主要人工智能法规相关文件

主体	文件名称	文件内容
国会	2020 年政府人工智能法案	创建一个人工智能卓越中心，以促进政府采用人工智能。指示 OMB 制定指南，指导政府人工智能的采用和政策制定
国会	2020 年国家人工智能计划法	向能源部、商务部和国家科学基金会拨款数十亿美元，以支持人工智能研发。在政府中建立与人工智能相关的协调和咨询机构
国会	推进美国人工智能法案（2022年）	定义政府使用人工智能的原则；编码为类似于行政命令 13960 的法律要求，这需要机构人工智能使用清单和 OMB 协调指导的制定
国会	收购劳动力法案（2022 年）的人工智能培训	需要为政府采购员工开设人工智能培训课程
拜登政府	人工智能权利法案蓝图（2022年）	为政府和行业使用人工智能制定了基于道德和民权的非约束性原则，并描述了为支持这些原则而采取的示例机构行动
拜登政府	第 14091 号行政命令："进一步促进种族平等和对服务欠缺社区的支持……"（2023 年）	鼓励政府范围内关注公平，包括重申努力在机构行动中启用数据驱动的公平评估，并指导机构"保护公众免受算法歧视"

主体	文件名称	文件内容
联邦机构	平等就业机会委员会：人工智能和算法公平倡议（2021 年）	发布有关在就业决策中使用人工智能的指南。收集最佳实践。收集有关在就业决策中使用人工智能的信息
联邦机构	卫生与公共服务："HHS 的人工智能"（2021 年）	执行跨部门战略，以在全机构范围内负责任地使用人工智能。确保遵守与人工智能相关的联邦法规

二、人工智能安全联邦立法及主要实践

美国是施行联邦制度的国家，该国家结构形式深刻影响着美国人工智能立法的进路与发展方向。一方面，美国联邦政府与州政府存在人工智能立法权限上的划分。美国联邦宪法赋予了美国国会有限度的立法权，在此职位的立法权限，则由各州立法机关行使；另一方面，联邦管辖范围之内的人工智能立法权限由国会行使，根据《美国宪法》，美国国会由众议院和参议院组成，它们共同行使人工智能立法的权能，一旦美国国会在人工智能领域立法，则该立法成为美国有关人工智能的最高法律。

知识链接：

美国参议院和众议院的职责分工

美国参议院和众议院的职责和权力划分贯彻了分权制衡的理念，代表不同群体的利益。参议院的职责包括批准国际条约、加入或退出国际组织、各部部长和最高法院法官的审查任命等，这些事务都只需经过参议院内部投票表决即可。因此，在美国，执政党特别注重争取参议院多数党的支持，参议员们的媒体曝光度更高，话语权也更大，属于政府政治参谋性质的存在。参议员们更讲究出身、资历和学历背景，大多数属于精英阶层，背后也离不开金主的支持或者家族势力的"裙带关系"。与走"高端精英路线"的参议员们不同，众议员大多来自于民间，众议院议员的种族、肤色、职业更加多样，跟基层选民的距离感较小。

参议院通常允许针对所讨论的议题进行无限制的演讲，除非参议员们一致通过投票，来终止过于冗长的辩论。众议院的职责包括征税等民生相关的立法事务。在

国内事务，尤其是民生问题上，众议员们的发言权重更大。而众议院则设有专门的法案委员会，对每个提案的讨论都规定了时间限制。这样可以保障众议院在机构比参议院更加庞大的情况下，仍可以比较高效地提出、通过议案，去交付参议院表决；而参议院则也能在同等时间里，发挥自己最大的影响力。

《美国宪法》小知识

《美国宪法》是世界上第一部成文宪法，是比较典型地体现分权与制衡思想的宪法。《美国宪法》于1787年制定，1789年正式生效，由宪法正文和宪法修正案构成。《美国宪法》全称为《美利坚合众国宪法》，所有条文均是有关国家政权组织和国家机构活动的内容。

美国国会

美国国会作为三权分立中的一极，宪法赋予它重要的权力。政府的所有立法权都归属于国会，这意味着国会是政府中唯一可以制定新法律或修改现有法律的部门。行政部门机构发布具有完全法律效力的法规，但这些法规仅在国会颁布的法律授权下发布。总统可以否决国会通过的法案，但国会也可以在参议院和众议院以三分之二的票数推翻否决。《美国宪法》第1条列举了国会的权力及其可以立法的具体领域，国会还被授权制定被视为"必要和适当"的法律，以执行宪法赋予政府任何部门的权力。

美国国会大厦

美国立法流程

法律始于立法理念的提出。首先，一位代表提出一项法案，该法案随后被分配给一个委员会进行研究。如果委员会发布该法案，该法案将被列入日历进行投票、辩论或修订。如果该法案以简单多数（435 票中的 218 票）通过，该法案将提交参议院。在参议院，该法案被分配给另一个委员会，如果公布，将进行辩论和投票。同样，简单多数（100 票中的 51 票）通过了该法案。然后，由众议院和参议院成员组成的会议委员会解决众议院和参议院版本的法案之间的差异，由此产生的法案将返回众议院和参议院进行最终批准。政府印刷局登记和印刷修订后的法案，总统有 10 天的时间签署或否决已登记的法案。

美国立法流程

1. 美国国会的统领性立法

随着人工智能的迅速发展及其伴随的巨大价值和风险，美国国会已经充分意识到通过联邦立法规制的必要性。早在 2012 年，美国联邦国会就通过了《联邦航空管理局现代化和改革法》，旨在通过立法来消除无人机技术兴起与已有监管方式之间的冲突，对无人机监管的重点从操作行为监管转向产品系统监管。2017 年底，国会提出了《人工智能未来法》，旨在为人工智能的深入发展和应用做准备。对人工智能的潜在负面影响进行前瞻性思考是大势所趋，人工智能的负面影响可能涉及劳动力市场、隐私保护等领域。该法案明确了发展人工智能、防控安全风险的必要性，要求设立联邦人工智能发展与应用咨询委员会，其任务就是研究人工智能对隐私保护、对劳动力市场的影响，对开发人员进行伦理培训，防止算法歧视，研究相关法律及国际规则的适用，为后续立法及行政措施的出台做准备，以期在培育创新、促进产业发展的同时确保技术不会带来负面结果，体现了其对人工智能监管的审慎性、科学性。

美国第一部全面性人工智能法律

AUTHENTICATED
U.S. GOVERNMENT
INFORMATION
GPO

115TH CONGRESS
1ST SESSION

H. R. 4625

To require the Secretary of Commerce to establish the Federal Advisory Committee on the Development and Implementation of Artificial Intelligence, and for other purposes.

IN THE HOUSE OF REPRESENTATIVES

DECEMBER 12, 2017

Mr. DELANEY (for himself, Mr. OLSON, Mr. TED LIEU of California, Mr. KHANNA, Mr. CLEAVER, Mr. DESAULNIER, and Mr. MICHAEL F. DOYLE of Pennsylvania) introduced the following bill; which was referred to the Committee on Energy and Commerce, and in addition to the Committees on Science, Space, and Technology, Education and the Workforce, Foreign Affairs, the Judiciary, and Oversight and Government Reform, for a period to be subsequently determined by the Speaker, in each case for consideration of such provisions as fall within the jurisdiction of the committee concerned

A BILL

To require the Secretary of Commerce to establish the Federal Advisory Committee on the Development and Implementation of Artificial Intelligence, and for other purposes.

1 *Be it enacted by the Senate and House of Representa-*
2 *tives of the United States of America in Congress assembled,*
3 **SECTION 1. SHORT TITLE.**
4   This Act may be cited as the "Fundamentally Under-
5 standing The Usability and Realistic Evolution of Artifi-

2

1 cial Intelligence Act of 2017" or the "FUTURE of Artifi-
2 cial Intelligence Act of 2017".
3 **SEC. 2. SENSE OF CONGRESS.**
4   It is the sense of Congress that—
5   (1) understanding and preparing for the ongo-
6 ing development of artificial intelligence is critical to
7 the economic prosperity and social stability of the
8 United States;
9   (2) as artificial intelligence evolves, it can great-
10 ly benefit society by powering the information econ-
11 omy, fostering better informed decisions and helping
12 unlock answers to questions that, as of the date of
13 the enactment of this Act, are unanswerable;
14   (3) for the reasons set forth in paragraph (2)
15 it's beneficial to better understand artificial intel-
16 ligence and foster the development of artificial intel-
17 ligence in a manner that maximizes its benefit to so-
18 ciety; and
19   (4) it is critical that the priorities of the advi-
20 sory committee established under section 4(a)(1) in-
21 clude developing guidance or recommendations—
22   (A) to promote a climate of investment and
23 innovation to ensure the global competitiveness
24 of the United States;

•HR 4625 IH

    2017 年 12 月，由美国参议员和众议员组成的两党小组提出了《2017 年人工智能法》。这是美国第一个专注于形成人工智能全面计划的立法，以促进、治理和规范人工智能的技术进步和防控安全风险。该法案包括人工智能的定义、委员会的组成以及委员会的职能三个主要组成部分。该法要求商务部成立咨询委员会，就政府和企业如何共同努力解决四个关键领域的问题提出建议，包括：①利用人工智能促进劳动力的增长、重组；②保护个人的隐私权；③促进创新，确保开发人工智能技术的美国公司具有全球竞争力；④支持公正人工智能的开发和应用。该法是国会对人工智能进行监管的坚实一步。

    2018 年 6 月 25 日《自动程序披露和问责法》首次提出，其主要内容为：法案要求联邦贸易委员会制定法规，强制数字平台公开披露其使用"旨在在线复制人类活动的自动化软件程序或过程"的情况。法案将定义"自动软件程序"的任务交给了联邦贸易委员会，这为该法案留下了广泛的解释空间，超出了法案本身限制自动程序的目的。

自2018年以来，"深度伪造"技术引发了国会的高度关注，相关议员先后提交法案，包括《恶意深度伪造禁止法案》《深度伪造问责法案》《2019年深度伪造报告法案》等。尽管尚未正式通过生效，这些法案已经规定了标识数字水印、视听信息披露、视觉信息披露、音频信息披露等公法规制手段。

2020年3月，美国国会参众两院表决通过《2020年国家人工智能计划法》，该法吸收了包括"美国人工智能计划"在内的多项联邦人工智能政策与措施，后被打包纳入《2021财年国防授权法》于2021年1月生效。该法要求美国建立并实施"国家人工智能计划"，解决美国人工智能发展面临的一系列问题，新设国家人工智能计划办公室和国家人工智能咨询委员会，并建立或指定一个机构间委员会，以更健全的组织机构推动"国家人工智能计划"实施。该法将美国政府现有的人工智能相关机构和政策写入法律，予以长期支持。例如，将国家人工智能计划确立的五项关键任务纳入法律；扩大2018年成立的人工智能特别委员会，并使其成为永久性机构；承认2020年成立的国家人工智能研究所的合法地位；要求对2019年发布的国家人工智能研发战略规划进行定期更新；将白宫2019年指导的关键人工智能技术标准活动扩展至包括人工智能风险评估框架等。在监管层面，该法分别从必要的预防措施、判断使用武力的责任主体、在网络空间部署人工智能军事系统所应遵守的原则和限制以及控制核发射决定四个层面进行规制。

就网络安全问题，2020年5月发布了《生成人工智能网络安全法案》，着重于识别和评估供应链的风险并制定降低这些风险的措施。就数据安全问题，2020年6月《数据问责和透明度法》发布，法案将算法自动化决策纳入监管，提出消费者应当有权质疑收集数据的理由并要求人工对算法自动化决策进行审查和解释。

2022年6月3日，美国参议院和众议院发布了《美国数据隐私和保护法》草案，这是第一个获得两党两院支持的美国联邦全面隐私保护提案。7月20日，美国众议院能源和商业委员会通过了修订版草案。该法被称为美国的《一般数据保护条例》，它为消费者提供数据保护权利，如数据最小化和同意和拒绝的权利，作为"隐私设计"方法的一部分。该法旨在通过为个人提供广泛的保护，并对被保护实体提出严格的要求，为保护个人数据创建一个强有力的国家框架。其所定义的"覆盖算法"，将使用机器学习、自然语言处理或人工智能技术的计算过程纳入在内。最新版本的法律草案还规定，如果某些实体"以对个人或群体造成伤害的间接风险的方式"使用上述算法，则应当进行影响评估。另外，只要覆盖算法执行了"单独或部分收集、处理或传输覆盖数据以促进相应决策"的操作，该实体就需要记录"算法设计评估"过程以减轻风险。保护法第 207 节对公民权利和算法进行规制，要求对使用可能对个人造成伤害的算法的大型数据持有者适用算法影响评估，包括对就业机会、住房、教育、医疗保障、保险或信贷机会的危害。这项具有分水岭意义的隐私保护法，将为数据隐私保护引入一个美国联邦标准。草案的规范反映出数字时代美国数据隐私保护的价值理念，在制度设计上既体现了强化个人数据权利保护的国际趋势，又有利于释放数据价值，如"选择退出"机制、有限的私人诉讼权、数据处理企业的忠诚义务等。

为了更好地应对人工智能时代，当前的第 118 届国会也提出了诸多新法案和修法建议，具体包括：① 2023 年 5 月发布的 HR3044 号法案，将修订 1971 年的《联邦选举活动法案》，设定在政治广告中使用生成式人工智能的透明度和问责制规则；②《停止监视法案》，将禁止雇主为了预测其员工行为，而在工作场所使用自动决策系统进行监视；③《过滤气泡透明度法案》，将适用于使用"算法排名系统"的平台；④《消费者在线隐私权法》，将源自人工智能的计算过程纳入"算法决策"的定义范围内。

中美立法的异同

中美立法的流程大致都包括法律案的提出、法律案的审议、法律案的表决、法律的公布四个阶段，体现了民主的基本原则，彰显了集思广益和凝聚共识的过程。但中美立法在流程上依然存在显著差异。从提案主体来看，美国的提案主体限于国会内部，即参议院或众议院代表，且两院之间就具体事务有立法权划分，如税收问题只能由众议院代表提案，体现了分权制衡的政治体制。中国立法流程中，能向全

国人大及其常委会提出法律案的主体不局限于全国人大及其常委会，还包括全国人大代表团、国务院、中央军委、最高人民法院、最高人民检察院等国家机关。从法案审议来看，美国和中国都以组成委员会或小组会议的方式来审议法案。美国立法需要经过两次投票，且无论是参议院还是众议院提出法案，都必须在参议院通过投票方进入检查和批准程序，凸显了参议院的立法权威。在中国，全国人大常委会审议的法案必须至少通过三次审议，对于仍有重大问题需要进一步研究的法案审议次数更多，如人大常委会对《中华人民共和国物权法（草案）》审议了7次才提交大会。从法律的表决来看，中美的基本规则都是简单多数投票通过。中国宪法的修改，由全体代表的三分之二以上审议的法律案由常委会全体组成人员的简单多数通过。从法律的公布来看，中美都是由国家元首——总统或国家主席签署公布法律。

1）参议院：擘画人工智能安全立法的路线图

美国参议院议会厅

美国参议院

美国参议院由 100 名参议员组成，每个州 2 名。在 1913 年批准第 17 修正案之前，参议员是由州议会选举产生的，而不是由普选产生的。从那时起，他们由各州人民选出，任期 6 年。参议员的任期是交错的，因此大约三分之一的参议院议员每两年竞选一次连任。参议员必须年满 30 岁，取得美国公民资格至少 9 年，并且是他们希望在国会代表的州的合法居民。美国副总统担任参议院议长，并可在参议院票数相等的情况下进行决定性投票。美国参议院有唯一的权力确认需要征得同意的总统任命，并为批准条约提供建议。然而，这条规则有两个例外：众议院还必须批准副总统的任命和任何涉及外贸的条约，参议院还审理众议院提交给它的联邦官员的弹劾案。

2021 年 5 月，美国国参议院议员提出《人工智能能力与透明度法案》和《军事人工智能法案》，前者致力于落实人工智能国家安全委员会最终报告给出的建议，改进人才招募制度并加速采用新技术，增强政府使用人工智能的能力及透明度，后者致力于改善军队各级人员的人工智能教育与培训，使其能更好地使用人工智能。

2022 年 2 月，参议员罗恩·怀登、科里·布克和众议员查克·舒默提交了《2022 年算法问责法案》。这部法案是《2019 年算法问责法案》的更新版本，是一项具有里程碑意义的算法立法举措，是美国首个联邦层面的人工智能法案。该法案要求科技企业在使用自动化决策系统做出关键决策时，对偏见、有效性和相关因素进行系统化的影响评估，并首次规定联邦贸易委员会应当创建自动化决策系统的公共存储库，包括自动化决策系统的数据源、参数以及对算法决策提出质疑的记录。

此外，美国参议院司法委员会加大了对近年来生成式人工智能等新兴技术的监管力度。频繁召开听证会，联合国会、政府机构、高科技企业、民间组织探讨人工智能安全问题，并与相关立法提案结合起来。

2）众议院：架构人工智能安全立法的主脉络

美国众议院议会厅

知识链接：

美国众议院

美国众议院由435名民选议员组成，按总人口比例划分为50个州。此外，还有6名无表决权成员，代表哥伦比亚特区、波多黎各联邦和美国其他四个领土（美属萨摩亚、关岛、美属维尔京群岛和北马里亚纳群岛联邦）。会议厅的主持者是众议院议长，由众议员选举产生，在总统继任序列中排名第三。众议院议员每两年选举一次，必须年满25岁，成为美国公民至少7年，并且是他们所代表的州（但不一定是该地区）的合法居民。众议院有几项专门赋予它的权力，包括启动税收法案、弹劾联邦官员以及在选举团票数相等的情况下选举总统的权力。

2017年7月，美国众议院通过了《自动驾驶法》，对自动驾驶汽车提出了包含系统安全、网络安全、人机交互、防撞性能等在内的12项安全要求，主要内容是关于自动驾驶汽车监管方面。一是统一监管。自动驾驶法规定了联邦层面的立法优先权，强调各州有关自动驾驶汽车设计、制造和性能等方面的规定必须严格遵照联邦法律的要求。各州仅有权在联邦规定的基础上对自动驾驶车辆的使用提出更高的性能标准。二是隐私保护。自动驾驶汽车生产商必须制定"隐私方案"，说明其如何收集、使用、分享和存储自动驾驶汽车用户的信息。对于不希望共享自己数据的用户，生产商应当有相应的处置方案。对于留存的用户信息，生产商应采取适当方式防止信息泄露。三是组建自动驾驶汽车顾问委员会。该法生效之后的6个月内，交通部部长应组建自动驾驶汽车顾问委员会。该委员会主要承担信息收集、技术设备开发等职能，在信息隐私安全、劳工与就业、环境所造成的影响等方面为交通部部长提供意见与解决方案。

2022年2月，美国众议院还通过了《2022美国创造制造业机会、卓越科技和经济实力法》。这份法案现在正由参议院审议，该法包括了一份由众议员阿亚娜·普雷斯利提交的修正案。该修正案指出，美国国家标准技术研究所应当成立一个新的办公室，专门致力于研究人工智能偏见问题。除此以外，这份修正案也要求研究所发布相关指南，以降低人工智能可能带来的对边缘化社群的差别待遇。

2023年1月，美国众议院出台了第66号决议。该决议的既定目标是"确保人工智能的开发和部署以安全、合乎道德、尊重所有美国人的权利和隐私的方式进行，并确保人工智能的益处得到广泛传播，并且将风险最小化。"

2. 政府的推进式立法

1）细化人工智能安全立法的指导规则

知识链接：

白宫及美国总统立法权限

白宫是美国总统和第一家庭生活和工作的地方，总统既是美利坚合众国的国家元首和政府首脑，也是武装部队的总司令。根据《美国宪法》第2条，总统负责执行国会制定的法律。15个行政部门——每个部门由总统内阁的一名指定成员领导，负责联邦政府的日常管理。中央情报局和环境保护局等其他行政机构也加入了他们的行列，这些机构的负责人不是内阁的一部分，而是总统的全权负责人。总统还任命50多个独立联邦委员会的负责人，如联邦储备委员会或证券交易委员会，以及联邦法官、大使和其他联邦办公室。总统执行办公室由总统的直属工作人员以及管理和预算办公室和美国贸易代表办公室等实体组成。总统有权签署立法成为法律，也有权否决国会制定的法案，尽管国会可以以两院三分之二的票数推翻否决。行政部门与其他国家进行外交，总统有权谈判和签署条约，并由参议院批准。总统可以发布行政命令，指示行政官员或澄清和完善现有法律。总统也有权延长对联邦罪行的赦免和宽大处理。

美国国会大厦

2019 年 2 月 11 日，时任总统特朗普签署名为《保持美国在人工智能领域的领导地位》的 13859 号行政令，提出发展"国家人工智能计划"，探索新应用的监管方法。政府还将通过探索管理新人工智能应用的监管和非监管方法，努力建立公众信任。为此，白宫科学技术与政策办公室、国内政策委员会和国家经济委员会将与监管机构和其他利益相关方合作，制定人工智能技术指南，确保在促进创新的同时，尊重公民隐私、民众自由和美国价值观。国家标准与技术研究院还将与特朗普政府的人工智能专门委员会合作，优先制定人工智能开发和部署所需的技术标准，以鼓励人工智能在不同阶段的突破性应用。

根据特朗普的 13859 号行政令《保持美国在人工智能领域的领导地位》，2020年 1 月，白宫发布了《人工智能应用监管指南备忘录（草案）》，从监管和非监管层面提出了人工智能应用相关原则和建议。该指南指导联邦机构如何处理"维持美国在人工智能领域领导地位"，以支持联邦机构对人工智能应用的监管。同时要求各机构制定符合该指南的计划，包括确定人工智能用例的优先级、监管障碍和计划的行动，并告知多方利益相关者参与到这些行动当中。

2）引入规范企业技术使用行为的法规

2023 年 4 月，联邦贸易委员会与美国消费者金融保护局、司法部民权司、平等就业机会委员会发表联合声明，承诺将大力执行法律和法规，监督人工智能等技术的发展与使用。联邦贸易委员会已经发布的《公平信用报告法》《平等信用机会法》和《联邦贸易委员会法》为企业发展和使用人工智能提出了基本规则，包括：定期测试人工智能，以确认其按预期工作，不产生歧视性或有偏见的结果；确保人工智能的计算结果可以解释；建立问责和治理机制等。

除了已有的法规之外，联邦贸易委员会一直在持续关注人工智能的发展，并发布备忘录或指南以动态的方式规范企业对人工智能技术的使用。2021 年 4 月，联邦贸易委员会发布的备忘录提到，若公司使用人工智能产生歧视性结果，将违反备忘录第 5 条关于禁止不公平或欺诈行为的规定。同时，联邦贸易委员会发布了关于如何负责任构建人工智能和机器学习系统的指南，希望为人工智能系统的运行设定明确预期，通过全生命周期监控、精简的审计方法来识别偏见和歧视性结果，提高公众对人工智能复杂系统的信任。

总体来看，联邦贸易委员会认为现行法律基本能够应对现有人工智能系统产生的新问题，同时以备忘录、指南等的形式紧跟技术发展的动向，通过强化问责制和透明度，将有助于提升美国人工智能产业的竞争力。

知识链接：

联邦贸易委员会

联邦贸易委员会是隶属于国会的具有准司法性质的行政执法机构，委员均由总统提名，国会任命。职责是通过执法、宣传、研究和教育，保护公众免受欺骗性或不公平的商业行为以及不公平的竞争方法的影响。

联邦贸易委员会徽标

与此同时，国家电信和信息管理局发布《人工智能问责制政策征求意见稿》，征求公众对"支持发展人工智能审计、评估、认证和其他机制以建立对人工智能系统的信任"的政策的反馈。国家电信和信息管理局可能会使用其收到的意见就人工智能管理政策问题向白宫提出建议。

3）实施基本权利安全风险防范的法规

2023 年 2 月，拜登总统签署了《关于通过联邦政府进一步促进种族平等和支持服务欠缺社区的行政命令》，提出要"指示联邦机构根除在设计和使用人工智能等新技术时的偏见，并保护公众免受算法歧视。"

为了防范人工智能技术对公民基本权利造成的安全风险，白宫科学技术与政策办公室广泛征求意见，致力于框定人工智能应用过程中保护公民权利的基本原则。2021 年 11 月，白宫科学技术与政策办公室征求各行业利益相关者的参与，欲共同制定一项"自动化社会的权利法"，主要涵盖诸如人工智能在刑事司法系统中的作用、机会平等、消费者权利和医疗保健系统等主题。2022 年 10 月，白宫科学技术与政策办公室出版了人工智能权利法的蓝图。这份全面的文件确定了五项核心原则指导和管理人工智能系统的有效开发和实施，并关照侵犯公民权利和人权的意外后果。

美国联邦贸易委员会最新的执法行动中也着重保护公民的隐私权和肖像权。联邦贸易委员会要求 Weight Watchers 公司删除其为减肥应用程序开发的整个人工智能算法。因为 Weight Watchers 收集儿童数据的行为违反了《儿童在线隐私保护法》。美国联邦贸易委员会要求在线照片存储平台 Everalbum 删除其使用用户存储在其平台上的照片训练的面部识别算法。虽然 Everablum 告诉用户他们可以关闭面部识别功能，但即使用户这样做了，Everablum 仍继续使用他们的照片来训练面部识别人工智能。美国联邦贸易委员会认为这是违反法律的欺骗行为，必须修改其开发的人工智能算法。

美国平等就业机会委员会尤其注重消解人工智能偏见和促进算法公平，计划在近期编写框架和规则，提高人工智能在招聘过程中的透明度和公平性。2022 年年底，平等就业机会委员会发起了一项关于就业"算法公平"的倡议。作为这一举措的初步措施，美国平等就业机会委员会联合司法部发布了关于在员工招聘中使用人工智能工具的指导意见。该指导意见侧重于禁止人工智能筛选残疾员工，即使是无意之中的筛选也不被允许。美国平等就业机会委员会提供了一份技术援助文件，以帮助公司在使用人工智能工具进行招聘时符合《美国残疾人法》，同时该文件提醒公司仍然需要对其使用的人工智能做出的招聘决定负责。

2023 年 1 月 31 日，美国平等就业机会委员会举行了一次公开听证会，探讨人工智能和其他自动化系统在就业决策中的潜在好处和危害。旨在确保用于招聘和其他就业决策的人工智能软件和其他新兴技术符合平等就业机会委员会执行的联邦民权法，确定委员会防止和消除雇主使用这些自动化技术时的非法偏见的后续步骤。计算机科学家、民权倡导者、法律专家、工业组织心理学家和雇主代表等不同行业、不同立场的代表发表了意见。

知识链接：

美国平等就业机会委员会

美国平等就业机会委员会是美国司法部的一个分支机构，它负责强制实施大多数公平就业机会法律。平等就业机会委员会的愿景是维护尊重和包容的工作场所，为所有人提供平等就业机会，使命是防止和纠正非法就业歧视，促进工作场所的所有人都享有平等机会。平等就业机会委员会就联邦政府平等就业机会计划的各个方面，对联邦机构进行领导和指导，确保联邦机构和部门遵守平等就业机会委员会的条例，向联邦机构提供有关平等就业机会投诉裁决的技术援助，监督和评估联邦机构的积极就业计划，编制和分发联邦部门的教育材料，并对利益相关者进行培训，并对联邦机构就平等就业机会投诉作出的行政决定进行裁决。

4）确立促进技术研发全流程监管法规

美国政府机构在防范人工智能安全风险的同时，尤为注重人工智能技术研发过程当中的监管。

（1）民用技术方面。食品药品监督管理局于 2022 年 9 月 28 日发布了"临床决策支持软件"指南。该指南的意义在于，确定临床决策支持软件是否是一种医疗设备，从而对人工智能驱动的临床决策支持工具进行监管。

（2）军用技术方面。国防部、海军、空军都颁布了人工智能技术研发全过程风险防控的原则或指南。国防部方面，《2019财年国防授权法案》指示国防部为人工智能开发和使用制定适当的伦理、法律和其他政策指导。美国国防部国防创新单元于2021年11月15日发布了首版《负责任的人工智能指南》，为推动人工智能商业化原型发展和采办工作提供了可实操的人工智能伦理指导原则。该指南为人工智能公司、国防部相关方建立了一套循序渐进的框架流程，确保人工智能计划在系统研制周期的每一步骤都能遵循公平、可解释的、透明的原则。

知识链接：

美国国防部

　　国防部的任务是提供威慑战争和保护国家安全所需的军事力量。国防部的总部在五角大楼。国防部包括陆军部、海军部和空军部，以及许多机构、办公室和司令部，包括参谋长联席会议、五角大楼部队保护局、国家安全局和国防情报局。国防部占据了弗吉尼亚州阿灵顿五角大楼的绝大多数。国防部是最大的政府机构，有140多万现役军人，70多万文职人员，110万公民在国民警卫队和预备役部队服役。国防部的军事和民用部门共同通过战争、提供人道主义援助以及执行维和和救灾服务来保护国家利益。

5）出台人工智能专门监管机构的法规

许多联邦机构也已经制定了内部的人工智能计划，并在其部门内创建了以人工智能监管为中心的办公室。例如，能源部人工智能和技术办公室与美国国家标准技术研究院协商制定了人工智能风险管理手册，并于 2022 年 4 月成立了人工智能推进委员会。商务部、美国专利商标局创建了人工智能和新兴技术工作组，以更好地研究这些技术在专利和商标审查中的使用及其对知识产权的影响。

3. 人工智能联邦立法的特点

1）统领性、前瞻性、技术保护性强

美国基于国家安全的高度考虑人工智能治理的应对策略，强调人工智能伦理及政策对国家竞争力的作用，从制度、细则、社会等方面提出应对人工智能变革的策略。自 2016 年以来，美国政府密集发布人工智能相关的政策、法规，讨论人工智能的作用以及美国联邦政府应如何管理人工智能。特朗普政府于 2019 年发布了第一份人工智能监管指南，鼓励各机构在解决人工智能问题时基于风险评估采取措施，善用非监管的方法。拜登政府在很大程度上采取了同样的立场。根据《2021 年国防授权法案》，国会通过了《国家人工智能倡议》，这一项统筹协调的联邦政府战略，旨在建立一个框架并协调联邦机构对人工智能的使用，在科学、技术和经济方面维护和加强美国在人工智能研发和部署上的领导地位，而不是对人工智能的使用施加更普遍的具体义务。2022 年，拜登政府通过《人工智能权利法蓝图》发布了自愿指导，鼓励各机构将人工智能原则付诸实践。本届政府还发布了两项行政命令，要求各机构在其工作中注重公平，包括采取行动反对算法歧视。个别机构已经注意到了这一点，并在各自的管辖范围内取得了进展。在联邦立法关注的领域当中，似乎仍然没有保护人们免受人工智能和其他自动化系统的潜在伤害。

2）强制约束力弱，立法进程缓慢

在联邦层面的监督工作虽然颇具前瞻性，但基本上不具备强制约束力，目前尚未发布关于人工智能的全面联邦立法。正如斯坦福大学《2022 年人工智能指数报告》的数据显示，2015—2021 年，人工智能领域的美国联邦立法提案急速增长，从 3 部增加到 130 部，但最终实际通过的立法仅占 2%。

《2022 年人工智能指数报告》

　　美国联邦政府在立法方面的主要宗旨是维持美国在人工智能领域领导地位，虽已经发布多份关于人工智能研发、监管等报告与战略计划，讨论人工智能的作用以及美国联邦机构应当如何管理人工智能，但尚未推动立法进程，没有任何一个提案获得支持，仍然缺乏一个全面的联邦人工智能法。国会认为现在人工智能立法还没有到合适的时机，目前还不是特别急迫。通过一些议员对此表示担心，人工智能可能对伦理、公民权利、国家安全等造成威胁，需要立法规制。事实上很多议员并不了解人工智能的相关技术；同时也有一些议员提出可以通过传统的隐私保护框架来解决人工智能涉及的安全问题，不需要特别立法，这也是国会迟迟无法推动人工智能安全立法的原因。

美国联邦的立法仍处于相当初级的阶段，监管措施同人工智能的发展速度相比仍处于相对滞后的状态，而美国各州内已经或正在通过立法处理人工智能的监管问题，提出了关于如何更好地设计和实施这些法律的关键问题，根据自身需求自行立法，先行先试。且相较于联邦政府，有些州政府在算法透明度、自动化决策等方面监管反应更加迅速。

3）监管框架趋于具体化、个性化

尽管在疫情影响下许多旨在为人工智能建立监管框架的雄心勃勃的法案在委员会中搁浅，尚未获得通过。美国联邦、州和地方政府机构继续表现出在监管范围上采取具体立场的意愿，可以预料到，高风险或有争议的人工智能使用案例或失败将继续引发类似的公众支持，并最终引发联邦和州加速行动。在很大程度上，美国监管机构倾向于更个性化、更细致地评估如何最好地监管针对其最终用途的人工智能系统，这一方式受到了监管机构和私营部门的欢迎。即便如此，保守的立法仍可能导致国家监管框架不和谐、支离破碎。这些进展将继续为未来监管人工智能的措施带来重要的影响。

三、人工智能安全各州立法及主要实践

2022 年，至少有 17 个州推出了人工智能监管的法律或州议会决议，科罗拉多州、伊利诺伊州、佛蒙特州和华盛顿州等已经颁布或采取了与人工智能相关的措施。科罗拉多州、伊利诺伊州和佛蒙特州成立了工作组或委员会来研究人工智能。

知识链接：

美国联邦和各州法律的关系

大体来说，联邦宪法和其他联邦法律适用于美国领土，而各州法律适用于各州范围内。有一些领域，比如破产法、移民法、知识产权法等，基本上是完全属于联邦法律的范围；有一些领域，比如侵权法、房地产法、婚姻法等，基本上完全是依各州法律；还有一些领域，比如刑法、合同法、劳动法等，通常是同时受联邦法

律和州法律的约束。无论联邦法律还是州法律，都既有成文法也有普通法（即判例法）。有一些案件既可归联邦法院管辖又可归州法院管辖，而在联邦法院审理时在实体法适用方面并不限于联邦法律（可能同时适用州法律），在州法院审理时在实体法适用方面也可能适用联邦法律。《美国宪法》规定了处理联邦法和州法的原则，如果联邦法和州法律冲突，联邦法更高，州法律作废（Supremacy Clause）。因此美国国会拥有极大的权力。但是，国会的权力不是无限的，它在宪法赋予的权力范围（Enumerated Powers）内立法。一旦国会手伸过界，创立的联邦法侵犯了州权或民权，那这条法律就无效。

1. 技术促进型立法

人工智能技术正不断快速进步，并在民用、军用领域都发挥着极大的作用。民用技术方面人工智能有助于提高生产效率，促成产业变革，但也可能造成失业、数字鸿沟等问题；军用技术方面，人工智能有助于提高战斗能力，但也可能扩大武器的破坏力，危害平民的安全。

1）促进人工智能技术的安全应用

基于对人工智能技术在民用、军用领域造成的潜在安全风险的考虑，特拉华州、纽约市政府颁布法规促进技术的安全应用，致力于消除人工智能技术进步和发展的负面影响。

2019年，特拉华州众议院第7号议案认为，机器人技术、自动化和人工智能的崛起可能会改变特拉华州民众的生活，并鼓励州政府的所有部门实施计划，将此类技术崛起的不利影响降至最低。

2017 年 12 月，纽约市通过了《关于政府机构使用自动化决策系统的当地法》，对法院、警方等政府机构使用的人工智能自动化决策系统进行安全规制。其中，该法特别要求各国应确保使用人工智能武器系统的责任人应采取一切必要的预防措施，限制对军事目标和战斗人员的攻击，避免或最大限度地减少附带的平民生命损失和平民财产损害。根据个别攻击的情况，必要的预防措施可能包括但不限于对经营地理范围的限制；对操作持续时间的限制；对目标类别的限制；对目标识别标准的限制；由操作员进行目标批准或任务监督的要求。此外，该法也对以下几个方面进行了规定：①各国应确保由人类对使用武力作出判断，特别是对可能导致人命损失的使用武力的决定，各国应确保生与死的决定权绝不授予机器。②在网络空间部署人工智能支持的军事系统可能会带来与物权归属、法律责任和人类控制相关的挑战。尽管如此，在网络空间部署人工智能军事系统应该遵守与其他领域相同的原则和限制。③由于核武器的潜在破坏力，各国必须确保人类继续控制核发射决定。各国应确保核指挥和控制系统的设计能够确保启动核发射是由积极的人为行动控制，并且技术事故不会导致意外发射。

自动化决策

2）推动面部识别技术的安全发展

面部识别技术作为人工智能中的重要一环，有助于提升社会治理水平，但也冲击着个人隐私安全和社会伦理体系。为了减轻面部识别技术对原有社会治理体系带来的负面影响，各州积极开展立法，为政府和私营机构使用面部识别技术制定法律框架。

2020 年，华盛顿州颁布了参议院第 6280 号法，该法创造了一个可以帮助各机构使用面部识别技术造福社会的法律框架。例如，各机构可借助面部识别技术寻找失踪或死亡的人，但法律禁止机构在使用面部识别技术时"威胁民主自由并使公民自由处于风险之中"。

2022 年，得克萨斯州发布《生物识别特征获取和使用法》，旨在防止生物特征信息的非法获取，包括嵌入机器学习模型中的生物特征。

2020 年 2 月 14 日，美国加利福尼亚州众议院通过了第 2261 号法案，即《加州面部识别技术法案》，该法案主要对州内私营主体与公共主体分别应如何使用面部识别技术问题做出了规定。原则上，该法案并不禁止私营主体与公共主体运用面部识别技术，旨在保障公民隐私及自由与发挥面部识别技术的公共服务优势方面寻求平衡。相比于美国其他州或城市的立法（如伊利诺伊州《生物识别信息隐私法》、加州旧金山市颁布的《停止秘密监控条例》等），该法案在私营主体使用面部识别技术的态度上，与其他州或城市的立法较为一致，但在对待公共主体使用面部识别技术的态度显得更为友好。根据该法第 1798.375 条，该法案取代并优先于州内其他地方实体（如加利福尼亚州各市的立法机构等）在开发、使用或部署面部识别技术服务方面通过的法律、法令、条例或同等文件。据此，可以理解为，旧金山市《停止秘密监控条例》等下位法条例中有关面部识别技术的规范与该法如果存在矛盾规定的，将在该法颁布后失去效力（可理解为上位法优于下位法且后法优于前法）；同时，作为面部识别领域的特别法，该法还将优先于同等级其他隐私保护法（可理解为特别法优于一般法）。因此，这将意味着，该法案在加利福尼亚州面部识别技术的适用领域，具有极其重要的指导意义。

趣话：

《加州面部识别技术法》出台始末

在《加州面部识别技术法》出台之前，出于担心生物识别扫描可能导致歧视和侵犯隐私的负面影响，2019 年旧金山成为全国第一个禁止警察使用面部识别技术的主要城市。加利福尼亚州立法机构很快跟进。2019 年 10 月 9 日，加利福尼亚州发布的《议会法案 1215 号》列举了关于面部识别和其他生物识别监视技术对加利福尼亚州居民和游客的公民权利和公民自由造成的独特和重大的威胁，并在三年内禁止执法机构或执法官员安装、激活或使用任何与警察佩戴的人体摄像头及其收集到的数据等相关的生物识别监控系统。

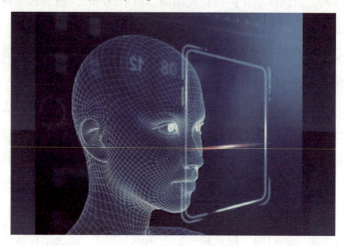

面部识别技术的反对者认为，虽然有关于面部识别如何帮助该国其他地方快速解决案件的记录案例，但也有一些人因此被错误逮捕的情况。而且如果人们知道他们受到大规模监视，也会对言论自由产生寒蝉效应。

面部识别技术的支持者认为，生物识别对警察解决案件有巨大的帮助，合法使用可以为公共安全带来重大利益。他们呼吁重新评估生物识别的风险，并对何时以及可以使用哪种类型的技术设定限制。最终在执法部门的反对下，2022年永久禁令的尝试失败了，但由于社会正义倡导者的压力，之前规范面部识别的措施也没有成功。

《加州面部识别技术法》限制可以访问面部识别软件的群体，并要求对面部识别的所有记录的查询进行年度报告和记录。在没有违反法律的情况下，官员不能使用扫描来识别从事受宪法保护的活动的人，如抗议。更重要的是，识别结果匹配不能成为逮捕或搜查的唯一原因。对于这一法案，支持者称该法案在保障权利与为警察提供执法侦查工具之间取得了适当的平衡。

俄勒冈州华盛顿县警局《使用面部识别技术的规定》就人脸数据的采集、使用、存储、销毁等问题，对警方使用面部识别技术做了较为细致的指引：警方可以在宪法、法律以及华盛顿县警长办公室政策的范围内使用面部识别技术。警方在使用该技术前，须获得个人信息主体的同意。警方仅能限于执法目的使用该技术，不能用于大规模监视。除非例外情形（如核实被捕人员犯罪记录），面部识别结果不能单独作为证据，只能作为潜在的线索。此外，人脸数据只能存储在警局控制的服务器上，如不涉及刑事犯罪，将会定期删除。警方会对上传照片进行脱敏处理，照片不会存在任何标识或个人信息等。

2022年6月8日，科罗拉多州重新修订公司条例，第113条规定限制州和地方政府机构使用面部识别服务，该州将创建一个考虑面部识别服务的任务组从而规范对个人识别数据的使用。

知识链接：

高技术立法和传统立法的差别

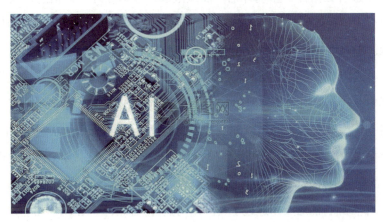

人工智能最新和未来发展具有的经济和社会的双重影响。人工智能立法的理念应当包括两个方面：一方面，致力于促进人工智能科技的经济意义；另一方面，必须引入和提升人工智能科技社会规范。社会规范方面：一是促进人工智能合理研发和应用需要的社会协作、信任的规范体系建设；二是防范和应对人工智能可能带来的社会问题。人工智能立法是科技立法的特别领域法，从立法范畴看，人工智能立法应当注意一般与具体的结合。人工智能一般法，通常包括人工智能一般市场规范、一般风险规范以及一般政策规范。而人工智能特别法，可以按照人工智能具体场景或者应用功能类型做出进一步细分，如人工智能传媒、电商平台、社交平台等。从法律部门来看，人工智能立法存在传统法律部门的交叉适用，如反垄断法、国际法、诉讼法等，同时也需要具体化、特殊化，例如在反垄断法中特别规定数据驱动型、人工智能驱动型的反竞争行为的规制。

2. 权利保障型立法

人工智能的快速发展深度影响着消费者、雇员等弱势群体，基于弱势群体特别保护的理念，美国有些州已通过法律或修正案，强化了人工智能安全立法对弱势群体的保护。

1）保护数据和隐私

在人工智能数据处理和模型训练的过程中，高技术企业作为数据控制者必须达到数据应用和隐私保护之间的平衡，弗吉尼亚州、加利福尼亚州等对个人数据和隐私保护进行了规范，尤其重视防控消费者领域中的隐私风险。

《弗吉尼亚州消费者数据保护法》要求数据控制者就"对消费者有高危害风险"的处理活动进行数据保护影响评估。高风险通常包括处理个人信息以进行定向广告、出售个人信息、处理敏感个人信息或处理个人信息用于涉及下列可预见风险的用户画像：①对消费者的不公平或欺骗性待遇或非法的差异性影响；②对消费者的经济、人身或声誉伤害；③侵犯消费者的隐私；④对消费者的其他实质性伤害。数据保护影响评估必须识别并权衡数据处理过程可能给消费者、数据控制者、其他利益相关者和广大公众带来的风险和利益。此类评估并不公开，也不提供给消费者。相反，数据保护影响评估必须根据州检察长的要求予以提供。如果公司发现以人工智能进行的任何个人信息处理存在高风险，则需要及时进行数据保护影响评估。

2018 年，加利福尼亚州通过了《加州消费者隐私法》，在以下几个方面进行了规定：①雇主必须通知雇员发出正在收集哪些个人信息；②雇主对雇员的数据泄露负有责任；③雇员可以禁止雇主出售其个人信息。

知识链接：

《加州消费者隐私法》出台始末

2019 年，加利福尼亚州司法部就《加州消费者隐私法》举行了六场公共论坛，讨论该州应如何实施这一具有里程碑意义的隐私法。加利福尼亚州总检察长泽维尔·贝塞拉宣布，尽管本法已经颁布，但该州仍在实施新立法的过程中，公共论坛"将为公众参与规则制定和讨论的过程提供机会"。与会者讨论了本法涉及的执法问题，并且为遭遇数据泄露并拥有符合欧盟《一般数据保护条例》要求的合规计划的企业寻求积极的辩护。其他与会者则要求加利福尼亚州总检察长澄清本法中的非歧视条款，包括该条款如何适用于特定行业，如酒店或金融服务等。

加利福尼亚州在 2018 年 9 月通过了首个关于人工智能透明度的法律——《增加在线透明度法》，旨在打击数字平台上运行的恶意自动程序。加利福尼亚州的法律并没有试图完全禁止自动程序，但是要求公司披露他们是否在他们的互联网平台上使用自动程序与公众交流。该法律于 2019 年 7 月 1 日生效。

2018 年 9 月 28 日，加利福尼亚州对《商业与职业法》进行了修改，要求人工智能在特定情形下必须披露其身份。根据修正案，"无论是为了使人对内容产生误导，还是为了促进更多的商业机会，抑或是为了选举投票，任何人使用人工智能都不得误导加利福尼亚州网民，使其相信该人工智能是人类身份。只要该使用者披露人工智能就不需要承担法律责任。""披露应清晰，明显，合理地设计，以告知机器人与之通信或互动的人员是机器人。"

科罗拉多州 2022 年通过的一般数据隐私立法适用于人工智能在做出影响消费者的决策时处理个人信息的情况。科罗拉多州州长贾里德·波利斯签署的这一项立法旨在限制政府机构和州高等教育机构使用面部识别技术的立法，继续关注数据隐私。本法受到了欧盟《一般数据保护条例》中类似条款的启发，即当公司使用人工智能等技术单独做出对消费者产生"法律……或类似重大"影响的自动决策时要求提高合规性。

知识链接：

科罗拉多州的隐私法规提案规定

对于企业而言，公司必须在其隐私政策中包括人工智能透明度以及风险影响评估的内容。关于人工智能透明度，隐私政策需要列出人工智能做出的所有高影响力的"决定"。对于每一个决定，隐私政策将需要详细说明：①消费者特征分析的逻辑；②是否已经对人工智能的准确性、公平性或偏见进行了评估；③为什么消费者的个人资料与人工智能驱动的决策相关。当数据处理呈现出"对消费者造成伤害的高风险"时，公司必须在内部进行并记录"数据隐私影响评估"，需要记录：①训练数据的解释；②用于创建人工智能的逻辑和统计方法的解释；③人工智能的准确性和可靠性评价；④对公平性和不同影响的评估。

除此之外，公司还必须提供所使用的供应商的详细信息、使用面部识别技术的限制、该技术收集的数据类型、如何收集和处理数据、使用目的以及建议使用该技术的好处。此外，该通知必须提供有关如何存储和保护数据的信息，哪些政策将管理收集的信息以及测试和报告"错误匹配"，对受保护群体的潜在影响，以及该机构将如何处理独立确定的错误率大于百分之一。

对于机构和州高等教育机构而言，需要提供一份问责报告，说明面部识别的使用如何影响公民权利和自由，包括对隐私的潜在影响，对边缘化社区的潜在差异性影响，该机构将采取哪些具体步骤来减轻潜在影响，以及它将如何收到有关使用该技术的反馈。各机构必须在部署技术之前提交一份问责报告，并允许公众审查和评论，包括三次公开会议。问责报告必须在部署技术前至少90天公开发布。该法还禁止任何公立学校、特许学校在2025年1月10日之前使用面部识别服务。

罗德岛州议会考虑制定一份限制保险公司使用外部消费者数据、算法和预测模型的法律。这份法案几乎是科罗拉多州2021年相关立法的翻版，要求罗德岛州商业监管部负责人经与健康保险监督官协商后，启动利益相关人协商程序，并执行相关规章。2022年2月9日，该州众议院公司委员会建议该法案有待进一步研究。

美国高科技企业在人工智能立法中的角色

美国的高科技企业是全球人工智能技术发展的领头羊，也是制定标准和影响立法的先驱。高科技企业可能通过企业联盟或巨头会议的方式，对现有立法和政策施加影响。2023 年 4 月 24 日，由微软提供部分支持的组织"商业软件联盟"发布文件，联盟成员还包括了 Adobe、IBM 和甲骨文等科技公司。联盟倡导在美国的隐私立法中制定管理人工智能使用的规则。联盟倡议对国会众议院能源和商业委员会通过的《美国数据隐私和保护法案》进一步改进，并提倡四项关键立法原则：①国会应该明确要求公司何时必须评估人工智能的设计或影响；②当人工智能被用来做出"相应的决定"时，上述要求应该生效，国会也应该对这些决定下定义；③国会应指定一个现有的联邦机构来审查公司是否遵守规则；④国会应要求公司为高风险人工智能制定风险管理计划。2023 年 4 月 12 日，著名科技投资人、互联网"教父"罗恩·康威在旧金山召集生成式人工智能的领头企业讨论人工智能政策问题，OpenAI、微软、谷歌、苹果、英伟达、Stability 人工智能、Hugging Face、Anthropic 等公司的高管与政策代表出席该会议，讨论如何负责任地开发人工智能、分享最好的实践案例，并商讨相关的公共政策框架和标准。

2）消除算法歧视

算法歧视是以算法为手段实施的歧视行为，主要指依靠自动化决策系统对数据进行分析时，由于数据和算法本身的原因，对数据主体进行了不合理的差别对待，造成传统意义上的歧视性后果。算法歧视在实质内涵上与传统歧视没有区别，在现实生活中经常会出现在就业招聘、出行服务、信息推送、信息搜索等领域。美国各州尤其注重防控就业领域的算法歧视，并通过制定法规对高技术企业提出了一系列透明度和风险评估要求。

算法歧视

2016 年，伊利诺伊州通过了《伊利诺伊州知情权法》，该法要求公司在使用自动决策系统时进行披露，并赋予个人对于被拒绝工作或贷款的原因的知情权。伊利诺伊州在 2021 年又通过了《人工智能视频面试法》的修正案，该法最初于 2019 年通过，修正案于 2022 年 1 月 1 日生效。该部法律要求"仅依靠人工智能对视频面试进行分析，以决定申请者能否得到当面面试机会的雇主"承担数据收集和报告义务。该法律要求雇主每年收集、并向商务部和经济机会部报告使用人工智能分析后获得和未获得当面面试机会的申请人的种族和族群情况，以及所有被雇用的申请者的种族和族群情况。该部法律还要求商务部和经济机会部"分析报告中的数据，并在每年 7 月 1 日前向州长和州议会报告该数据是否暴露了人工智能使用中存在种族偏见问题。"

2021 年，科罗拉多州通过了参议院法案 21-169，禁止保险公司使用任何外部消费者数据和信息来源，以及使用外部消费者数据和信息来源的任何算法或预测模型，以基于种族、肤色、民族或族裔、宗教、性别、性取向、残疾、性别认同或性别表达的不公平歧视方式。

2022 年 1 月，众议员阿什·卡尔提出了《加州工作场所技术责任法》。该法通过为电子监控和自动化决策系统设定明确的边界，要求雇主将自动化决策系统用于就业相关的任务以及使用自动化决策系统的雇主必须通过第三方进行算法影响评估等主要措施，限制电子监控与自动化决策系统的使用，并赋予工人知情、审查以及更正雇主所持有数据的权利。

2022 年 9 月 22 日，在美国电子隐私信息中心的敦促下，华盛顿特区政府运营和设施委员会在当天的听证会上讨论了《停止算法歧视法》，以禁止特定主体在算法决策中使用某些类型的数据，确保消除算法偏见。首先，该法通过明确禁止算法歧视，阐明了民法规则如何在新的数字空间中适用。涉及生活核心领域（包括教育、就业、住房以及医疗保健和保险等重要服务）的定向广告和自动化决策，都须遵守新立法。其次，该法要求公司事先做好工作确保其算法的公平性，并以"年度偏见审计"的形式向审计长办公室汇报。最后，该法要求公司披露使用算法的情况，并在做出不利决定（如拒绝抵押贷款、收取更高利率）时向消费者提供更强有力的解释以增强透明度。在适用条件上，该法律将广泛适用于至少满足以下条件之一的任何个人或组织：掌握超过 25000 名华盛顿特区居民的个人信息；过去三年的平均收入超过 1500 万美元；正在担任数据经纪人；为他人提供算法决策的服务提供商。该法包含四个主要条款：禁止组织在某些情况下使用算法歧视个人；要求上述主体披露他们如何在算法决策中使用个人信息；要求上述主体审核其算法的歧视性影响，并设立信息报告制度；授权总检察长或个人对任何违法主体提起民事诉讼。

知识链接：

《停止算法歧视法》出台始末

华盛顿州于 2021 年 2 月召开了《停止算法歧视法》的听证会。在听证会上，执法部门和科技界的要求立法者澄清哪些技术将受到法规的约束。他们担心自动化的标准用途，如闯红灯摄像头或指纹分析，可能会面临法律的过度负担。互联网协会的代表维姬·克里斯托弗森支持算法的合法用途，但希望确保算法不会产生意想不到的后果，如闯红灯摄像头、招聘中所需员工的经验年限等。但一些民权活动人士认为，即使是那些看似无害的用途——如确定犯罪率最高的社区的算法，也可能无意中使系统性歧视永久化。珍妮弗·李指出，算法有可能在事实上扩大警务中现有的种族偏见，而不是实际减少犯罪。

2021年12月，纽约市议会修订了《纽约市行政法典》标题20第5章，专设第25分章"自动化就业决策工具"，规范人工智能在雇佣决策中的使用。该法律于2023年4月15日生效后，将要求雇主对其所有用于筛选录用人选或晋升人选的人工智能程序完成偏见审查，并规定这些审查必须在使用人工智能程序前一年内进行。第25分章从"自动化就业决策工具的要求""处罚""执行""解释"四个方面对自动就业决策工具进行规制。该章节强调，使用筛选应聘者或雇员的就业决定是非法的，除非该工具在使用前一年进行偏见审计。在纽约市任何雇主或职业中介使用自动化就业决策工具筛选申请职位的雇员或应聘者，应通知居住在该市的雇员或应聘者评估对象、使用的工作资格和特征等事项。法律还要求雇主在其网站上公布有关此类人工智能程序的所有信息，并在使用人工智能程序前十天通知申请者和雇员，包括有关人工程序的信息。申请者和雇员有权拒绝使用人工智能决策程序，并要求雇主通过其他方式来评估自己。从立法目的来看，第25分章旨在限制雇主在纽约市内使用"自动就业决策工具"进行招聘和晋升决策。"自动就业决策工具"被定义为任何来自机器学习、统计建模、数据分析或人工智能，简化输出的计算过程（包括分数、分类或推荐），用于实质性地协助或取代影响自然人就业的自由裁量决策。此外，"自动化就业决策工具"这一概念不包括非自动、支持、实质性协助或代替非实质性影响个人的自由裁量决策过程，如垃圾邮件过滤器、防火墙、杀毒软件、计算器、电子表格、数据库、数据集或其他数据编译等。

3）规制网络犯罪

人工智能技术的发展使得网络环境成为犯罪滋生的温床。得克萨斯州、弗吉尼亚州等州政府相继发布针对欺骗性视频、色情视频的法律，精准打击运用人工智能技术进行的网络犯罪。

2019年6月，美国得克萨斯州通过《关于制作欺骗性视频意图影响选举结果的刑事犯罪法》，该法将利用深度伪造等技术伪造视频企图干扰选举的行为定义为刑事犯罪。该法于2019年9月1日正式生效。

2019 年 7 月，弗吉尼亚州颁布一项反色情法，将"制作、传播虚假的裸体或性视频或图像"以胁迫、骚扰或恐吓他人的行为认定为刑事犯罪，违法者将面临最高 12 个月的监禁和 2500 美元的罚款。

3. 整体协调型立法

为了及时应对人工智能技术发展的需求并消除其不利影响，政府机构必须更新和调整自身结构来推动治理体系的进步。伊利诺伊州、纽约州等州政府纷纷颁布法令成立专门的人工智能相关工作组，对人工智能技术发展和安全风险的防控进行财政资助和实时监督。

2021 年 8 月 19 日，伊利诺伊州颁布了《伊利诺伊州未来工作法》，该法要求创建特别工作组，并规定特别工作组的职责、成员，要求商务部经济机会办公室应向特别工作组提供行政支持，从而克服技术快速进步带来的困难，特别是关注自动化和人工智能对工作的类型、质量和数量产生的深远影响，以及行业产生的重大影响等。

2022 年 3 月 31 日，华盛顿州颁布《西澳大利亚第 5693 号法令》，制定了 2021—2023 年财政两年期运营拨款，包括仅用于首席信息官办公室的拨款，首席信息官办公室必须召集一个工作组，研究如何在采用自动化决策系统之前和运行期间对其进行审查，并定期进行审计，以确保此类系统公平、透明、负责任，且不会对华盛顿居民造成不正当的优势或劣势。

2019 年，纽约州参议院通过第 3971 号议案，设立一个临时州委员会，研究和调查如何监管人工智能、机器人和自动化，并在本法生效后的一定时间内撤销该委员会。

佛蒙特州技术委员会通过《关于成立咨询小组以解决国家使用软件中的偏见的法》，该法提议成立一个咨询委员会，以解决国家使用的软件程序中的偏见。委员会的职责应包括为佛蒙特州使用的任何软件制定反偏见标准。此外，佛蒙特州能源与技术委员会还通过了《与创建人工智能委员会有关的法》，提议成立人工智能委员会，以支持合理使用和发展该州的人工智能。能源与技术委员会还通过了《与国家开发、使用和采购自动决策系统有关的法》，提议要求数字服务部部长对国家开发、使用或采购的所有自动决策系统进行审查。

2019 年阿拉巴马州参议院第 45 号议案指出，要成立州人工智能和相关技术委员会，全面审查和评价州内人工智能及相关技术发展及其在各领域中的应用，并提供相关建议。2021年阿拉巴马州参议院通过第78号议案成立了阿拉巴马州先进技术和人工智能委员会，就本州先进技术和人工智能的应用和开发，向州长、立法机构和其他利益相关方提供审查并建议。该委员会必须"每年向州长和议会提交一份年度报告，说明委员会可能提出的与先进技术和人工智能有关的行政或政策行动的任何建议"。

4. 各州立法的特点

结合美国联邦政府已提出的法律草案与各州已经颁布的法律可以看出，联邦政府的立法集中于从宏观层面提出规制原则，而各州内的立法则通过制定更为具体细致的原则规制人工智能安全。

1）各州立法聚焦重点领域

广义上讲，各州的立法努力寻求在加强对公民权利的保护与促进人工智能的创新和商业使用之间取得平衡。各州的立法没有单一的模式，但从草案和已经通过的立法中，已经出现了几个重要的共识领域。

（1）治理的重点应该是算法工具在对人们的公民权利、进步机会和获得关键服务有重大影响的环境中的影响。当人工智能算法做出高影响力的决定时，法律授予消费者选择退出的权利。这些角色涉及金融或贷款服务、保险、住房、医疗保健服务、就业、教育机会或基本必需品等领域。当人工智能对消费者进行分析以做出此类决定时，州隐私法现在要求公司提供选择退出的权利。

隐私防护示意图

（2）建立透明度是至关重要的。当使用算法进行重要决策时，公司和政府应明确告知受影响的人。此外，公开披露哪些自动化工具与重要决策有关，是实现有效治理和产生公众信任的关键步骤。各国可以要求对此类系统进行登记，并进一步要求提供更多的系统性信息，算法影响评估也可以改善人工智能工具市场的运作。在这方面，各州之间的共识也越来越多。科罗拉多州隐私法规将要求公司在其隐私政策中包含特定于人工智能的透明度。隐私政策需要列出所有由人工智能做出的高影响力的决定。对于每个决定，隐私政策都需要详细说明：①消费者分析中使用的支持人工智能决策的逻辑；②人工智能是否已经过准确性、公平性或偏见的评估；③为什么消费者的概况与人工智能驱动的决策相关。此外，在加利福尼亚州，即将出台的法规将决定公司必须如何向消费者提供有关人工智能决策过程所涉及逻辑的"有意义的信息"。尽管各州要求的透明度有所不同，但许多州目前的立法草案（包括康涅狄格州、哥伦比亚特区、印第安纳州、肯塔基州、纽约州、佛蒙特州和华盛顿州）都包括了所需的影响评估。

（3）通过影响评估进行人工智能治理。当数据处理呈现出"对消费者造成伤害的高风险"时，法律要求公司必须在内部进行并记录"数据隐私影响评估"。例如，有针对性的广告或消费者分析，这些活动可能使用人工智能来推断兴趣、行为或属性。拟议的科罗拉多州法规将要求数据隐私影响评估，记录：①训练数据的解释；②对用于创建人工智能的逻辑和统计方法的解释；③人工智能准确性和可靠性评估；④公平性和不同影响的评估。

一般而言，最有效的州级人工智能治理立法将有以下要素：在其范围内包括任何做出、告知或支持关键决策的技术；授权主动的算法影响评估和围绕这些评估的透明度；涵盖政府和私营部门的使用，以及在部门的基础上确定明确的执法权力，包括考虑具有主动要求的监管方法。这些内容将使各州的立法者能够在现在和将来为他们的选民提供合理的保护，同时鼓励技术革新。

2）各州立法监管范围各异

对于算法监管的范围，各州的立法者意见并不相同，即是否将其监督限制在这些系统的政府用途上，或者是否考虑州内的其他实体，特别是算法的商业用途。在加利福尼亚州，该法包括自动化系统的非政府用途。在康涅狄格州和佛蒙特州，重点是政府合理使用人工智能，例如对系统在部署前进行有效性和非歧视性测试，这就提出了有关政府执法的问题。加利福尼亚州的法律包括一项私人诉讼权，使个人在权利受到侵犯时能够提起诉讼，这是一项关键的保护措施。

安全监督示意图

3）监管对机构调整的要求

监管人工智能自动决策工具的需要将打破政府机构权力划分的边界。也提出了一个关键挑战：国家机构可能缺乏有效监督算法系统的技术专长。一个良好的解决方案是，现有机构通过与一个具有技术专长的办公室合作，提供这种特定部门的监督。这可能是一个新的人工智能办公室，或现有的技术办公室或隐私机构（在康涅狄格州已经提出并在佛蒙特州实施），这将是一个有效的短期解决方案，尽管从长远来看，一些机构可能会从使用和监管算法系统的重要内部专业知识中受益。州政府也可以考虑为人工智能和数据科学专业知识提供新的招聘途径，就像联邦政府所做的那样。此外，州政府机构可能缺乏明确的权力来发布关于开发、部署和使用自动决策工具的指引，他们的权力应适当扩大，以应对管理人工智能的挑战。

一些州（包括得克萨斯州、马里兰州、马萨诸塞州和罗得岛州）正在考虑启动审议程序，首先建立委员会来研究问题并提出建议，这可能会导致政府保护措施出现延迟。相反，州政府应该在两条平行战线上行动。立法者应了解公民的关切，同时促进州政府适应公认的算法挑战，如透明度要求以及新的机构能力要求，颁布包含已经有广泛共识的政策的人工智能治理立法。

政策工具示意图

四、美国人工智能安全立法的启示思考

从已有实践来看，美国立法者和监管机构甚至尚未就"人工智能"本身达成广泛的共识，这表明美国仍处于人工智能监管的早期阶段。要想对人工智能安全风险进行有效的识别和治理，必须建立全方位、全过程的风险防控和安全保障治理体系。对于人工智能安全立法来说，应立足于人工智能安全的基本现状：一是预防人工智能技术的内生安全风险，关注算法安全和数据安全；二是不断提升政府利用人工智能技术展开社会治理的能力，关注伦理安全；三是引导构建大国博弈下的人工智能安全国际治理机制，关注国家安全和人类整体的利益。目前，人工智能安全立法对新型人工智能关注度不断增加，对生成式人工智能等新型人工智能应用中的安全风险进行规制。同时也着手提升人工智能安全的社会治理能力，综合发挥政府、企业、社会的作用，构建全方位的人工智能安全治理体系。大国博弈和国际合作也是人工智能安全立法的一大发展趋势，只有汇聚各个国家的力量和优势，才能为人工智能对全人类的安全影响构建"护栏"。

1. 结合人工智能发展用好已有法规

由于人工智能、深度伪造和自动决策技术正在以惊人的速度发展，政策制定者推进新立法的速度却难以跟上步伐。另外，国会没有足够多的计算机科学和法律专家，而法律制定者又未必对技术有充分的把握，这使得人工智能立法更具挑战性。

目前，围绕人工智能治理的最紧迫问题是促进现有法律对新技术的适用性。回答这些问题将是一项艰巨的任务，涉及重大的法律修改和技术复杂性。美国现阶段的人工智能监管的侧重点在于更多地弄清楚现有法律如何适用于人工智能技术。例如，联邦贸易委员会多次表示，《联邦贸易委员会法案》第 5 条禁止不公平或欺诈行为适用于人工智能和机器学习系统的使用。联邦贸易委员会在《关于使用人工智能和算法的商业指南》中也对 1970 年的《公平信用报告法》和 1974 年的《平等信用机会法》做了解释，称"两者都涉及自动化决策，金融服务公司一直在将这些法律应用于基于机器的信贷几十年来的承销模式。"当下监管的最佳选择可能是由政府来采取更快的行动，将已有的法规适用于快速发展的技术。

联邦贸易委员会徽标

2. 聚焦新型人工智能应用展开立法

随着对生成式人工智能和聊天机器人狂热程度的增加，人们关注到大型语言模型造成的安全风险，例如歧视、偏见、数据安全和隐私安全。这类大型语言模型，如 ChatGPT 可以放大现有的人工智能风险并增加潜在危害。

美国政府正在采取初步的尝试来制定规制这类新型人工智能工具的规则。2023年 5 月 16 日，美国参议院举行了重点关注 ChatGPT 的人工智能监管听证会，期望为 ChatGPT 以及更普遍的人工智能的监管，以及在不妨碍技术创新的情况下解决人工智能安全风险方案定下基调。美国联邦贸易委员会澄清了对生成式人工智能应用的管辖权。该委员会将继续对社交媒体网站、搜索引擎和其他在线平台拥有广泛的监督权。对于最重要的平台企业，即"具有系统重要性的公司"做出算法审计和技术危害的公共风险评估要求。美国国家电信和信息管理局也正在向研究人员、行业团体以及隐私和数字权利组织征求意见，对私营企业人工智能工具进行审计和评估。国家电信和信息管理局希望建立"护栏"，使政府能够确定人工智能系统是否安全有效、是否具有歧视性结果或偏见、是否传播或延续错误信息，以及是否尊重个人隐私。

可以看出，美国政府将从算法的透明度、消除算法歧视发力来促进新型人工智能的安全应用。无论是要求算法设计者强制披露、确保算法的有效性，还是充分尊重用户个人选择，赋予用户事后的算法解释权，其重点都在于规制作为沟通工具的算法。同时有偏见的数据集和决策规则很可能导致人工智能的训练结果存在偏误，对数据进行早期风险评估和政府干预能避免扩大偏见，以化解算法设计者和用户之间力量的不对等状态，警惕身披技术发展外衣的滥用行为，限制"算法权力"，从而促进算法安全和数据安全。

知识链接：

生成式人工智能在法律中的应用

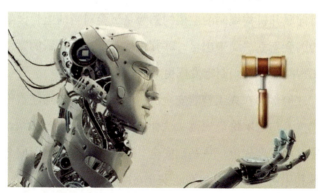

语言模型在法律领域的应用可以追溯到 20 世纪 90 年代，这些研究的初衷是希望能够提高宪法法律体系的效率和公正性。立法层面，运用人工智能分析大量的宪法和相关法律文献，以及考虑不同的政府结构和历史背景，从而生成符合条件的条

款。司法层面，使用人工智能技术来解释宪法，例如通过使用自然语言处理技术帮助判决宪法案件，并提供一些可靠的法律建议提高宪法法律体系的效率和公正性。OpenAI 和 Anthropic 已经合作开发和测试一个更符合伦理和准确性的语言模型，能够处理复杂的伦理和道德情境，目前还没有正式发布。

3. 整合人工智能安全治理多维体系

虽然美国人工智能安全的监管方法在联邦和州层面各不相同，但在所有指导人工智能安全工作的方法中都有共同的主题，即统筹人工智能技术创新和安全治理的关系，整合政府、企业、社会的力量来构建人工智能安全治理体系。

人工智能安全新立法的动力可能来自最近成立的国家人工智能咨询和协调机构，这些机构还支持现有政策工作的实施，这将为美国人工智能政策采取更统一、更智能的方法奠定基础。就国会而言，虽然国会两党对统一、全面的人工智能规制主要横向监管的兴趣有限，但仍可能就针对隐私、平台透明度或保护在线儿童等特定主体、特定领域的立法达成共识。

就具体执行各领域人工智能安全监管的联邦机构而言，委员们表示继续推进规则制定，直到国会通过全面的隐私立法。2022 年 8 月 22 日，美国联邦贸易委员会发布了制定旨在解决"商业监视"和数据安全问题的拟议规则的通知，其中还包含"自动决策系统"的规则。这个标志着联邦贸易委员会有意向更全面的联邦监管框架转变，该框架解决人工智能开发、部署和使用的全过程安全问题。在没有新立法的情况下，目前联邦机构规制的主要的趋势是试验对当前监管框架的调整能走多远。也正是因为国会新立法尚未出台，联邦机构基于其与实践的紧密联系，能在具体领域内的人工智能监管规则制定发挥更大的作用。

立法机关和政府部门在人工智能安全法规体系建设中应当注重伦理与制度的结合，逐步形成"技术防范 + 伦理规范 + 法律规制"的综合规制体系。从近期看，应着重加强技术应对和伦理规范。将基础安全，数据、算法和模型安全，技术和系统安全，安全管理和服务等作为人工智能安全与隐私保护技术标准的重要发力方向。从中长期考虑，全面研究和论证人工智能法律规制体系，制定立法策略。围绕国家和社会层面的数据安全、数据权利等进行立法。在人工智能发展相对成熟的领域，适时开展相关的规范立法。

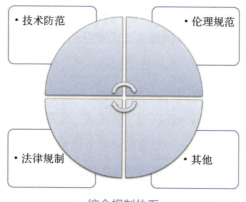

综合规制体系

对于开发、部署或使用人工智能系统的公司来说，必须承担起在第一线防控人工智能安全风险的责任。应倡导企业率先开展相关研究，制定企业伦理规则、建立内部审查机制，进行自我监管。一是明确对人工智能的依赖性，了解公司的运营多大程度上依赖人工智能。二是制定安全风险管控政策，解决数据集的完整性、准确性、透明度、可预见的风险和社会影响，以确保人工智能系统不会导致不公平的结果。明确描述每个人工智能系统产生的风险，并了解如何应对每个风险。三是设计治理结构，负责的职能部门可以与业务部门进行交互，使得人工智能安全政策的执行成为日常运营的一部分。同时注重在开发部门和评估系统风险的部门之间建立独立性，这是几乎所有关于人工智能的新监管框架的核心组成部分。四是实现有效沟通，充分准确地响应监管机构和消费者的询问。五是注重风险评估，确定风险控制的主要环节，如技术、合同、组织，并将控制系统构建到可能出现风险的业务部门。六是推进持续治理，由于人工智能系统脆弱且故障率高，人工智能风险不可避免地会随着时间的推移而增长和变化。应该定期对人工智能进行审计和审查，在结构化流程的背景下确保部署风险监控计划。可以考虑将信息安全计划、隐私合规计划、风险管理计划、反海外腐败法计划或类似合规计划应用于人工智能治理。

动员民间力量和跨领域合作也是推动人工智能治理进步的一个重要节点。一是激励行业协会、标准化组织、产业联盟等社会团体，制定人工智能产业标准、技术标准和行业规范。二是建立公众参与人工智能治理机制，保障公众的知情权、参与权、表达权、监督权。三是召集行业专家、法律专家和社会学者共同研究论证推动人工智能治理。应当一定程度摈弃传统意义上单一的法律保护思维，结合各行各业的不同需求，统筹核心技术和全国经济的宏观脉络，将立法作为各行各业数字化、人工智能化大背景下的指南针，引领技术和经济的发展。

4. 构建人工智能安全治理国际秩序

人工智能是全球范围内新一轮实力"跨越式"发展的战略机遇，能够放大国际政治行为体之间的力量差距，从而形成相对竞争优势。在未来的国际竞争中，人工智能技术已经直接卷入战略决策和军事领域的国际互动中，会进一步放大行为体之间的力量差距，将赋予技术拥有者以额外的优势，从而改变诸多领域的权力结构。从国家安全的角度来看，推进人工智能立法也应当考虑到国际竞争和扩大国际影响力。对美国来说，人工智能技术优势也将转化为其法律标准的优势，从而对全球的高科技企业和人工智能技术治理产生影响。

知识链接：

美国如何影响国际法制定

近年来，美国法律在全球的影响力越来越大，管辖范围越来越广，对美国域外交易产生了重大影响。从程序法角度看，有民事诉讼法领域的长臂管辖原则，使得美国法院对美国域外的居民（自然人或法人）有管辖权。如果美国域外的高科技企业有关人工智能的技术使用行为对美国产生影响，在长臂管辖原则之下，则有可能受到美国法院的管辖。从实体法角度看，美国在银行、证券、反恐融资、进出口管制等多个领域法律规定了对域外交易主体的管辖权。在数据安全领域，美国的《澄清合法使用数据法》明确规定对数据存储地或数据控制者在美国境内的，将受到该法的约束。借助本国高科技巨头企业跨国经营的优势，美国得以对存储于全球各地的数据行使管辖权。

然而，人工智能对人类社会造成的风险是全方位的，真正构建起人工智能的"护栏"必须依赖于国际合作。人工智能安全的实现有赖于人类命运共同体理念，各国在关注作为整体的国家利益、技术利益发展的同时，也应当关注人类整体的利益，方能进一步弥合"人工智能的冲突"，创造和谐的人工智能治理秩序。

各国和国际组织正在推进人工智能安全治理方面的合作。人工智能全球伙伴关系、经济合作与发展组织、布鲁金斯学会等都在推进这一事业。"G7 领导人公报"也强调了在人工智能安全方面进行合作的必要性，包括 ChatGPT 在内的大型语言模型的影响和风险。

G7 多国合作

由于缺乏全面的国内人工智能监管方法，美国在人工智能治理方面的国际领导能力受到阻碍。这意味着美国无法提出如何在全球范围内推进人工智能治理的模式，而往往只能对其他国家的人工智能监管方法做出回应。为了寻求突破，美国正在推进与欧盟之间的人工智能管理合作。美国-欧盟贸易和技术委员会于 2021 年9 月在匹兹堡举行第一届部长级会议，双方承诺在推进可信赖人工智能的框架下开展三个项目：①讨论可信赖人工智能的测量和评估；②合作开发旨在保护隐私的人工智能技术；③联合开展人工智能对劳动力影响的经济研究。这些举措意味着大国之间的人工智能安全合作和国际组织对人工智能安全治理的推进是未来人工智能安全秩序发展的必然趋势。

汲取美国目前推进人工智能监管国际合作的经验，我国也应当积极推动国际社会在人工智能伦理和法律建设中凝聚共识、开展合作。鼓励国内研究机构、智库等利益主体多方参与人工智能治理。与多国多方多边加强人工智能技术、标准等方面的合作、共享，探索人工智能在应对全球性问题方面的应用。

5. 广泛开展人工智能安全宣传教育

一方面，要提升公众对人工智能技术发展和安全风险的理性认知。在全社会，全面、客观、深入宣传人工智能发展将给人类社会带来的根本性变革，抓好学校教育，将人工智能知识、计算机思维普及教育纳入国民教育体系，"从娃娃抓起"，培养良好科技伦理素养。抓好劳动技能培训教育，着眼于人工智能时代对劳动者的要求，积极应对人工智能带来的就业替代。

人工智能教育

另一方面，应加强对科研人员的科技伦理和法律教育培训，从源头防范人工智能风险。将科研人员职业道德、学术道德规范等相关内容作为上岗前的重要培训内容，在项目申请、管理中，加大对人工智能科技伦理、法律法规的考核比重。强化大学科技伦理教育，建立系统性、多维度科技伦理人才培养体系，设置科技伦理专业方向；将人工智能伦理法律等课程纳入与人工智能开发、运用相关专业的核心课程，完善教学体系。

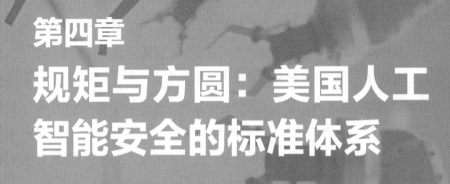

第四章

规矩与方圆：美国人工
智能安全的标准体系

标准对经济、技术、科学和管理等社会实践有重大意义。尤其对于人工智能这种新兴高技术，只有通过制订、发布和实施标准达到统一，才能获得最佳秩序和社会效益。美国在人工智能标准体系建设方面走在了世界前列。

标准化对工业具有极端重要性。

——美国总统胡佛，1927 年

一、美国人工智能安全标准体系

在人工智能领域，技术的发展对于一个国家的经济和科技竞争力至关重要。人工智能标准的制定可以鼓励创新和技术进步，促进不同系统和技术之间的互操作性和相互连接，为法律和政策制定提供依据和支持。美国为确保其科技强国在人工智能领域的地位和实力，在人工智能标准方面非常活跃。这样的举措不仅可以为其在技术领域的引领地位提供支持，推动创新和合作，确保人工智能的安全性和伦理性，同时为法律和政策制定提供依据，促进美国人工智能领域的可持续发展。

知识链接：

《美国标准战略》

2021 年 1 月，美国国家标准协会（ANSI）发布了《美国标准战略》（2020版）。这是其自 2000 年开始制定标准战略以来，发布的第 5 版战略。相比于《美国标准战略》（2015 版），新版战略更新了大量内容，体现出美国未来 5 年标准化布局和工作重点。

美国标准战略包含以下 12 项战略举措：

（1）通过公私伙伴关系加强各级政府参与制定和使用自愿性共识标准。

（2）在制定自愿性共识标准时继续关注环境、健康、安全和可持续性。

（3）提高标准体系对消费者利益的响应能力。

（4）在标准制定过程中积极促进国际公认原则在全球范围内的一致应用。

（5）鼓励各国政府采用自愿性共识标准作为监管工具。

（6）努力防止标准及其应用成为美国产品和服务的技术贸易壁垒。

（7）加强国际推广计划，增进全球对美国标准使企业，消费者和整个社会受益的理解。

（8）继续改进工具，推动有效、及时地制定和分发自愿性共识标准。

（9）提升标准活动的合作与连贯性。

（10）通过建设各个社区之间的标准化意识和能力，提升和鼓励使用具备标准知识的劳动力。

（11）尊重美国标准体系的多元投入模式。

（12）在支援新兴国家解决优先事项时，重视标准的作用。

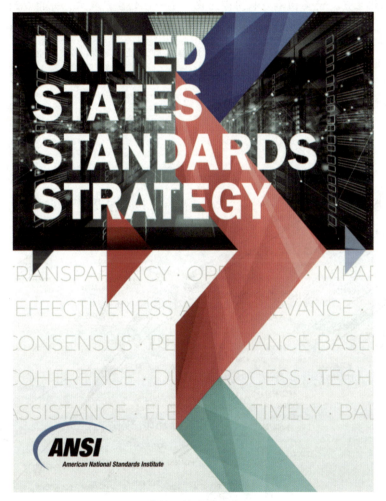

《美国标准战略》

标准化是美国企业的生存之道

一流的企业做标准，二流的企业做品牌，三流的企业做产品，四流的企业做服务。

实行标准化生产，是美国企业领先全球的重要原因。美国制造业将产品元器件进行分解后，实行标准化、系列化生产，大大节约了生产原料，避免了浪费。1787年，惠特尼将步枪零件进行标准化生产，零件进行分类编号，揭开现代化生产的序幕。1798年，美国在批量生产来福枪时，再次运用互换性原理提高生产效率。由于枪支标准化生产，使美国率先利用专业化、单一化的生产模式，并推广到其他制造业产品领域使用。这种标准化生产模式，大大降低了生产成本，提高了生产效率。

1927年，时任美国总统胡佛提出"标准化对工业具有极端重要性"，更进一步提高了标准化生产地位。随着国际化的发展，美国国内标准化也逐渐演变成国际标准化，进一步提高了美国企业的国际竞争力。

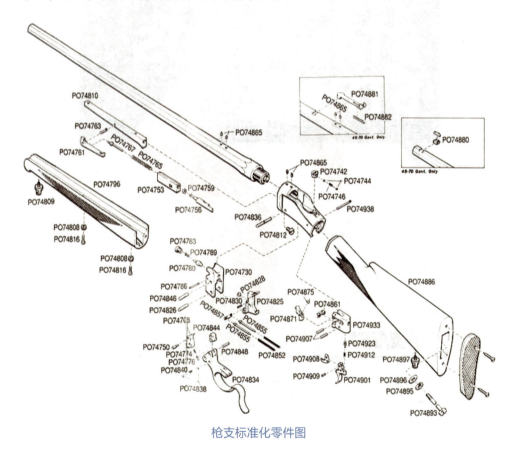

枪支标准化零件图

本章将针对美国政府直接领导的美国国家标准与技术研究院（NIST）、凭借创始国地位直接影响的电子和电气工程师协会（IEEE）以美国为主导的国际标准化组织（ISO）、国际电信联盟电信标准分局（ITU-T）等在人工智能标准制定情况等方面进行论述。本章架构如下图所示。

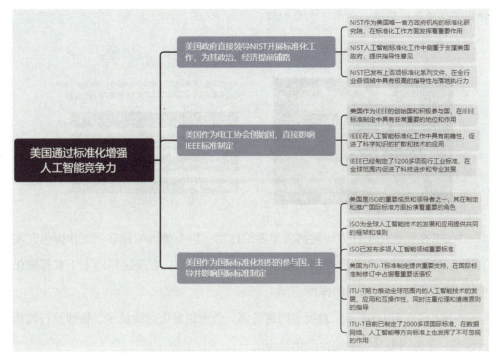

以美国为主导的人工智能安全标准情况

二、人工智能安全国家标准制定

1. NIST 是美国政府标准化研究院，在标准化工作方面发挥着重要作用

NIST 的使命是推动创新和经济发展，促进科学技术的应用和推广，提高美国产业的竞争力。其在美国及全球范围内享有广泛的声誉和影响力。他们的标准和技术指南被广泛采用，为各个领域的科学研究、工业生产和社会发展提供了重要的支持和基础。

知识链接：

NIST 的地位

NIST 是美国唯一一家官方的标准化机构，其制定各种科学技术和行业标准，这些标准指导了产品质量、安全性和可靠性的要求。例如，NIST 制定了用于测量物理单位的国际标准，如米、千克和秒。

NIST 在标准化工作方面发挥着重要的作用，也为美国的标准化工作提供坚实的技术基础。NIST 在美国标准化组织中占有领导地位，在美国国内上千家标准化机构中起到了引领、指导的作用。

NIST 成立于 1901 年，隶属美国商务部，负责制定全面的技术、物理及行政管理标准，是美国最具影响的标准化机构之一。

人物链接：

劳里·洛卡西奥

劳里·洛卡西奥是负责标准和技术的商务部副部长兼美国国家标准与技术研究所（NIST）主任。她是 NIST 的第 17 任主任，也是负责标准和技术的第四任商务部副部长。

她曾任马里兰大学帕克分校和马里兰大学巴尔的摩分校担任研究副总裁，还曾担任 A. James Clark 工程学院 Fischell 生物工程系的教授，并在医学院药理学系担任副教授。

在加入马里兰大学之前，她在 NIST 工作了 31 年，从一名研究生物医学工程师晋升为该机构的材料测量实验室领导者。她还曾担任 NIST 实验室项目的代理副主任，这是 NIST 的第二职位，为 NIST 的实验室研究项目提供指导和操作指导。

作为一名研究人员，她发表了 115 篇科学论文，并在生物工程和分析化学领域获得了 12 项专利。她是美国国家发明家学院、美国科学促进会、美国化学学会和美国医学与生物工程研究所的会员，并被选为美国国家工程院院士。

NIST 最高领导层由院长、副院长和信息最高执行官三人组成。下设与信息技术有关的单位：Boulder 实验室、技术服务部、技术研发部、电子与电工实验室、信息技术实验室。其他部门和实验室还有 Baldrige 国家质量项目部、管理和财务部、生产发展合作部、生产工程实验室、化学科学技术实验室、材料科学工程实验室、物理实验室、建筑与防火研究室。NIST 组织架构如下图。

NIST 组织架构图

总干事办公室：作为 NIST 的领导机构，主要负责制定和推行 NIST 的总体战略和规划。

计量服务：负责 NIST 的核心服务，即标准制定、测试和检验等工作，以保证各种物理、化学和工程领域的测量精度和可靠性。

工业技术服务：为美国工业提供支持，包括提供技术咨询、技术转移、科技创新和规范制定等服务。

研究与工程实验室：由 7 个专业实验室组成，分别从事材料科学、信息技术、纳米技术、生物技术等领域的研究和开发工作。

标准和技术应用：负责推广和应用 NIST 的标准和技术，包括与其他机构、企业和学术机构的合作，宣传和推广 NIST 的研究成果和技术创新。

行政与资源管理：负责 NIST 的行政事务、人力资源和财务管理等工作。

知识链接：

NIST 信息安全标准定位的演变

最初，成立 NIST 是为了增强美国在世界范围内的工业竞争力。经过几十年的标准化实践、调整和发展，使其在信息安全领域形成了独特的标准体系。NIST 制定和研究提出的信息安全标准化文件主要涉及访问控制和认证技术、评价和保障、密码、电子商务、一般计算机安全、网络安全、风险管理、电信、信息处理等领域。

NIST 的信息安全标准研究和制定活动，从 20 世纪 80 年代末期起，一直得到美国立法支持。特别是 2002 年 12 月美国政府发布的《联邦信息安全管理法案》（FISMA）和《电子政府法案》中再次重申了 NIST 通过信息安全标准而对联邦政府信息安全的促进作用，对 NIST 制定联邦信息安全标准给予了明确而具体的支持，该法案还对联邦部门提出了包括制定和实施信息安全大纲在内的多项明确要求，从而为 NIST 制定的信息安全标准的实施提供法律保障。此外，该法案为美国联邦政府信息安全领域标准的制定确定了切实的总体目标，NIST 依据此法案研究并建立了与之相适应的支持美国联邦政府信息安全管理的信息安全标准体系。

NIST 在美国国家科技创新体系中起到纽带和桥梁作用。美国科技创新体系大致分为三个层面：第一个层面是基础研究，主要由大学、从事基础研究的国家实验室等来承担；第二个层面是应用基础研究、产品和工艺开发，主要由 NIST 和研发室来承担；第三个层面是科技产业，主要由一大批高新技术企业的研发机构来完成。三者之间没有截然的界限，但大致分工是明确的。从资助的主体来看，靠近基础研究，主要是以政府资助为主；靠近产品的研发和制造，主要由企业研究机构来承担。随着大学和国家实验室逐步向应用研究领域拓展，以及一些大型科技型企业开始把目光投向基础研究，这三个层面也有相互交叉之处，但是这并不改变各自的核心功能。可见，在美国科技创新体系中，NIST 具有独特的位置，是连接基础研究、应用研究与产业化的重要纽带和桥梁，对于美国的技术创新和进步起到了巨大的支撑作用。

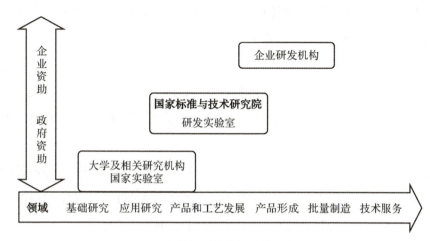

NIST 在美国科技领域地位示意图

美国国家标准与技术研究院（NIST）作为非监管性质的测量技术和标准国家级研究机构，承担着国家技术基础设施和产业关键技术的研究与开发，对科技产业发展起到重要的支撑作用。NIST 实验室的基本定位是主要从事国家技术基础设施的研究开发，以利于美国产业界持续改善产品和服务。从事技术基础设施的研发主要体现在两个方面：一是技术标准的制定和发展；二是共性技术的开发。NIST 的 7 个实验室和 2 个研究中心，都在自己的专长技术领域里肩负了相关标准制定和技术研发的职责，并用其研究的成果促进基础研究和应用基础研究向产业化发展。

NIST 信息技术实验室的计算机安全研究室和网络安全应用研究室是信息安全标准的主要制定者。其中，计算机安全研究室主要是为保护美国信息和信息系统提供标准、指南、机制、工具和度量，研究室包括密码技术、安全系统和应用、安全组件和机制、安全工程和风险管理、安全测试验证和度量共 5 个研究组；网络安全应用研究室主要是标准应用和最佳实践，包括网络安全和隐私应用、国家网络安全卓越中心、国家网络安全教育倡议和可信实体 4 个研究组。

NIST 下属的计算机安全部（CSD）具体负责为联邦政府制定信息安全标准。NIST 通过出台标准和指南相结合方式为政府部门信息安全管理的规范提供支撑，大部分已出台的文件都是指南的性质，并不具强制性，而是为政府部门的相关工作提供实施的思路和方法。目前，NIST 信息安全文件已经超过 500 份，包括联邦信息处理标准（FIPS）、特别出版物（SP）系列、NIST 内部 / 机构间报告（NISTIR）以及信息技术实验室（ITL）计算机安全公告等。此外，还有白皮书、会议论文、期刊等形式的文件。

2. NIST 人工智能标准化工作中侧重于支撑美国政府，提供指导性意见

美国国家标准与技术研究院（NIST）隶属于美国商务部，在美国政府支持下，推进人工智能标准工作。

2019 年 8 月，NIST 发布了《美国人工智能领导力：联邦参与制定技术标准及相关工具的计划》的报告，把"积极参与人工智能标准的开发"列为重要任务。报告提出了联邦政府机构制定人工智能技术及相关标准给的指导意见，认为应优先制定人工智能包容性和可访问性、开放透明、基于共识、具有全球性和非歧视性等方面的标准，并提出了人工智能标准的九个重点领域：概念和术语、数据和知识、人际互动、指标、网络、性能测试和报告方法、安全、风险管理、可信赖。

报告提出美国联邦政府应做到以下几点。

（1）与人工智能标准相关的联邦机构之间应加强协调，以最大限度地提高效率和有效性。

（2）促进有针对性的研究，以更广泛地探索如何将可信度的各个方面实际纳入标准和标准相关工具中。

（3）支持并扩展公私合作伙伴关系，开发和使用人工智能标准和相关工具。

（4）与国际各方进行战略接触，以推进针对美国经济和国家安全需要的人工智能标准。

1）2019 年 8 月，NIST 发布了关于政府如何制定人工智能技术标准和相关工具的指导意见

该指南概述了多项有助于美国政府推动负责任地使用人工智能的举措，并列

出了一些指导原则，这些原则将为未来的技术标准提供指导。指南强调，需要开发有助于各机构更好地研究和评估人工智能系统质量的技术工具。这些工具包括标准化的测试机制和强大的绩效指标，可让政府更好地了解各个系统，并确定如何制定有效的标准。NIST 建议专注于理解人工智能可信度的研究，并将这些指标纳入未来的标准，也建议在监管或采购中引用的人工智能标准保持灵活性，以适应人工智能技术的快速发展；制定度量标准以评估人工智能系统的可信赖属性；研究告知风险、监控和缓解风险等人工智能风险管理，研究对人工智能的设计、开发和使用的信任需求和方法；通过人工智能挑战问题和测试平台促进创造性的问题解决等。

2）2019 年 10 月，NIST 发布《术语的分类和术语学 抗辩式机器学习》

《术语的分类和术语学 抗辩式机器学习》介绍了按照攻击、防御措施、后果等维度的机器学习术语分类方法。该方法主要从四个方面开展研究。

（1）术语分类的标准化。《术语的分类和术语学 抗辩式机器学习》提供了一种对机器学习术语进行分类的标准化方法。在机器学习领域，术语的一致性和明确性对于促进技术交流、合作和研究至关重要。该标准化的分类方法有助于消除术语混淆和歧义，确保不同利益相关者之间对机器学习术语的理解保持一致。

（2）攻击和防御的框架指导。该分类方法按照攻击、防御措施和后果等维度对机器学习术语进行了分类。这为机器学习领域的攻击和防御提供了框架指导。通过分类术语，研究人员和从业者可以更好地理解不同类型的攻击方法、采取相应的防御措施，并评估攻击的后果。这有助于加强机器学习系统的安全性和鲁棒性。

（3）促进安全机器学习研究。标准化的术语分类方法为安全机器学习研究提供了基础。安全机器学习旨在解决机器学习模型面临的各种攻击和威胁。通过统一的术语分类，研究人员可以更好地交流和共享有关安全机器学习的知识和实践。这有助于推动安全机器学习领域的发展，并加强对机器学习系统的安全性考虑。

（4）提升行业合规和标准制定。术语分类的标准化方法对于行业合规和标准制定具有重要意义。机器学习在众多领域得到广泛应用，包括金融、医疗、自动驾驶等。通过统一的术语分类，机构和组织可以更好地理解和应用机器学习技术，并确保其符合相关行业的合规标准。

《术语的分类和术语学　抗辩式机器学习》的发布对于促进交流、加强研究、推动标准化和强调安全性具有重要意义。它为机器学习领域提供了一个共同的术语基础，为抗辩式机器学习的研究和实践提供了指导，同时也强调了保护系统安全和用户隐私的重要性。

3）2020 年 8 月，NIST 发布《可解释人工智能的四项原则》

《可解释人工智能的四项原则》介绍了可解释人工智能的解释原则、有意义原则、解释准确性原则和知识局限性原则。

（1）解释原则。该原则要求人工智能系统能够提供对其决策和推理过程的解释。这意味着系统应该能够向用户或利益相关者解释其工作方式、依据和推断的逻辑。通过解释原则，用户可以更好地理解系统的决策依据，增加对人工智能系统的信任和可接受性。

（2）有意义原则。该原则要求解释应该以用户可以理解和接受的方式呈现。解释信息应该以用户熟悉的术语、概念和语言表达，避免使用过于技术化或晦涩的表达方式。有意义原则强调解释的可理解性和可交互性，使用户能够有效地与人工智能系统进行沟通和理解。

（3）解释准确性原则。该原则要求解释信息的准确性和可靠性。人工智能系统提供的解释应该是准确的，与系统的实际决策过程和推理路径一致。解释准确性原则确保解释信息的可信度，防止系统提供虚假或误导性的解释。

（4）知识局限性原则。该原则要求人工智能系统应该清楚地表明其知识和决策的局限性。人工智能系统在处理复杂问题时可能存在知识的限制和不完备性。知识局限性原则强调系统应该识别和声明其知识的边界，使用户了解系统在特定情境下的限制和风险。

这些原则的发布对于可解释人工智能的研究和应用具有重要意义。它们提供了指导和框架，帮助研究人员和从业者设计和开发能够解释自身决策的人工智能系统。可解释人工智能对于增加系统的透明度、可信度和可控性非常重要，特别是在需要对人工智能系统的决策进行审计、验证或监管的场景中。这些原则的发布为研究人员、从业者和监管机构提供了共同的参考框架，以确保人工智能系统的解释性和可理解性。

人工智能正在参与高风险的决策，没有人希望在不理解原因的情况下让机器做出决策。但是，工程师所满意的解释可能不适用于具有不同背景的人。因此，希望获取多元观点和意见来完善草案。随着可解释人工智能的发展，人们可能会发现人工智能系统的某些部分比人类更能满足社会的期望和目标。理解人工智能系统以及人类行为的可解释性，为寻求结合两者优势的方法打开了大门。

4）2021 年 1 月，美国正式颁布《2020 年国家人工智能计划法》

该法案的主要目标如下：

（1）确保美国在人工智能研究和开发方面继续保持领导地位。

（2）在公共和私营组织中开发和使用值得信赖的人工智能系统，并达到世界领先。

（3）为当前和未来的美国劳动力做好准备，以便整合各部门人工智能系统。

（4）协调民间机构、美国国防部和情报界正在进行的人工智能研究、开发和演示活动，确保信息互通和工作协调。

此外，该法案指定 NIST 推进人工智能相关的标准、指南和技术的研究，并要求 NIST 在法案颁布 2 年内，与私营和公共部门合作起草人工智能风险管理框架（AI RMF）。NIST 于 2021 年 7 月启动 AI RMF 意见征集工作；2022 年 3 月形成 AI RMF 第一版草案；2022 年 8 月形成 AI RMF 第二版草案；2023 年 1 月 26 日 AI RMF 1.0 正式发布。

5）2021 年 3 月，NIST 发布《信任与人工智能》（NISTIR 8332 草案）

《信任与人工智能》提出了一种评估用户对人工智能系统信任度的方法。方法认为了解用户对人工智能的信任，才能从中获益并将风险降至最低。

NIST 认为，描述人工智能系统可信度的九个特征，分别是准确性、可靠性、弹性、客观性、保险性、可解释性、安全性、问责性和私密性。报告指出，如果人工智能系统具有高水平的技术可信度，并且可信度特征值足够高，尤其在存在固有风险的使用环境中，人工智能用户的信任程度会随之增加。

基于用户感知的信任对于实现人机协作十分必要。关键问题在于人类对人工智能系统的信任程度是否可以衡量，如果可以，如何准确、恰当地衡量。对此，NIST 基于相关研究和"认知的基本原则"提出了人工智能用户信任模型。

NIST 的报告提出了九个因素，这些因素可促成人们对人工智能系统的潜在信任。这些因素不同于 NIST 与人工智能开发人员及实践者合作建立的可信赖人工智能的技术要求，而是展示了一个人如何根据任务本身和人工智能决策的潜在风险来衡量不同的因素。

例如，准确性就是其中一个因素。一个音乐选择算法可能不需要太准确，尤其是当一个人出于好奇，有时会跳出自己的品位来体验新鲜事物，而且在任何情况下，跳到下一首歌都是很容易的。相信一个在诊断癌症方面准确率只有 90% 的人工智能则是完全不同的情况，因为这是一项风险大得多的任务。

6）2021 年 6 月，NIST 发布《识别和管理人工智能偏见的建议》

《识别和管理人工智能偏见的建议》提出基于风险管理的思路，建立可信赖和负责任的人工智能框架并形成配套的人工智能可信标准。

《识别和管理人工智能偏见的建议》重点提出以下三部分内容。

（1）描述了人工智能中偏见的利害关系和挑战，并举例说明了偏见破坏公众信任的原因和方式。

（2）识别人工智能中的三类偏见（即系统性、统计性和人类偏见），并描述它们对社会产生负面影响的方式。

（3）描述了减轻人工智能偏见的三大挑战，包括数据集、测试和评估、验证和核实以及人为因素，并对解决这些问题给出建议。

NIST 特别出版物 1270 的发布对人工智能领域的发展和实践产生了积极的影响。它提醒人们重视人工智能偏见问题，并为解决这一问题提供了指导原则和建议。通过采取相应的措施，可以构建更加公平、可信赖和负责任的人工智能系统，推动人工智能的应用和发展，以更好地满足用户和社会的需求。此外，该出版物还推动了国际社会在人工智能领域的合作与标准制定，促进了全球范围内的知识共享和最佳实践的形成。

在实际应用中，NIST 特别出版物 1270 的建议为组织和从业者提供了指导，帮助他们识别和管理人工智能系统中的偏见。这可以通过多种方式实现，如数据集的审查和清理、算法的审查和改进、训练过程的监督和调整等。通过采取这些措施，人工智能系统可以更好地避免偏见和不公平，确保公正的决策和结果。

此外，NIST 特别出版物 1270 的发布也引发了对人工智能伦理和社会影响的更广泛讨论。它促使人们思考人工智能系统如何应对道德和伦理问题，如隐私保护、个体权益、社会公平等。这有助于推动人工智能的发展朝着更加负责任和可持续的方向前进，并引导利益相关者在人工智能应用中权衡不同的价值和利益。

7）2022 年 8 月，NIST 发布《人工智能风险管理框架草案第二稿》

《人工智能风险管理框架草案第二稿》介绍了风险管理框架的概述、使用目的、作用属性，并与亚太经合组织的 OECD 人工智能系统分类框架、欧盟人工智能法案、EO 13960 等文件进行了对比分析，提出了基于人工智能系统生命周期的风险管理框架和模式。

人工智能风险管理框架将努力做到以下几点。

（1）以风险为基础，资源效率高，支持创新，并且是自愿的。

（2）以共识为导向，通过一个公开、透明的过程制定并定期更新。所有利益相关者都应该有机会为人工智能风险管理框架的发展做出贡献。

（3）使用清晰明了的语言，使广大受众能够理解，包括高级行政人员、政府官员、非政府组织领导以及那些非人工智能专业人员。同时仍具有足够的技术深度，对从业人员有用。人工智能风险管理框架应允许在整个组织内、组织间，以及与客户和广大公众交流人工智能风险。

（4）提供共同的语言和理解来管理人工智能风险。人工智能风险管理框架应提供人工智能风险的分类学、术语、定义、度量和特征。

（5）易于使用，并与风险管理的其他方面很好地配合。该框架的使用应是直观的，并可随时作为一个组织更广泛的风险管理战略和流程的一部分。它应该与管理人工智能风险的其他方法保持一致。

（6）适用于广泛的视角、部门和技术领域。人工智能风险管理框架应普遍适用于任何人工智能技术和特定环境的使用案例。

（7）以结果为导向，不死板。该框架应该提供一系列的结果和方法，而不是规定一刀切的要求。

（8）利用并促进对现有标准、准则、最佳做法、方法和工具的认识，以管理人工智能风险，同时说明需要更多、更好的资源。

（9）与法律和法规无关。该框架应支持各组织在适用的国内和国际法律或监管制度下运作的能力。

（10）作为一份灵活的文件。随着人工智能可信度和人工智能使用的技术、理解和方法的变化，以及利益相关者从实施人工智能风险管理（尤其是该框架）中学习，人工智能风险管理框架应该随时更新。

8）2023 年 1 月，NIST 发布 NIST AI 100-1《人工智能风险管理框架 1.0》

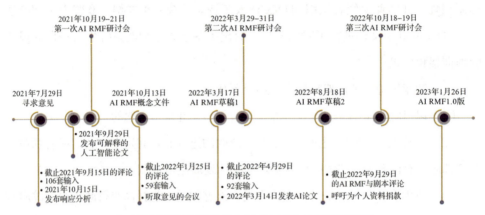

人工智能风险管理框架（AI RMF）的制定路线图

其目标在于为设计、开发、部署、应用人工智能系统的组织提供参考，使之能够在控制多样性风险的同时，促进可信赖、负责任人工智能系统的开发与应用。同时，NIST 出版了与之配套的人工智能风险管理框架行动手册、讲解视频等，协助理解和使用 AI RMF。AI RMF 具有自愿性、基于权益保护原则、普遍适用性等特征，从而能够为不同规模、不同领域乃至全社会的各相关组织提供参考。

AI RMF 1.0 包括 6 章和 4 篇附录，其中正文分为 2 个主要部分，第一部分讨论组织如何构建与人工智能相关的风险框架（第一章）并描述了该框架的目标受众（第二章），之后，分析了可信人工智能系统的特性（第三章），给出了 AI RMF 实施效果的评估（第四章）；第二部分包括 AI RMF 核心（第五章）和概要（第六章）。各章的基本内容如下：

（1）第一章：框定风险。本章描述了人工智能系统中风险、影响和危害的含义及相互关系，并给出了在人工智能系统中理解上述概念和应对的建议；之后，给出了为实现人工智能可信性而进行风险管理的过程中可能面临的挑战，包括人工智能风险管理存在风险测量难、人工智能风险容忍度确定难、人工智能风险优先级排序难、人工智能风险管理需与组织其他风险管理整合等。

（2）第二章：受众。AI RMF 受众指使用 AI RMF 执行风险管理的实体，准确识别受众是有效执行 AI RMF 的必要条件，本章从人工智能系统生命周期的角度给出了如何识别各个阶段的参与者及其中的受众，理想情况下，这些参与者应当由来自不同学科的人员，代表不同经验、专业知识和背景，从而在人工智能系统生命周期各阶段有效执行 AI RMF。

（3）第三章：人工智能风险和可信度。为了实现可信人工智能系统，通常需要对相关方提出的安全准则做出响应，增强人工智能可信度是减少人工智能风险带来负面影响的重要手段。本章给出了可信人工智能系统的特性以及实现这些特性的指南，包括有效和可靠性、安全、安全和弹性、可追责和透明性、可说明和可解释性、隐私增强性、公平性。

（4）第四章：AI RMF 的效果。本章对使用 AI RMF 开展风险管理后框架有效性的评估内容进行了简单讨论，包括策略、流程、实践、测量指标、预期结果等方面的改善。NIST 计划在后续工作中给出关于 AI RMF 有效性评估的详细方法。

（5）第五章：AI RMF 核心。框架核心包括治理、映射、测量和管理，其中：治理主要在组织的制度流程、组织建设、组织文化、技术能力等方面实行人工智能风险管理；映射主要用于确定特定场景与其对应的人工智能风险解决方案；测量主要采用定量和 / 或定性的工具、技术和方法来分析、评估、测试和监控人工智能风险及其相关影响；管理主要是将相关资源分配给相应的人工智能风险，进行风险处置。

（6）第六章：概要。本章给出了 AI RMF 应用时的参考概要，包括 AI RMF 用例概要、AI RMF 时间概要、AI RMF 跨部门概要等。AI RMF 用例概要是基于用户的需求、风险承受能力和资源对 AI RMF 功能的具体实现；AI RMF 时间概要是对特定的部门、行业、组织或应用的人工智能风险管理活动的当前状态或期望目标状态的描述；AI RMF 跨部门概要涵盖了可以跨用例或部门使用的模型或应用的风险。

（7）总结：人工智能风险管理是开发和使用人工智能系统责任制度的关键组成部分。负责任的人工智能实践有助于使有关人工智能系统设计、开发和使用的决策与预期目标和价值相一致。负责任人工智能的核心概念强调以人为本、社会责任和可持续性。人工智能风险管理可以通过促使设计、开发和部署人工智能的组织及其内部团队更加批判性地思考环境和潜在或意外的负面和积极影响，推动负责任的人工智能使用和实践。理解和管理人工智能系统的风险将有助于提高其可信度，进而培养公众信任。可以在借鉴该框架的基础上，深入分析人工智能系统面临的具体风险，完善人工智能风险管理的具体控制措施，制定人工智能系统可信度的具体评估指标和评估方法，并根据技术的发展和实践的反馈不断完善，建立持续更新机制，通过正向引导的方式逐步推进人工智能风险管理框架和相关评估指标的落地，指导人工智能产业的健康有序发展，以及将相关研究成果推向国际。

知识链接：

美国政府首个国家标准战略

2023 年 5 月，美国政府发布了《关键和新兴技术国家标准战略》，这是其首个标准战略，与美国国家标准学会（ANSI）发布的《美国标准战略》大不相同，该战略将有助于加快私营部门主导的关键和新兴技术（CET）标准工作，促进互操作性，促进进入全球市场，并确保美国的竞争力和创新。国家标准与技术研究院（NIST）在战略起草过程中发挥了重要作用。

战略重点关注的 CET 如下：

（1）通信和网络技术；

（2）半导体和微电子；

（3）人工智能；

（4）生物技术；

（5）可再生能源发电和储存；

（6）量子信息技术；

（7）自动化和互联的基础设施；

（8）生物样本库；

（9）先进的网络化传感和签名管理。

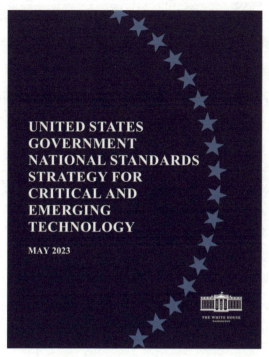

《关键和新兴技术国家标准战略》

3. NIST 发布的上百项信息安全标准文件，在全行业具有极高的指导性

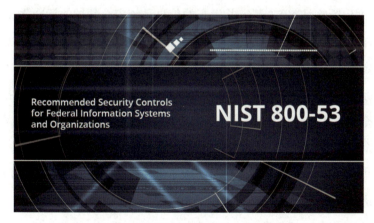

NIST 800-53

NIST 发表的人工智能部分系列文件如下：

1）NIST FIPS 系列文件

FIPST 系列是 NIST 制定并由美国商务部部长批准发布的信息处理领域的联邦

政府标准。2002 年颁布的《联邦信息安全管理法案》明确规定，美国联邦政府部门对 FIPS "不可弃权"，即必须执行。联邦信息处理标准是用于可以满足联邦政府强制性要求的标准和方案，主要服务于联邦信息安全管理法案（FISMA），其标识形式是 FIPS 加数字序号和年代号，例如 FIPS 200：2006《联邦信息和信息系统的最低限度安全要求》、FIPS 201-2：2013《联邦雇员和承包商的个人身份验证》。

NIST FIPS 系列人工智能相关文件清单

序号	编号	英文名称	中文名称	状态	发布时间
1	140-3	Security Requirements for Cryptographic Modules	加密模块的安全要求	已发	2019 年 3 月 22 日
2	180-4	Secure Hash Standard（SHS）	安全哈希标准	已发	2015 年 8 月 4 日
3	202	SHA-3 Standard: Permutation-Based Hash and Extendable-Output Functions	SHA-3 标准：基于置换的哈希和可扩展输出函数	已发	2015 年 8 月 4 日

2）NIST SP 系列文件

SP 系列出版物是 NIST 制定并发布的信息系统安全领域的标准化文件和标准化工作文件。其中的标准化文件属于指导性技术文件范畴，但是，一经美国商务部部长 "指定"，联邦政府部门就必须执行。SP 系列包括 SP800 系列、SP1800 系列和 SP500 系列，NIST 用这三类特别出版物来发布有关计算机安全、网络空间安全和信息安全的指南、建议和参考资料。SP800 系列从 1990 年 12 月开始发布至今，已有 160 余项成果，主要涉及 ITL 的研究和指南以及计算机安全等方面，其文件标识形式是 "SP 800-" 后面加数字序号、版本号和标题，例如 SP 800-53 Rev.4《联邦信息系统和组织的安全和隐私控制》、SP 800-63-2《电子鉴别指南》；SP1800 系列是 2015 年 7 月份之后新推出的，用来补充 SP800 系列，主要包括网络空间安全实践指南方面的标准，目前已发布了 SP1800-1、SP1800-2、SP1800-3、SP1800-4、SP1800-5 共五项标准草案；有关计算机系统技术的 SP500 系列从 1977 年 1 月开始发布，被 NIST 信息技术实验室广泛使用。

序号	编号	英文名称	中文名称	状态	发布时间
1	500-304	Conformance Testing Methodology Framework for ANSI/NIST-ITL 1-2011 Update: 2013, Data Format for the Interchange of Fingerprint, Facial & Other Biometric Information	ANSI/NIST-ITL 一致性测试方法框架 1-2011 更新：2013，指纹、面部和其他生物识别信息交换的数据格式	已发	2015 年 6 月 24 日
2	800-58	Security Considerations for Voice Over IP Systems	IP 语音系统的安全注意事项	已发	2005 年 1 月 1 日
3	800-76-2	Biometric Specifications for Personal Identity Verification	个人身份验证的生物识别规范	已发	2013 年 7 月 11 日
4	800-122	Guide to Protecting the Confidentiality of Personally Identifiable Information (PII)	保护个人身份信息机密性的指南	已发	2010 年 4 月 6 日
5	800-157	Guidelines for Derived Personal Identity Verification (PIV) Credentials	派生个人身份验证凭证指南	已发	2014 年 12 月 19 日
6	1500-16	Improving Veteran Transitions to Civilian Cybersecurity Roles: Workshop Report	改善退伍军人向平民网络安全角色的过渡：研讨会报告	已发	2020 年 8 月 20 日
7	1800-1	Securing Electronic Health Records on Mobile Devices	保护移动设备上的电子健康记录	已发	2018 年 7 月 27 日

3）NIST IR 系列文件

IR 系列是 NIST 研究项目的阶段性成果或 NIST 临时研究项目的成果，或者是 NIST 所承担的外部研究工作的工作报告。其中不少是 SP 800 的技术实现方面的补充。其文件标识形式是 NIST IR 加一个四位数字编号，例如"NIST IR 7956《云服务中的密码密钥管理问题和挑战》"。

NIST IR 系列人工智能相关文件清单

序号	编号	英文名称	中文名称	状态	发布时间
1	5570	An Assessment of the DOD Goal Security Architecture（DGSA）for Non-Military Use	非军事用途的国防部目标安全架构评估	已发	1994 年11 月 1 日
2	6529-A	Common Biometric Exchange Formats Framework（CBEFF）	通用生物识别交换格式框架	已发	2004 年4 月 5 日
3	7206	Smart Cards and Mobile Device Authentication: an Overview and Implementation	智能卡和移动设备身份验证：概述和实施	已发	2005 年7 月 1 日
4	7771	Conformance Test Architecture for Biometric Data Interchange Formats-Version Beta 2.0	生物特征数据交换格式的一致性测试架构-Beta 2.0 版	已发	2011 年2 月 28 日
5	7877	BioCTS 2012: Advanced Conformance Test Architectures and Test Suites for Biometric Data Interchange Formats and Biometric Information Records	BioCTS 2012：用于生物特征数据交换格式和生物特征信息记录的高级一致性测试架构和测试套件	已发	2012 年9 月 14 日
6	8334	Using Mobile Device Biometrics for Authenticating First Responders	使用移动设备生物识别技术对第一响应者进行身份验证	草案	2021 年6 月 2 日

4）NIST ITL 系列文件

ITL 公告是信息技术实验室（ITL）不定期刊物。ITL 公告侧重于当前信息安全热点的专题性讨论以及 NIST 信息安全标准变化情况通告等，属于支持相应标准化活动的参考性文件。其文件标识形式是 ITL 加出版日期和标题。例如"ITL 2013 年 10 月《关于联邦雇员和承包商个人身份验证（PIV）的联邦信息处理标准（FIPS）更新》"。

NIST ITL 系列人工智能相关文件清单

序号	英文名称	中文名称	状态	发布时间
1	ITL Updates Federal Information Processing Standard（FIPS）for Personal Identity Verification（PIV）of Federal Employees and Contractors	ITL 更新联邦雇员和承包商个人身份验证的联邦信息处理标准	已发	2013 年 10 月 22 日
2	Using Personal Identity Verification（PIV）Credentials in Physical Access Control Systems（PACS）	在物理访问控制系统中使用个人身份验证凭证	已发	2009 年 2 月 26 日
3	Testing and Validation of Personal Identity Verification（PIV）Components and Subsystems for Conformance to Federal Information Processing Standard 201	测试和验证个人身份验证组件和子系统是否符合联邦信息处理标准 201	已发	2006 年 1 月 25 日
4	Cyber-Threat Intelligence and Information Sharing	网络威胁情报和信息共享	已发	2017 年 5 月 8 日

4. NIST 启动专门小组，制定标准应对生成式人工智能潜在的安全风险

2023 年 6 月 22 日，美国商务部宣布，NIST 将设立一个新的 AI 公共工作组，以应对生成式人工智能技术的风险和挑战。该工作组将协助 NIST 制定人工智能领域指南，解决生成式人工智能技术的特殊风险问题。

该工作组的短期目标是收集有关的指导意见，就如何使用 NIST 人工智能风险管理框架来支持生成式人工智能技术的发展形成"概要文件"。该概要文件应支持和鼓励使用人工智能风险管理框架解决相关风险。同时，工作组将协助 NIST 进行测试、评估和测量工作，解决与生成式人工智能相关的问题。

该工作组的长期目标是探索如何有效利用生成式人工智能技术应对健康、环境和气候变化等重大挑战。此外，工作组将帮助组织规避和管理生成式人工智能技术在应用、开发和使用过程中可能造成的风险。

三、人工智能安全行业标准制定

1. 美国作为 IEEE 创始国和积极参与国，在其标准制定中占据主导地位

IEEE 徽标

电子和电气工程师协会（IEEE）是一个美国的电子技术与信息科学工程师的协会，是目前世界上最大的非营利性专业技术学会，其会员人数超过 40 万人，遍布 160 多个国家。IEEE 致力于电气、电子、计算机工程和与科学有关的领域的开发和研究，在航空航天、信息技术、电力及消费性电子产品等领域制定了 900 多个行业标准，现已发展成为具有较大影响力的国际学术组织。在人工智能标准化方面，IEEE 致力于推进人工智能标准在全球电气、电子工程和计算机工程领域的技术创新和发展。

知识链接：

IEEE 会议

IEEE 每年要举办 300 多次专业会议，主要活动是召开会议、出版期刊杂志、制定标准、继续教育、颁发奖项、认证（Accreditation）等。另外，协会出版有 70 多种期刊杂志、论文集和图书。

IEEE 人工智能相关会议海报

美国在 IEEE 标准制定中的地位和作用主要表现在以下几个方面。

（1）拥有强大的技术实力和产业优势。美国电气和电子领域的企业和研究机构在技术实力和产业于领先地位在 IEEE 标准制定中提供了强大的支持。

（2）是 IEEE 的创始国和主要贡献者。IEEE 诞生于美国，美国一直是其最主要的贡献者之一。美国的技术专家和企业，以及技术组织在 IEEE 标准制定中具有强大的发言权和影响力。

（3）提供经验分享和资金支持。美国政府和行业协会等机构在 IEEE 标准制定中也扮演着重要的角色，它们可以为标准制定提供重要的经验分享和资金支持，促进标准的制定和发布。

（4）对标准的制定有指导意义。美国政府和行业协会等机构也会对 IEEE 标准的制定进行指导和监督，力图保证已发布的标准符合美国的利益和要求。

（5）美国在 IEEE 标准制定中具有非常重要的地位和作用，其拥有强大的技术实力、产业优势、资金支持和经验分享能力，可以为 IEEE 标准制定提供重要的支持和保障，推动全球电气和电子行业的发展。

2. IEEE 在人工智能标准化工作中具有前瞻性，促进了科技的扩散应用

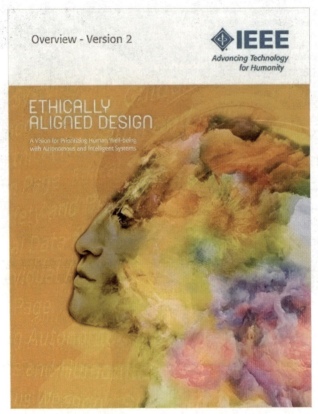

IEEE 发布的《人工智能设计的伦理准则》白皮书

1）2016 年：IEEE 成立了工作组，负责人工智能伦理和标准化方面的工作

IEEE 于 2016 年成立了人工智能伦理和标准化工作组，旨在推动人工智能领域

的伦理规范和标准化工作，确保人工智能技术的发展和应用符合伦理原则，并推动技术的可持续发展。

2）2017 年：IEEE 发布了 IEEE 7000《在系统设计过程中解决道德问题的模型流程》

该标准提供了一种在系统设计过程中解决伦理关注点的模型方法。

这个标准的发布对于当前科技行业和社会有重要的意义。在科技的快速发展和应用中，伦理问题越来越受到关注。例如，人工智能、自动驾驶、大数据等领域的技术应用，往往涉及隐私保护、公平性、安全性、透明度等伦理问题。因此，在设计和开发新系统时，需要考虑并解决这些伦理关注点。这系列标准的发布对于推动科技的可持续发展和社会接受度具有积极的影响。它有助于引导科技行业更加注重伦理问题，防止滥用科技、损害个人权益和社会利益。同时，它也为设计者和开发者提供了一个指导框架，帮助他们在设计过程中考虑伦理因素，降低可能出现的负面影响。

3）2018 年：IEEE 发布了 IEEE 7000.1《自治系统的透明度》

该标准旨在提供自主系统透明度的框架和指南。

在过去几年中，自主系统（如自动驾驶汽车和人工智能系统）的应用不断增加。然而，这些系统的决策过程往往是复杂且难以解释的，这给其可靠性、安全性和可接受性带来了挑战。为了解决这些问题，确保自主系统的透明度变得尤为重要。IEEE 7000.1 标准的发布意味着 IEEE 对自主系统透明度的重视，并提供了一个框架和指南，以帮助设计者和开发者增加系统的透明度。这项标准大致包含以下内容。

（1）指导原则。该标准提供了一些关于确保自主系统透明度的基本原则和指导方针，帮助开发者在设计和实现自主系统时考虑透明度的重要性。

（2）数据记录和可追溯性。该标准可能推荐自主系统记录和存储决策过程中所使用的数据，以及与之相关的上下文信息，以便在需要时进行审计和解释。

（3）解释性和可解释性。该标准鼓励开发者设计自主系统，使其能够解释其决策和行为，包括提供决策依据、算法解释和预测结果的可视化等。

总的来说，这个标准的发布对于促进自主系统的透明度具有重要意义。它为设计者和开发者提供了一些框架和指南，帮助他们在开发自主系统时考虑和增加透明度，从而提高系统的可靠性、可接受性和安全性。这有助于建立信任，推动自主系统的可持续发展和社会应用。

4）2019 年：IEEE 发布了 IEEE 7003《算法偏差注意事项》

该标准旨在帮助识别和减轻算法偏见的影响，并提供减少偏见的最佳实践指南。

随着机器学习和人工智能的迅猛发展，算法在许多领域中得到广泛应用，包括招聘、金融、刑事司法等。然而，算法可能存在偏见，导致对某些群体或个人的不公平对待。这种算法偏见可能是由于数据集的不平衡、特征选择的偏见、训练数据的偏见等因素造成的。IEEE 7003 标准的发布表明 IEEE 关注算法偏见的问题，并提供了一些指南和最佳实践，以帮助识别和减轻算法偏见的影响，其意义如下：

（1）强调算法偏见的重要性。该标准的发布表明 IEEE 对算法偏见问题的关注和重视。算法偏见可能导致不公平对待和歧视性结果，因此通过发布这一标准，提高了人们对算法偏见问题的认识，并将其置于讨论的中心。

（2）提供指导和最佳实践。该标准提供了识别和减轻算法偏见影响的指导和最佳实践。这对开发者、研究人员和决策者具有指导作用，帮助他们在算法设计、数据处理和模型训练过程中采取合适的措施，以减少算法偏见的存在。

（3）促进公平性和社会责任。该标准的发布推动了算法的公平性和社会责任意识。它鼓励开发者和组织在设计和应用算法时考虑不同群体的平等对待，并减少偏见的影响。这有助于建立更公正和可信的技术系统，推动科技在社会中的应用和接受度。

（4）提升可信度和透明度。通过减少算法偏见，该标准有助于提升算法的可信度和透明度。用户和利益相关者对算法的决策过程和结果有更好的理解，从而增强信任并减少对算法决策的怀疑。

（5）推动行业和政策发展。该标准的发布为行业和政策制定者提供了一个参考框架，推动算法偏见问题的解决。它可以引导政策制定和监管机构制定相应的准则和法规，以确保算法的公平性和可接受性。

5）2021 年：IEEE 发布了 IEEE 7000.4《增强现实标准综述》

该标准旨在提供增强现实（AR）和虚拟现实（VR）系统透明度的指南和最佳实践，其意义如下：

（1）提升用户信任和接受度。该标准旨在增强现实（AR）和虚拟现实（VR）系统的透明度。通过提供指南和最佳实践，标准促进了系统设计者和开发者在用户界面和交互设计中注重透明度，使用户能够更清楚地了解系统的功能、数据使用方式和潜在影响。这有助于提高用户对 AR 和 VR 系统的信任度，并增加其接受度。

（2）保护用户隐私和数据安全。该标准强调了用户隐私和数据保护的重要性。它提供了指导，帮助设计者和开发者遵循隐私最佳实践，确保在 AR 和 VR 系统中收集、处理和存储用户数据时符合适用的隐私法规和伦理标准。这有助于保护用户的个人隐私权，并减少数据泄露和滥用的风险。

（3）促进决策透明度和可解释性。该标准关注增强现实和虚拟现实系统中的决策透明度和可解释性。通过要求系统设计者提供决策过程和算法依据的解释，以及让用户理解系统的操作和反馈机制，标准增强了用户对系统行为的理解和信任。这有助于降低用户对系统决策的不确定性，并促进用户与系统的更有效互动。

（4）强调社会影响和道德考虑。该标准强调 AR 和 VR 系统的社会影响和道德考虑。它鼓励设计者和开发者评估系统对用户、社会和公共领域的影响，包括心理健康、社交互动、认知和道德问题等方面。这有助于确保 AR 和 VR 系统的设计和应用符合伦理原则，并减少负面影响。

6）IEEE P7000 系列标准

该系列标准是关于人工智能伦理和道德的指南。IEEE P7000 系列的标准发布填补了在系统设计过程中解决伦理问题方面的空白。该系列标准提供了一套模型方法，可以帮助设计者和开发者在系统设计的早期阶段，识别和评估可能涉及的伦理问题，并提供相应的解决方案。这有助于确保新系统的设计和应用过程中，能够兼顾伦理和社会责任。其中包括了以下几个子标准。

（1）IEEE P7000.1 标准。关于数据隐私的指南，探讨了在人工智能应用中保护个人数据隐私的最佳实践。

（2）IEEE P7000.2标准。该标准是关于算法透明度的指南，旨在提供有关算法运作和决策过程透明性的指导。

（3）IEEE P7000.3标准。该标准是关于数据治理的指南，探讨了数据采集、处理、存储和共享等方面的最佳实践。

（4）IEEE P7000.4标准。该标准是关于透明度的指南，旨在推动人工智能系统的透明度和解释性。

（5）IEEE P7005标准。该标准是关于透明度的指南，探讨了数据透明度、算法透明度和决策透明度等方面的最佳实践。

（6）IEEE P2790标准。该标准是关于机器学习算法评估的指南，旨在提供机器学习算法评估的方法和指导，以帮助开发者和用户评估和比较不同算法的性能和效果。

（7）IEEE 7010标准。该标准是关于人工智能对于人类幸福感影响的评估，旨在提供一种评估和度量人工智能系统对个体和社会幸福感影响的方法。它关注人工智能系统的正义、透明度、责任和隐私等方面，以确保系统的设计和应用符合道德和社会价值。同时，提出了对IEEE 7010标准发展的八个领域的建议，这些建议涵盖了从人工智能的创建和管理到教育和监管的各个方面，旨在推动人工智能对人类和社会幸福感的影响的评估和管理。通过积极采纳这些建议，人工智能领域可以更好地关注幸福感，并将其纳入实践和决策过程中。

3. IEEE已经制定1200多项相关标准，在全球范围内促进了科技进步

在可信赖的人工智能方面，IEEE主要聚焦人工智能领域伦理道德标准，2017年发表《旨在推进人工智能和自治系统的伦理设计的IEEE全球倡议书》。该倡议建立人工智能伦理的设计原则和标准，帮助人们避免对人工智能技术产生恐惧和盲目崇拜。目前，IEEE批准了10余项可信赖人工智能标准项目。

（1）IEEEP 7000《系统设计期间解决伦理问题的模型过程》《IEEEP 7002：数据隐私处理》。

（2）IEEEP 7007《道德驱动机器人和自动化系统的本体标准》。

（3）IEEEP 2894《可解释性人工智能的架构框架指南》。

下表是IEEE在人工智能方面的相关标准文件参考。

序号	英文名称	中文名称
1	IEEE 1901.2 Standard for Low-Frequency（less than 500 kHz）Narrowband Power Line Communications for Smart Grid Applications	IEEE 1901.2《用于智能电网应用的低频（小于 500 kHz）窄带电力线通信的 IEEE 标准》
2	IEEE 1936.1 Standard for Drone Applications Framework	IEEE 1936.1《无人机应用框架标准》
3	IEEE 1937.1 Standard Interface Requirements and Performance Characteristics of Payload Devices in Drones	IEEE 1937.1《标准接口要求和无人机有效载荷设备的性能特征》
4	IEEE 2941 Standard for Artificial Intelligence（AI）Model Representation, Compression, Distribution and Management	IEEE 2941《人工智能模型表示、压缩、分发和管理标准》

四、人工智能安全国际标准制定

美国因其拥有强大的技术实力、产业优势和市场影响力，足额的资金支持、技术支持和丰富的经验分享，使其在国际标准组织（ISO）、国际电工委员会（IEC）扮演着非常重要的角色。美国是这些国际标准化组织的重要成员和领导者之一，其在制定和推广国际标准方面拥有极强的话语权。

美国在国际标准化工作中的作用主要表现在以下几个方面。

（1）引领标准制定。美国在国际标准制定中发挥着引领作用，在许多领域的国际标准制定中都占据着重要的地位。

（2）提高产业竞争力。美国通过积极参与国际标准化工作，推广和应用国际标准，可以提高美国产业的竞争力。

（3）促进贸易自由化。国际标准化对于贸易自由化有着重要的促进作用，美国通过参与国际标准化工作可以促进国际贸易的自由化以及贸易伙伴之间的合作关系加强国际合作。国际标准化需要各国之间的合作，美国通过参与国际标准化工作可以加强与其他国家的合作关系，推进国际合作的发展。

1. 美国是 ISO 重要成员和领导者之一，在制定和推广国际标准上扮演着重要角色

国际标准化组织（ISO）是目前世界上最大、最有权威性的国际标准化专门机构，其主要活动是制定国际标准，协调世界范围的标准化工作，组织各成员国和技术委员会进行情报交流，以及与其他国际组织进行合作，共同研究有关标准化问题。在人工智能标准化方面，ISO 侧重于为全球人工智能技术的发展和应用提供共同的框架和准则。

知识链接：

ISO 的目标和宗旨

在全世界范围内促进标准化工作的发展，以便于国际物资交流和服务，并扩大在知识、科学、技术和经济方面的合作。

ISO 徽标

1）ISO 下设多个技术委员会，负责当今世界上多数领域的标准化活动

ISO 的人工智能基础共性、支撑技术和关键技术的标准化工作由国际标准化组织和国际电工委员会第一联合技术委员会（ISO/IEC JTC 1）的 SC42 人工智能分技术委员会等小组推进。ISO 其他技术委员会主要在智慧制造、智慧金融、智慧交通方面开展了人工智能标准化研究。

人物链接：

乌尔丽卡·弗兰克

2020 年，乌尔丽卡·弗兰克当选为 ISO 主席，任期 2 年。自 2018 年以来，她一直担任 SIS（瑞典）的副总裁，专注于提高房地产和建筑行业对标准化的参与度。

作为执行领导人、主席和董事会成员，她拥有广泛的管理经验，涵盖私营和公共部门，重点是建筑和基础设施。

她作为建筑信息模型（BIM）联盟的主席参与了房地产和建筑行业的标准制定活动，也是 Tyréns 的首席执行官。Tyréns 是一家专门从事城市开发、建筑环境和基础设施解决方案的咨询公司。在她的领导下，Tyréns 从国内业务发展成为国际业务。她于 1988 年离开政坛，当时她担任斯德哥尔摩副市长，负责城市规划，成为 Brommastaden AB 的首席执行官，这是一家房地产公司，重新开发 Bromma 机场的部分地区。弗兰克女士曾在许多董事会任职，例如 Skanska、Swedbank、Hexagon、Vasakronan 和 Knightec，以及斯德哥尔摩的 Södersjukhuset（南方医院）和斯德哥尔摩市剧院。

她一直参与研究和教育，是斯德哥尔摩大学董事会成员、建筑研究委员会董事会成员，并且是瑞典建筑环境创新和质量中心的创建者之一。她主持了政府的可持续城市和社区研究计划，并且是沃尔沃研究和教育基金会（VREF）的成员。她还担任瑞典绿色建筑委员会主席，是瑞典皇家工程与科学院院士。

知识链接：

ISO 无人机咨询组的建立

2021 年 11 月 8-15 日，ISO/IEC JTC1 召开了 2021 年第二次全会，此次会议决定在 ISO/IEC JTC1 下成立第 19 咨询组——无人机咨询组（ISO/IEC JTC1/AG19）。该咨询组主要负责与国际航空标准化技术委员会无人机分技术委员会（ISO TC20/SC16）协调开展无人机领域国际标准化工作，由我国卢海英担任该咨询组召集人。咨询组创始成员国包括中国、澳大利亚、日本、韩国、英国等国家，JTC1 主席及其下设的 SC6 数据通信、SC17 卡及身份识别安全设备、SC27 信息安全、SC40 信息技术服务、SC41 物联网这 5 个分技术委员会作为咨询组的创始成员参与相关工作。

该咨询组的成立表明 ISO/IEC JTC1 将在信息技术层面积极推动无人机领域国际标准化工作，侧面反映了我国无人机产业的发展及在无人机领域的国际标准化话语权得到了进一步提升，该咨询组的成立将为推动我国无人机产业由大到强发挥积极作用。

智能制造方面，ISO/TC149（人体工程学委员会）下设 SC4 人机交互人体工程学研究组，发布了 ISO/TR 9241-810：2020《人机交互人体工程学—Part810：机器人学，智能和自主系统》技术报告；ISO/TC199（机械安全委员会）发布了 ISO/TR 22100-5《人工智能机器学习的有关影响》技术报告，描述有关技术对机械安全产生的风险和影响；ISO/TC299（机器人技术委员会）发布 ISO 11593《工业机器人末端执行器自动更换系统词汇和特征表示》、ISO 9946《工业机器人特性表示》、ISO 14539《工业机器人抓握型夹持器物体搬运词汇和特性表示》、ISO 9787《工业机器人坐标系和运动命名原则》、ISO 8373《机器人与机器人装备词汇》等标准。

智慧能源方面，ISO/IEC JTC1/SC41 物联网及数字孪生分委会发布了 ISO/IEC 30101：2014《信息技术传感网：智能电网系统传感网及界面》。

智能金融方面，ISO/TC68（金融服务技术委员会）发布了 ISO 19092《金融服务生物特征识别安全框架》、ISO 14742《金融服务密码算法及其使用建议》等人工智能标准。

智能交通方面，ISO/TC22（道路车辆技术委员会）开展智能网联汽车相关标准化研究。

2）ISO/IEC JTC1/SC27 是负责制定与信息安全相关的国际标准的重要分委员会

ISO/IEC JTC1/SC27 负责制定信息保护和信息通信技术（ICT）保护标准，包括安全与隐私保护两个方面的通用方法、技术和指南。

（1）安全需求获取方法学；

（2）信息安全和 ICT 安全的管理，尤其是信息安全管理体系（ISMS）标准、安全过程、安全控制和服务；

（3）密码和其他安全机制，包括（但不限于）保护信息的可核查性、可用性、完整性和保密性的机制；

（4）安全管理支持文档，包括术语、指南以及安全组件注册规程；

（5）身份管理、生物特征识别技术和隐私保护方面的安全；

（6）信息安全管理体系领域的符合性评估、认可和审核要求；

（7）安全评价准则和方法。

SC27致力于与有关团体的主动联络和合作，以确保SC27标准和技术报告在相关领域的正确制定和应用。

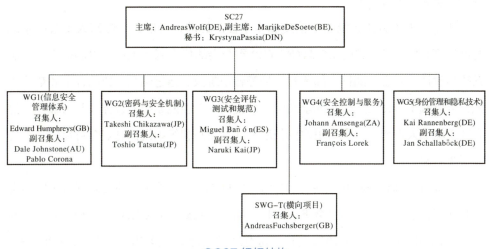

3）ISO为全球人工智能技术的发展和应用提供共同的框架和准则

（1）2018年，ISO成立了ISO/IEC JTC1/SC42委员会，专门负责人工智能标准化工作。

①统一和协调标准化工作。ISO/IEC JTC1/SC42委员会的成立标志着ISO对人工智能标准化工作的重视和承诺。该委员会的目标是通过统一和协调全球范围内的标准化工作，为人工智能技术的发展和应用提供一致的准则和规范。这有助于避免不同国家或地区制定的标准之间的不一致性和冲突，促进全球人工智能技术的互操作性和互通性。

②推动创新和市场发展。标准化是促进技术创新和市场发展的重要因素。通过制定人工智能标准，ISO/IEC JTC1/SC42委员会为企业和研究机构提供了一个共同的参考框架，以确保他们在开发和应用人工智能技术时符合一定的质量和安全要求。这有助于降低技术开发和市场准入的障碍，促进人工智能技术的创新和商业化。

③促进跨领域合作。人工智能涉及多个领域和利益相关者，包括技术、伦理、

法律、社会等方面。ISO/IEC JTC1/SC42 委员会的成立鼓励不同领域和利益相关者之间的合作和知识共享，以推动人工智能标准的制定和实施。这有助于形成综合性的人工智能标准体系，涵盖从技术规范到伦理原则的多个方面，确保人工智能的可持续发展和社会接受度。

④增加人工智能系统的可信度和安全性。标准化可以帮助提高人工智能系统的可信度和安全性。ISO/IEC JTC1/SC42 委员会的标准制定工作可以涵盖人工智能系统的设计、开发、测试、部署和维护等各个阶段。通过确立一致的标准和最佳实践，可以减少潜在的风险和安全漏洞，并提高人工智能系统的鲁棒性和可靠性。这有助于增加人工智能系统的用户信任度，并为用户和组织提供更安全可靠的人工智能解决方案。

⑤促进国际合作和知识共享。ISO/IEC JTC1/SC42 委员会的成立促进了国际合作和知识共享。在这个委员会下，来自不同国家和地区的专家和利益相关者可以共同参与标准制定的讨论和决策过程。这有助于整合全球范围内的专业知识和经验，确保制定的标准具有广泛的适用性和可接受性。

综上所述，ISO/IEC JTC1/SC42 委员会的成立对人工智能标准化工作具有重要意义。通过制定一致的标准和准则，它推动了人工智能技术的创新和市场发展，促进了跨领域合作和知识共享，增加了人工智能系统的可信度和安全性。这为人工智能的全球应用和发展提供了稳定的基础，并推动了人工智能技术的可持续发展。

（2）2019 年，ISO/IEC JTC1/SC42 委员会发布了 ISO/IEC 20547-1《人工智能：基础概念和术语》，提供了人工智能技术的基本概念和术语的标准化指南。其意义如下：

①术语标准化。人工智能领域存在大量不同的术语和概念，不同组织和学科可能对这些术语的定义和使用有所差异。通过发布 ISO/IEC 20547-1 标准，ISO/IEC JTC1/SC42 委员会提供了对人工智能技术的基本概念和术语进行标准化的指南。这有助于消除术语混乱和误解，促进跨领域和国际交流，确保人工智能相关讨论的准确性和一致性。

②确立共同理解。标准化的术语和概念指南有助于建立共同的理解和沟通基础。人工智能是一个涉及多个领域和利益相关者的领域，准确理解和共享相同的术

语和概念对于推动人工智能技术的发展和应用至关重要。ISO/IEC 20547-1 的发布提供了一个共同的参考框架，使各方能够在交流和合作中更加清晰地理解彼此的意图和需求。

③推动标准化工作。通过制定人工智能的基础概念和术语标准，ISO/IEC JTC 1/SC 42 委员会推动了人工智能标准化工作的进展。这为后续的标准制定提供了基础和框架，有助于在更具体的领域和应用中制定更详细的标准和指南。这些标准可以涵盖技术规范、数据管理、伦理原则、安全性等方面，为人工智能的可持续发展提供支持。

④促进跨界合作与交流。人工智能涉及多个领域，包括计算机科学、数据科学、工程、伦理学等。通过 ISO/IEC 20547-1 标准的发布，不同领域的专业人士可以共享和理解相同的人工智能术语和概念。这有助于促进跨界合作和交流，推动各个领域的专家共同推动人工智能技术的发展。

⑤提升人工智能领域的透明度和可理解性。人工智能技术的复杂性和智能化特性可能导致其难以理解和解释。通过标准化人工智能的基础概念和术语，ISO/IEC 20547-1 为人工智能技术提供了一个统一的语言框架。这有助于增加人工智能系统的透明度，使人们能够更好地理解和解释人工智能系统的运作方式、决策过程和输出结果。

⑥促进人工智能的应用和发展。标准化有助于促进人工智能的应用和发展。通过明确和统一的基础概念和术语，人工智能技术在不同行业和应用领域的采用将更加便利和高效。标准化指南可以帮助组织和开发人员更好地理解和运用人工智能技术，推动其在各个领域的广泛应用。

综上所述，ISO/IEC JTC1/SC42 委员会发布 ISO/IEC 20547-1《人工智能：基础概念和术语》标准具有重要意义。它通过标准化人工智能技术的基本概念和术语，促进了术语的一致性和共享理解，推动了人工智能标准化工作的进展。这有助于促进跨领域合作和交流，提升人工智能技术的透明度和可理解性，并推动人工智能的应用和发展。标准化的基础概念和术语指南为人工智能领域提供了共同的语言框架，加强了国际合作和交流，为人工智能技术的安全性、可靠性和可持续发展奠定了基础。

（3）2020年，ISO/IEC JTC1/SC42委员会发布了ISO/IEC 29110-5-1《适用于中小型企业的软件工程–人工智能–第5-1部分：指南》，为中小型企业提供了适用于人工智能系统开发的软件工程指南。其范围如下：

①面向中小型企业。ISO/IEC 29110-5-1标准是专门针对中小型企业开发人工智能系统的软件工程指南。中小型企业在人工智能领域的发展和应用中面临着独特的挑战，包括资源限制、专业知识不足等。这个标准为中小型企业提供了指导，帮助他们规范和优化人工智能系统的开发过程，提高开发效率和质量。

②适用于人工智能系统开发。人工智能系统的开发具有一定的特殊性，包括数据准备、算法选择、模型训练和评估等方面的考虑。ISO/IEC 29110-5-1标准提供了适用于人工智能系统开发的软件工程指南，涵盖了需求管理、设计、实现、测试、配置管理等关键过程。这有助于确保人工智能系统的可靠性、可重复性和可维护性。

③规范和一致性。通过ISO/IEC 29110-5-1标准，中小型企业可以遵循统一的软件工程流程和指南来开发人工智能系统。这有助于确保开发过程的规范性和一致性，降低开发风险，提高产品质量。同时，这也为企业间的合作和交流提供了共同的框架和理解。

④推动中小型企业的参与。人工智能技术在各个行业和领域都具有巨大的潜力和应用价值。通过为中小型企业提供适用的软件工程指南，ISO/IEC 29110-5-1标准鼓励和促进了中小型企业在人工智能领域的参与和创新。这有助于推动中小型企业的发展，并促进整个人工智能产业的繁荣和创新。

综上所述，ISO/IEC 29110-5-1《适用于中小型企业的软件工程–人工智能–第5-1部分：指南》标准为中小型企业提供了适用于人工智能系统开发的软件工程指南。这一标准的发布对中小型企业具有重要意义，它为这些企业提供了开发人工智能系统所需的指导和规范。通过遵循这些指南，中小型企业能够规范和优化其人工智能系统开发过程，提高开发效率和质量，同时降低开发风险。这样的标准化指南也鼓励和促进了中小型企业在人工智能领域的参与和创新，推动整个人工智能产业的发展和创新。因此，该标准的发布对于促进中小型企业在人工智能领域的发展具有重要的推动作用。

（4）ISO/IEC 24745：2011《信息技术 – 安全技术 – 生物特征信息保护》。

ISO/IEC 24745：2011 旨在提供一种方法和指南，确保生物特征信息的安全性和保护机制。该标准旨在帮助组织和个人建立和实施适应生物特征信息特点的安全控制措施，确保生物特征信息的保护、存储、传输和使用符合安全和隐私保护的最佳实践。该标准对于确保生物特征信息的安全和隐私具有重要的指导意义。该标准主要包括以下几项主要内容。

①安全需求分析。该部分阐述如何分析和确定与生物特征信息有关的安全需求。这包括对生物特征信息的采集、存储、传输和处理等各个环节进行安全评估和分析，以确认可能存在的风险和威胁。

②生物特征信息保护措施。这一部分主要介绍一系列保护生物特征信息的技术措施和机制。其中包括生物特征信息的加密、访问控制、身份识别和认证等。该标准强调了对生物特征信息的机密性、完整性和可用性的要求。

③通信和传输保护。这部分指导如何对生物特征信息在传输和通信过程中进行保护。其中包括使用加密技术对生物特征数据的传输进行保护，确保数据的机密性和完整性。

④存储和备份保护。该部分介绍如何对生物特征信息进行安全存储和备份，包括数据存储的物理安全和逻辑安全等方面。同时强调了备份策略的重要性，以便在数据丢失或损坏时能够及时恢复。

⑤隐私保护。这一部分指导如何保护生物特征信息的个人隐私。其中包括对个人生物特征信息的合法收集和使用进行规范，避免滥用和非法访问。

（5）ISO/IEC 24761：2019《信息技术 – 安全技术 – 生物识别的认证》。

该标准定义了用于确认在远程位置运行的生物识别验证过程结果有效性的生物识别验证上下文（ACBio）的结构和数据元素。该标准伴随着 ACBio 实例与验证和注册相关的所有生物识别过程相关的数据项。ACBio 明细不仅适用于单一生物识别验证，还适用于多生物识别融合。该标准规定 ACBio 实例的加密语法。ACBio 实例的加密语法基于一种抽象加密消息语法（CMS）架构，它可以使用紧凑二进制编码或人类可读的 XML 编码表示具体值。该标准不定义实体（BPU、主张者、有效性确认者等）之间使用的协议。在该标准中，只涉及 ACBio 实例的内容和编码，用于各种处理活动。

ISO/IEC 24761：2019 旨在提供一种方法和指南，确保生物识别认证系统的安全性和可靠性。该标准提供了关于生物识别认证系统安全性的综合指南，指导组织和个人在设计、实施和管理生物识别认证系统时采取适当的安全控制措施，确保生物识别认证的准确性、可靠性和安全性。该标准对于保护个人生物特征信息和提升生物识别认证系统的安全性具有重要意义。该标准主要包括以下主要内容。

①生物识别认证系统架构。该部分介绍了生物识别认证系统的各个组成部分和功能，包括生物识别传感器、数据采集和处理、特征提取和匹配等。它还提供了对生物识别认证系统的整体架构和安全要求进行分析和评估的指导。

②生物特征采集和处理。这一部分指导生物特征的采集、传输和处理过程中的安全措施。它涵盖了生物特征的采集设备的物理安全性、数据传输的加密和完整性保护、生物特征数据的存储和处理的安全性等方面。

③特征提取和匹配。该部分介绍了特征提取和匹配算法的安全要求和技术措施。它强调了特征数据的保护、匹配算法的准确性和容错性等方面的要求，以确保生物识别认证的可靠性和安全性。

④生物识别认证系统的管理和运维。这部分指导如何对生物识别认证系统进行有效的管理和运维，包括系统的安全保护策略、用户权限管理、审计和监控等。

⑤安全性评估和认证。该部分提供了对生物识别认证系统进行安全性评估和认证的方法和流程。它介绍了安全性评估的目标、方法和指标，并提供了对生物识别认证系统安全性进行评估和认证的指导。

4）ISO 已发布多项人工智能领域重要标准

（1）ISO/IEC JTC1/SC27 在人工智能标准领域具有重要的引领作用，目前已经发布数个人工智能领域重要标准，见下表。

SC27 人工智能相关标准清单

序号	标准号	英文名称	中文名称
1	ISO/IEC 17922:2017	Information technology–Security techniques–Telebiometric authentication framework using biometric hardware security module	信息技术–安全技术–使用生物识别硬件安全模块的远程生物识别认证框架
2	ISO/IEC 19792:2009	Information technology–Security techniques–Security evaluation of biometrics	信息技术–安全技术–生物特征安全评估
3	ISO/IEC 19989-1:2020	Information security–Criteria and methodology for security evaluation of biometric systems–Part 1: Framework	信息安全–生物识别系统安全评估的标准和方法–第1部分：框架
4	ISO/IEC 19989-2:2020	Information security–Criteria and methodology for security evaluation of biometric systems–Part 2: Biometric recognition performance	信息安全–生物特征系统安全评估的标准和方法–第2部分：生物特征识别性能
5	ISO/IEC 19989-3:2020	Information security–Criteria and methodology for security evaluation of biometric systems–Part 3: Presentation attack detection	信息安全–生物识别系统安全评估的标准和方法–第3部分：演示攻击检测
6	ISO/IEC 24745:2011	Information technology–Security techniques–Biometric information protection	信息技术–安全技术–生物特征信息保护
7	ISO/IEC 24761:2019	Information technology–Security techniques–Authentication context for biometrics	信息技术–安全技术–生物识别的认证上下文
8	ISO/IEC FDIS 24745	Information security, cybersecurity and privacy protection–Biometric information protection	信息安全、网络安全和隐私保护–生物识别信息保护
9	ISO/IEC CD 27553-1.2	Security and Privacy requirements for authentication using biometrics on mobile devices–Part 1: Local modes	在移动设备上使用生物识别技术进行身份验证的安全和隐私要求–第1部分：本地模式

（2）ISO/IEC JTC1/SC42 是负责人工智能相关标准制定的分委员会。

在信息技术方面，ISO 与 IEC 成立了联合技术委员会（JTC1）负责制定信息技术领域中的国际标准，秘书处由美国标准学会（ANSI）担任，它是 ISO、IEC 最大的技术委员会，其工作量几乎是 ISO、IEC 的三分之一；SC42 是人工智能分委会。

SC42 下设 WG1（基础标准）、WG2（数据）、WG3（可信）、WG4（用例与应用）、WG5（人工智能计算方法和系统特征）5 个工作组，1 个咨询组 AG3（人工智能标准化路线图），分别与 JTC1 的 SC7（软件和系统工程）、SC40（IT 服务管理和 IT 治理）建立了联合工作组，JWG1（人工智能的治理影响）、JWG2（基于人工智能的系统测试），与 JTC1 的 SC27（信息安全、网络安全和隐私保护）、SC38（云计算和分布式平台）建立联络协调组。

知识链接：

SC42 的成立

2017 年 10 月 ISO/IEC JTC1 在俄罗斯召开会议，决定新成立人工智能的分委员会 SC42，负责人工智能标准化工作。SC42 已成立 5 个工作组，包括基础标准（WG1）、大数据（WG2）、可信赖（WG3）、用例与应用（WG4）、人工智能系统计算方法和计算特征工作组（WG5），此外 SC42 也包含人工智能管理系统标准咨询组（AG1）、智能系统工程咨询组（AHG3）等。

ISO/IEC JTC1/SC42 围绕术语框架等方面建立了标准体系，已发布十余项人工智能国际标准。

ISO/IEC–JTC1/SC42 标准先从术语、框架、可靠性、算法等基础标准开始建立。目前，SC42 共批准发布十余项人工智能国际标准，包括《信息技术大数据概述和词汇》《信息技术大数据参考架构》《基于机器学习的人工智能系统框架》《信息技术人工智能可靠性概述》《人工智能神经网络稳健性评估》《信息技术人工智能用例》《信息技术人工智能系统的计算方法概述》。

SC42 在研的仍旧是基础标准，涉及系统、安全、框架和术语等核心基础标准内容，包括《信息技术人工智能机器学习分类性能评估》《人工智能分析和机器学习的数据质量》《信息技术人工智能系统生命周期过程》《信息技术人工智能应用指南》《人工智能系统功能安全》《信息技术人工智能数据生命周期框架》《信息技术人工智能概念和术语》《信息技术人工智能管理系统》。

在可信赖的人工智能方面，ISO/IEC JTC1/SC42 主要围绕人工智能基础、数据、可信、用例、算法、治理等方面开展国际标准化研究，下设的可信工作组（WG3）负责人工智能可信方面的研究和标准化工作，人工智能治理（与 SC40 联合）工作组（JWG1）负责人工智能治理方面工作。

2023 年 4 月 ISO/IEC 举行了关于人工智能的全体会议，关于合成数据的讨论成为会议重点。此外，全体会议批准了关于人工智能系统背景下合成数据的新技术报告的工作。

专注于合成数据的 SC42 项目可能旨在确定人工智能系统中合成数据的生成、评估和使用的最佳实践。这可以帮助促进负责任和有效地使用合成数据，同时解决隐私问题，提高人工智能研究和开发的数据可用性和多样性。

知识链接：

训练数据与合成数据

训练数据，即用于生成式人工智能模型预训练阶段的各类数据。此类数据包括但不限于模型预训练阶段直接或间接使用的数据、依赖的预训练模型使用的数据。

合成数据指的是模仿真实世界数据的人工生成数据，它可以来自真实世界的数据，也可以纯粹由算法或数学模型生成。

在某些情况下，合成数据被设计为保留原始数据的特征和结构，同时保护隐私和机密。这在处理因为隐私法规和道德考虑使得数据共享受限的敏感数据类型（如医疗记录或财务信息）时十分有价值。

虽然合成数据有许多优点，但验证其质量并确保其保真度是至关重要的。使用合成数据的成功取决于在捕捉原始数据中存在的统计模式和关系时达到的准确性和真实性。

2. 美国为 ITU-T 标准制定提供重要支持，在国际标准制修订中拥有重要话语权

国际电信联盟（ITU）实质性工作由三大部门承担：国际电信联盟标准化部门（ITU-T）、国际电信联盟无线电通信部门和国际电信联盟电信发展部门。ITU 目前已制定了 2000 多项国际标准。在人工智能标准化方面，ITU-T 则努力推动全球范围内的人工智能技术的发展、应用和互操作性，同时注重伦理和道德原则的指导。

知识链接：

国际电信联盟标准化部门的前世今生

该部门创建于 1993 年，前身是国际电报电话咨询委员会（CCIR）和标准化工作部门，主要职责是完成国际电信联盟有关电信标准化的目标，使全世界的电信标准化。

国际电信联盟徽标

美国在 ITU-T 标准制定中的地位和作用主要表现在以下几个方面。

（1）作为成员国积极参与。美国是 ITU-T 的成员国之一，可以参与到 ITU-T 的所有标准制定活动中，并对标准制定过程进行影响和监督。

（2）提供技术支持和经验分享。美国作为发达国家，在电信领域拥有丰富的经验和技术储备。美国专家可以提供宝贵的技术支持和经验分享，为 ITU-T 标准制定提供有力的支持。

（3）拥有强大的产业实力和市场影响力。美国在电信行业拥有强大的产业实力和市场影响力，其企业在世界范围内具有较高的知名度和影响力。这些优势可以帮助美国在ITU-T标准制定中占据更为重要的地位。

（4）对标准的制定有指导意义。美国政府和行业协会等机构都会对ITU-T标准的制定进行指导和监督，力图保证已发布的标准符合美国的利益和要求。

美国在ITU-T标准制定中具有重要地位和作用，其拥有强大的产业实力、市场影响力以及技术支持能力，可以为ITU-T标准制定提供重要支持，推动全球电信行业的发展。

人物链接：

尾上诚藏

尾上诚藏于2023年1月1日就任国际电联电信标准化局（TSB）主任。

在被国际电联成员国推选为电信标准化局主任之前，他在日本移动运营商NTT DOCOMO工作了30多年。2012—2017年，他任NTT DOCOMO的首席技术官及执行副总裁、研发（R&D）创新部董事会成员兼总经理。此前，他担任NTT DOCOMO研发战略部高级副总裁兼总经理以及该公司无线网络发展部总经理。自2017年起，他担任DOCOMO首席技术设计师及其子公司DOCOMO技术公司的总裁。2021年，尾上诚藏担任日本电报电话（NTT）公司的执行副总裁兼首席标准化战略官，同时担任NTT DOCOMO公司的董事。

作为电信标准化局主任，他率领国际电联负责协调技术标准和协作标准化流程的部门，促进实现全球信息通信技术（ICT）的互联互通与互操作性；致力于推动开放且包容的标准化进程，促进利用数字技术解决一些全球性的问题，构建一个能够体现不断发展的技术的新生态系统，同时加强全球ICT标准化方面的合作与协作。

他在业界享有"LTE（长期演进）之父"的美誉，为升级移动设备和网络的无线宽带标提供了帮助。如今，他的目标是通过在全球推广相关技术弥合标准化差距，迅速普及技术带来的裨益，确保人人得享有意义、价格可承受的宽带接入。

由 ITU-T 制定的国际标准通常被称为建议。由于 ITU-T 是 ITU 的一部分，而 ITU 是联合国下属的组织，所以由该组织提出的国际标准比起其他的组织提出的类似的技术规范更正式一些。

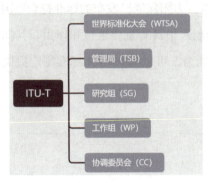

ITU-T 组织架构图

世界标准化大会（WTSA）：为 ITU 的最高权威机构，每 4 年召开一次。主要任务包括选举 ITU-T 管理层、制定发布 ITU-T 工作计划、审查和批准 ITU-T 工作成果等。

管理局（TSB）：负责 ITU-T 的日常管理、指导和协调工作。管理局主任为 ITU-T 的执行长，下设多个部门。

研究组（SG）：主要从事 ITU-T 标准相关的研究和制定工作，包括研究新的技术领域、制定规范和标准文档等。

工作组（WP）：根据不同的研究领域进行组织，由会员国和其他成员参与，主要负责推进相关标准的制定工作。

协调委员会（CC）：负责协调 ITU-T 各个部门之间的工作，确保他们的工作有条不紊地进行。此外，协调委员会还负责与其他国际组织，以及标准化机构之间的联系和合作。

以上是 ITU-T 的主要组织架构，各部门之间相互配合、协同工作，共同推进国际电信技术及网络标准的制定和推广。下面介绍相关的研究组。

第 2 研究组：运营。针对人工智能在第五代移动通信技术（5G）和电信运营管理中的应用开展研究。

第 12 研究组：性能、服务质量和体验质量。针对客服机器人的人工智能开展智力评估，以推进服务质量、管理水平的提升。

第 13 研究组：性能、服务质量和体验质量。编制人工智能标准路线图，并推进符合 IMT–2020 的质量要求的人工智能标准编制。该组由中国移动人员担任副主席。2019 年 10 月，在日内瓦召开的 SG13 工作会议上，审议通过了由中国移动联合土耳其移动、中国联通、中国电信、华为、中兴通讯等编制的《IMT–2020 及未来网络智能化分级》。

第 16 研究组：多媒体。由华为公司罗忠担任主席，该组正在编制的与人工智能相关的标准共 22 项，涵盖了人工智能在多媒体和云计算领域的技术规范和技术框架。

第 20 研究组：物联网、智慧城市和社区。编制基于人工智能和物联网的智慧城市云 – 边 – 端协同等技术框架。

ITU–T 还成立了以下四个人工智能技术应用焦点组（临时性）。

（1）2018 年，ITU–T 与世界卫生组织（WHO）联合成立了健康人工智能焦点组 FG–AI4H，旨在建立一个标准化的评估框架，以评估基于人工智能的健康、诊断、分类和治疗决策方法。

（2）2019 年，成立人工智能和其他新兴技术的环境效率焦点组，开发可持续方法的标准化需求，以解决新兴技术的环境效率及水和能源消耗问题，并为利益相关者提供指导，指导其采用更环保操作方式，以实现《2030 年可持续发展议程》，该焦点组下设 3 个工作组，焦点组联合主席及第 1、3 工作组主席均由华为技术有限公司担任。

（3）2019 年，成立 ITU–T 自动驾驶和辅助驾驶人工智能焦点小组（FG–AI4AD），以支持自动和辅助驾驶人工智能评估的标准化活动。

（4）2021 年，成立 ITU–T 自然灾害管理人工智能焦点组，旨在探索人工智能在支持数据收集和处理，改进时空尺度建模，提取复杂模式以及从不断增长的发展中获得见解方面的潜力地理空间数据流，以增强对自然灾害的准备和响应。

在可信赖的人工智能方面，ITU–T 主要致力于解决智慧医疗、智能汽车、垃圾内容治理、生物特征识别等人工智能应用中的安全问题。

1）2017 年：ITU 发布了 ITU–T Y.3172《人工智能和机器学习 – 概念和框架》

为人工智能和机器学习的标准化提供了概念和框架。其意义如下：

（1）定义和统一概念。ITU–T Y.3172 提供了对人工智能和机器学习的定义及概念的标准化。在人工智能和机器学习领域，术语的一致性和明确性对于促进技术交流和合作非常重要。通过该标准的发布，各利益相关者可以共同理解人工智能和机器学习的基本概念和术语，为进一步的研究、开发和应用提供了共同的语言框架。

（2）框架指导和参考。该标准为人工智能和机器学习提供了框架指导和参考。人工智能和机器学习技术的广泛应用和迅速发展使得标准化变得至关重要。该标准的发布为各国和组织提供了一个共同的框架，用于指导人工智能和机器学习的研究、开发和应用，确保技术的可靠性、安全性和可持续性。

（3）推动国际合作和标准制定。该标准的发布推动了国际间在人工智能和机器学习标准化方面的合作。标准的制定需要各国和组织的共同努力，以确保技术的一致性和互操作性。通过制定概念和框架的标准，ITU 为全球范围内的人工智能和机器学习领域的合作和标准制定提供了平台。

（4）促进技术发展和创新。标准化对于人工智能和机器学习的发展和创新具有推动作用。通过提供概念和框架的标准，该标准为人工智能和机器学习技术的研究和应用提供了指导，有助于推动技术的进步和应用的广泛性。

ITU–T Y.3172《人工智能和机器学习 – 概念和框架》的发布为人工智能和机器学习的标准化工作提供了概念和框架的基础。这对于促进技术的发展和应用，推动国际合作和标准制定，以及确保技术的可靠性和互操作性具有重要意义。

2）2019 年：ITU 发布了 ITU–T Y.3500 系列标准

该系列标准包括了 Y.3500《核心伦理准则》和 Y.3520《算法伦理准则》等标准，旨在为人工智能技术的发展和应用提供伦理框架和指南。此项举动的意义如下：

（1）提供伦理框架和指南。ITU–T Y.3500 系列标准为人工智能技术的发展和应用提供了伦理框架和指南。核心伦理准则和算法伦理准则的制定旨在引导人工智能技术在遵循伦理原则的基础上进行研发、设计和应用。这些准则为相关利益相关者提供明确的道德指导，有助于确保人工智能技术的负责任和可持续发展。

（2）保障人权和社会价值。核心伦理准则强调了人权的保护和社会价值的尊重。它促使人工智能技术开发者和使用者在设计和应用过程中考虑人类尊严、隐私权、公正性和包容性等核心价值。通过这些准则，ITU 致力于确保人工智能技术对人类社会产生积极影响，并减少可能带来的负面影响。

（3）强调透明度和可解释性。算法伦理准则侧重于算法的透明度和可解释性。这一准则旨在确保人工智能算法的决策过程是透明的，并能够提供可理解和可解释的结果。这样的要求有助于提高人们对算法决策的信任，减少人工智能系统中的潜在偏见和不公正性，并为用户和利益相关者提供更好的参与和监督机制。

（4）促进国际合作和标准化。ITU 发布的这些伦理准则为全球范围内的人工智能发展提供了共同的参考框架。通过统一的标准和指南，各国和利益相关者可以在相同的基础上讨论和实施伦理准则，避免不协调和冲突的情况。这种国际合作和标准化有助于推动全球范围内的人工智能技术交流、合作和共享最佳实践。

（5）引领行业发展和自律机制。ITU 作为一个国际组织，通过发布这些伦理准则，发挥着引领行业发展和自律机制的作用。这些准则为人工智能领域的从业者提供了行业规范和道德指导，帮助他们在技术研发和应用过程中遵循伦理原则。通过遵守这些准则，行业可以建立自律机制，自发地约束和监督自身的行为，避免滥用和不当使用人工智能技术。这有助于增强行业的公信力，促进人工智能的可持续发展。

ITU 发布 ITU-T Y.3500 系列标准中的核心伦理准则和算法伦理准则的意义在于为人工智能技术的发展和应用提供伦理框架和指南。这些准则保障人权和社会价值，强调透明度和可解释性，促进国际合作和标准化，引领行业发展和自律机制。通过遵守这些准则，可以确保人工智能技术的负责任和可持续发展，以最大限度地造福人类社会。

3）2020 年：ITU 发布了 ITU-T Y.4906《5G 和人工智能融合应用指南》

ITU-T Y.4906《5G 和人工智能融合应用指南》是由国际电信联盟（ITU）发布的一份指南，旨在探讨和指导 5G 和人工智能融合应用的发展和实施。该指南主要包括以下几项主要内容。

（1）技术和规范：介绍了 5G 和人工智能融合应用中的关键技术和规范要求。

它涵盖了 5G 网络的关键特性、人工智能算法和模型的开发和应用、数据隐私和安全等方面。

（2）5G 和人工智能融合应用场景：探讨了各领域中 5G 和人工智能的融合应用场景，例如智慧城市、智能交通、工业互联网、医疗保健等。对于每个场景，指南提供了具体的应用案例和技术要求。

（3）实施和管理：提供了 5G 和人工智能融合应用实施和管理的指导，包括项目规划、技术部署、监测与评估、风险管理等方面的内容。

（4）政策和监管：讨论了 5G 和人工智能融合应用领域的政策和监管问题，解释了相关的法规和标准，并提供了政策制定者和监管机构的建议。

该指南的目标是促进 5G 和人工智能的融合应用发展，提供实施和管理的指导，并促进国际间的合作与交流。它为相关行业提供了一个参考框架，帮助各方更好地理解和应用 5G 和人工智能的融合技术，推动数字化转型与创新。请注意，以上内容仅为简要介绍，具体内容还需要参考该指南的正式发布文档以获取更详细和准确的信息。

知识链接：

美国主导的国际标准制修订流程

NIST、ISO、ITU-T、IEEE 等标准化组织对于标准的修订流程大致可以归类为"项目立项""草案编写""征求意见""审查""批准发布"五个阶段，而具体每个组织的实际流程可能略微有所不同。

1. NIST 标准制修订流程

NIST 拥有标准和指南生命周期管理的政策和流程。其中包括初步确定和选择需要通过制定、征询和回应意见和建议来解决的领域，提交标准供标准开发组织（SDO）考虑，定期维护和审查，包括更新和撤销批准标准或指南。

1）标准评估需求

NIST 在初步确定对标准或指南的需求时考虑了各种因素。主要考虑因素如下：

（1）是否有法律或行政指令或指导。NIST 具有法定要求和高层行政部门的指令，在特定领域进行工作。其中包括法定授权（如 FISMA）、总统指令（如国土安全总统指令）和 OMB 指导（如 M-04-04）。

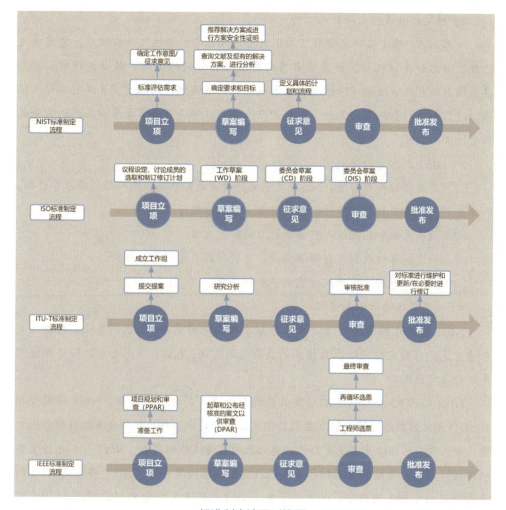

标准制定流程对比图

（2）环境或技术发展是否触及特定的利益。例如，随着处理速度和内存变得越来越快、越来越便宜，技术上的新进步要求 NIST 不断地在其标准和指南中监控算法的强度和有效性。攻击和其他安全漏洞也可能是触发事件。显示广泛使用的密码标准脆弱性的研究可能是新建或修订标准或指南的动机。例如，NIST 可以举办研讨会评估需求，讨论密码研究或提出的算法，或者作为密码竞赛的一部分。

（3）该领域是否迫切需要 NIST 参与。首先最重要的是，制定新的标准或指南应有助于联邦政府提高执行非国家安全职能的能力，促进美国的经济和公共福利。是否属于相关领域既重要又可实际解决的问题。这可能包括确定用于解决这些领域内类似挑战的现有方法。

2）确定标准或指南项目的工作意图

一旦 NIST 确定在特定领域需要制定标准或指南，并决定开展项目，它将通过 CSRC 网站和其他机制，公开宣布项目的需求和计划的工作。该公告将对制定标准或指南的可能方法的评论以及粗略的制定时间表提供问题陈述，并通过网站、报告、通信和研讨会征求意见和／或公开征求意见，然后根据需要发布正式的意见或信息请求。

3）NIST 标准启动流程

（1）在流程的早期阶段，NIST 首先确定提出的标准或指南项目的要求和目标，例如确定理想的安全属性和评估潜在解决方案的评估标准。

（2）调查文献和已经纳入产品和标准的解决方案。

（3）确定对各种选择进行哪种分析，并进行最合适的附加分析。

（4）探寻推荐解决方案或方案的安全性证明。

4）定义具体的计划和流程

NIST 通过几种不同的方法来收集标准或指南的需求。NIST 将征求利益相关者的意见，以确定特定标准或指南的最合适的方法。NIST 作出决定后将公开说明并解释决定原因。

NIST 与 SDO 合作从首次确定具体的与标准有关的需求开始，NIST 将探索相关 SDO 制定的标准（这些标准已经制定或正在制定中）作为制定自身标准的替代方案。如果现有的标准是通过有力的、有记录的参与流程制定的，NIST 可以选择全部采用该标准或为其提供使用指导。如果所需的标准尚不存在，NIST 将考虑 SDO 的潜力开始制定相关的标准。其中一个重要的考虑因素是所需的制定时间。NIST 可能会考虑派遣自己的员工参与一项或多项 SDO 标准制定工作，只要这项工作具有足够的优先级并可能符合 NIST 的需求。提供这种支持所需的资源也将被考虑在内。

当 NIST 确定对标准的需要，并确定不存在合适的标准时，NIST 的专家可能会与学术界、工业界和政府的专家合作开始制定新标准或指南。制定团队负责确保在整个制定流程中遵循本文档中描述的 NIST 原则和流程。通过正式的公共审查流程以及在公开研讨会和行业会议上的专家互动来实现透明度和协作。如果标准或指南具有广泛的适用性，并且在可行的情况下，NIST 将把该工作投稿给 SDO，以使其被更广泛地接受和使用。

5）NIST 联邦信息处理标准（FIPS）或特刊（SP）准则

如果 NIST 得出结论，将编制 FIPS 或 SP，则会进入以下流程。

（1）宣布有意通过多种机制制定 FIPS 或 SP，包括 NIST 网站、通信、公开报告以及向相关 SDO 和团体发出直接通知。

（2）寻找有关现有标准、制定中标准、准则或其他信息等，这些信息可以为 NIST 提供信息和帮助。

（3）索取有关潜在相关专利的信息（在初步征求信息以及出版公众意见稿标准中）。考虑使用、修改或分析现有标准或指南的选项，而不是制定全新的标准或指南。

（4）制定 FIPS 或 SP 草案，草案可能是全新的或基于现有的标准或规范。对于 FIPS，应通过联邦公报公告发布该草案获取公众意见。新 FIPS 至少需要 90 天公示时间，SP 和对现有 FIPS 的小幅修改至少需要公示 30 天。除了不使用联邦公报流程外，宣布和接受对 SP 草案的意见采用类似的机制。

（5）根据适用的法律，发布对 NIST 提供的算法或方案的任何重要分析和评估。

（6）确保新标准或指南提供了设计原理，包括说明规范中使用的任何常数的来源。

（7）考虑并发布意见和 NIST 对这些意见的处置。

（8）NIST 将根据适用法律对 FIPS 草案或准则草案征求意见的结果进行跟踪、发布和公开回应。

（9）NIST 将公开所提供文件草案的所有实质性修改的理由，既可以作为对公众意见的回应，也可以单独作为描述和说明修改的理由。

（10）NIST 鼓励所有评论者使用公众意见征询流程，确保收到其意见，给予应有的考虑和归因。

（11）决定是否最终确定 FIPS 或 SP，或者修改并寻求另一轮征求意见。

（12）如果没有实质性修改，NIST 将着手完成出版物。如果有重大异议，NIST 将决定是否对所有意见给予充分的考虑，以及额外意见征询期是否可提供补充信息，并据此进行下一步。

（13）完成并批准 FIPS 或 SP，包括内部 NIST 编辑审核、NIST 管理层审核和批准。准则由 NIST 信息技术实验室主任审查，对于 FIPS（标准），NIST 主任在向商务部部长提交最终批准和颁布之前批准该出版物。

（14）通过 CSRC 网站及其他沟通渠道公布最终的 FIPS 或 SP。对于 FIPS，NIST 还会发布联邦公报公告。

6）标准和指南的维护：审查、更新和撤销

由于技术进步迅速，部分标准和指南必须定期审查和维护。NIST 致力于定期审查和维护所有的标准和指南，维护可以包括更新或撤销出版物。计划的审查期限在文档初步定稿时确定；如果出现问题，FIPS至少每五年审查一次或更频繁。审查会涉及征求公众对标准或指南适用性的意见。

重申是保持标准或指南不变，更新则涉及文档在技术或其他层面上的修改。而标准或指南的撤销则分为两类——立即撤销和分阶段撤销。撤销标准或指南的一些技术内容可能会被转移到另一个新的或现有的标准或指南中。对现有FIPS收到的意见的分析将发布在联邦公报上，意见发布在CSRC网站上；收到对现有SP的意见将公布在CSRC网站上。NIST还将宣布决定将要进行的任何维护工作。

2. IEEE标准制修订流程

IEEE标准制定与修订流程如下：

（1）项目启动。确立技术领域和项目目标。

（2）准备工作。调查市场需求、确定技术需求、确定技术架构、招募工作组成员等。

（3）项目规划和审查（PPAR）。创建项目计划、定义范围、工作包分配等。

（4）起草和公布经核准的案文以供审查（DPAR）。起草标准，通过讨论、投票、审查等多个环节最终确定标准草案。

（5）工程师选票。标准草案的投票表决，需要全球工程师的投票通过。

（6）再循环选票。对于通过的标准草案，继续通过各个工程师组织的审查、修改和投票。

（7）最终审查。标准草案修订和最终审查。

（8）批准。标准通过，并正式发布。

3. ISO标准制修订流程

ISO标准制定与修订流程如下：

（1）准备工作。该阶段的重点是议程设定、讨论成员的选取和制定修订计划。

（2）工作草案（WD）阶段。该阶段的目的是生成一个初步的草案，这个草案会由工作组成员进行初步评估，并收集建议和反馈。

（3）委员会草案（CD）阶段。此阶段意味着草案得到了批准并发送给ISO组织内一个特定的委员会进行评估和审查，然后编写一份对草案的建议。

（4）委员会草案（DIS）阶段。草案国际标准阶段。在此阶段，文本将被再次修改并发送到ISO组织内审批。

（5）最终草案（FDIS）阶段。最终草案一旦得到 ISO 组织的批准，便会转化为正式的国际标准。

（6）发布标准。最终发布 ISO 标准，通常有一个全球启动活动来宣传和推广这个新制定的标准的重要性和价值。

4. ITU-T 标准制修订流程

ITU-T 标准制定与修订流程如下：

（1）提交提案。会员国或组织、研究机构或厂商可以向 ITU-T 提出标准化提案，建议开展新标准制定或现有标准修订工作。

（2）成立工作组。ITU-T 秘书处根据提案内容和技术领域的特点，成立符合要求的工作组，确定主席、副主席和其他组员。

（3）研究分析。工作组通过组织会议、研讨会、研究工具等方式，对提案进行研究识别出关键技术要素，撰写研究报告、技术协议等文本材料，并交付 ITU-T 秘书处。

（4）审核批准。ITU-T 秘书处根据工作组提交的文本材料，经过审核、审查、讨论等程序，形成形式化的标准化文件，并最终提交 ITU-T 成员进行审批。标准化文件必须经过 ITU-T 成员间的讨论、审核、审批等程序，才能通过。

（5）维护发布。ITU-T 公布标准化文件后，必须对标准进行维护和更新，并在必要时进行修订。ITU-T 每年发布《蓝皮书》，其中包括 ITU-T 发布和正在制定的全部标准。

五、美国人工智能安全标准思考

1. 以安全促发展，以发展保安全，通过制定安全标准促进积极向善

安全是产业发展的基础，只有确保安全，企业才能持续发展。制定人工智能安全标准可以规范行业行为，保障人工智能产品和服务的质量和安全性。通过制定安全标准，可以建立起一个健康、安全、可持续发展的人工智能产业生态系统。

此外，发展也是保障安全的重要手段。通过人工智能产业的发展，可以提升技术水平和管理能力，进一步提高安全保障的能力。同时，产业的发展也为制定更加科学、先进的安全标准提供基础，推动行业的规范化和标准化发展。

通过制定人工智能安全标准促进人工智能产业发展积极向善。制定人工智能

安全标准不仅是为了保障企业的利益，更是为了保护消费者的权益和社会的公共利益。通过制定安全标准，可以引导企业积极履行社会责任，推动产业发展向着绿色、可持续的方向转变，促进经济发展与社会进步的良性循环。

以安全促发展，以发展保安全，是一个相辅相成、相互促进的过程。只有在安全的基础上，产业才能健康发展；只有通过产业的发展，才能进一步提升安全保障的能力。通过制定安全标准，可以引导产业发展向着更加安全、可持续的方向前进，为社会的发展和进步做出积极贡献。

2. 加大力度研究人工智能技术，通过标准化工作打破技术发展壁垒

人工智能技术是当今世界科技领域的热点，对于推动社会经济发展具有重要意义。然而，不同国家和地区在人工智能技术研究和应用方面存在差异，导致了技术发展的壁垒。因此，加大力度研究人工智能技术，并通过标准化工作打破技术发展壁垒，具有重要的意义和价值。

加大力度研究人工智能技术可以推动技术的进步和创新。人工智能技术的发展需要持续研究和探索，只有不断地加大研究力度，才能取得新的突破和进展。通过研究人工智能技术，可以提高技术的水平和应用的效果，进一步推动人工智能技术的发展。

通过标准化工作打破技术发展壁垒可以促进技术的交流和合作。通过制定统一的标准，可以打破技术发展的壁垒，促进技术的交流和合作。通过标准化工作，可以推动各国在人工智能技术领域的合作与共赢，实现技术的共享和优势互补。

打破技术壁垒

加大力度研究人工智能技术，并通过标准化工作打破技术发展壁垒，对于推动人工智能技术的发展和应用具有重要意义。只有不断地加大研究力度，推动技术的进步和创新，同时通过标准化工作促进技术的交流和合作，才能实现人工智能技术的广泛应用和发展，为社会的进步和发展做出更大的贡献。

趣话：

"工业工程之父"泰勒的"铁锹试验"

笔者上大学时，有个好友在工业工程系读书，他们的第一课就是学习美国伯利恒钢铁公司的泰勒在1898年开展的铁锹试验——掐着秒表对工人动作进行计时，然后以此约束工人，当时聊天时还戏称其为万恶的资本主义压榨无产阶级，其实现在想来这就是一种形式的美国标准。

1. 标准作业量：每铲最佳负荷量

选择两三个干活最好的工人进行观察，经过数周的试验测量，一个头等铲运工的铲运负荷大致为21磅时，每天完成的铲运量最大。也就是说，21磅的铲运负荷比更高一点的24磅或更少一点的18磅的铲运负荷都要好一些，可以完成更多的日铲运量。即使每次铲运可能多一些或是少一些，只是平均保持21磅，就能完成最大日铲运量。

2. 标准工具：适合铲运的标准铁锹

泰勒发现，公司的铁锹大小不一、铲运量也不同，特别是，无论铲煤块、煤粉还是矿石，都用同一把铁锹。在这种情况下，铲运铁矿石时铲运负荷重达30磅，这种情况下，负荷超重，根本干不了一天的话。铲运煤屑时铲运负荷还不到4磅，根本完不成一天正常的工作量。为了使每种铲运物的标准作业量统一为21磅，泰勒改变了员工自己选择并保管铁锹的做法，改由工厂提供8~10种不同的铁锹，每种铁锹只适合铲运特定的物料。小铁锹用来铲运较重的矿石，大铁锹铲运轻一些的灰土，让铲运量达到标准的21磅。

3. 标准作业动作：其他科学要素

除了标准作业量外，泰勒还做了大量与铲运科学相关的其他工作，他们做了数千次秒表观察实验，来研究一个工人到底能干多快。

（1）观察工人如何把铁锹插入物料堆体。

（2）观察工人如何清理精底，即铲运物料堆的边缘部分。

（3）观察工人如何使用木锹及如何使用铁锹。

（4）对工人以特定的水平距离和高度把物料抛送出去所需时间做出精确测定，并通过多次调整距离和高度来进行。

在观察的基础上，结合生铁搬运试验中所描述的疲劳规律，指导工人以标准化的方法铲运，主要如下：

（1）教会他们正确的方法，最有效地使用力气。

（2）合理地为铲运工分配每天的铲运任务。

（3）一旦其执行并圆满完成了铲运任务，就给予更多的奖金。

弗雷德里克·温斯洛·泰勒

第五章

发展与负责任：人工智能安全技术管理体系

美国前总统拜登表示，"我们要抓住人工智能技术带来的机遇，必须首先管理它的风险"。人工智能技术在变革社会各个领域的同时也伴随着各类风险，如ChatGPT等生成式人工智能引起了人们对数据安全的担忧，致命性自主武器的使用问题在国际社会一直存在巨大争议，这给人工智能技术的长期持续性创新发展带来了巨大的阻力。人工智能安全技术管理将通过技术研发、创新技术转化流程、强化监督管理等举措，解决人工智能技术引发的安全问题，确保美国在开发和部署可信赖人工智能技术方面继续处于领先地位。

一、美国人工智能技术发展面临的安全挑战

人工智能技术发展和应用存在诸多的安全问题。首先，人工智能技术的发展需要多学科技术的协同发展，且技术发展过程中需要大量的基础技术作为支撑，如数据、算法、算力，相关技术的发展和安全问题成为限制人工智能技术发展的瓶颈问题；其次，人工智能技术的应用转化存在着一定的特殊性，技术采用需匹配上人工智能更新的速度，传统的技术转化模式注定不适应于人工智能；再次，人工智能技术的应用需要有实时的数据更新、计算能力及硬件存储能力等支撑，需持续地跟踪和监控人工智能系统的状态，以保障其能够按照预期实现功能。总之，当前的人工智能技术还存在诸多的安全问题，这些因素严重阻碍了其发展和应用的进程。

1. 人工智能技术自身存在的安全问题

算法、算力、数据被称为推动人工智能技术发展的"三驾马车"，支撑人工智能技术的发展。算法、算力、数据等方面的安全问题及局限性，从基础层面限制了人工智能技术的安全发展。

1）算法局限性

算法是人工智能技术发展重要的支撑技术，具有人工智能算法的系统在执行过程中通过自动更新操作参数及规则，形成"算法黑箱"，导致整个执行决策过程难以理解，执行过程的不透明使得使用者对整个过程不能够实施监督，可能会造成算法歧视，进而造成不公平竞争。

人工智能算法的输出结果难以被人理解

（1）人工智能算法天然脆弱，设计研发阶段风险突出。

人工智能算法遵循不同目标和规范，使得人工智能系统的设计研发阶段的安全风险复杂且难以检测发现。首先，人工智能算法自身存在技术脆弱性。当前，人工智能尚处于依托海量数据驱动知识学习的阶段，以深度神经网络为代表的人工智能算法仍存在弱鲁棒性、不可解释性、偏见歧视等尚未克服的技术局限。其次，人工智能新型安全攻击不断涌现。近年来，对抗样本攻击、数据逆向还原、成员推理攻击等新型攻击手段快速涌现，通过破坏人工智能算法的完整性、可用性，使得人工智能算法存在漏洞隐患，人工智能安全性受到全球学术界和工业界广泛关注。再次，算法设计实施有误产生非预期结果。人工智能算法的设计和实施有可能无法实现设计者的预设目标，导致产生偏离预期的不可控行为。

知识链接：

人工智能算法的误判

2021年，美国康涅狄格州警方使用了面部识别技术对嫌疑人进行识别，由于面部识别算法对不同种族人群识别准确度差异较大，导致警方错误地指认了一位无辜的黑人男子为罪犯，并将其监禁了几个月。一些面部识别算法受到高光照片、打印错误等问题的影响，导致特定种族和皮肤的人被错误地分类或未被识别，这将对安全或刑事等领域的应用产生威胁。

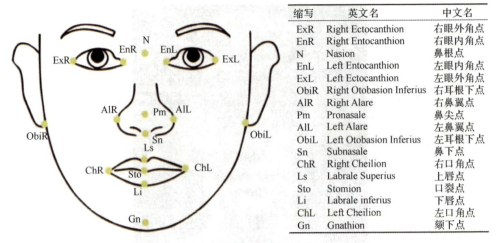

缩写	英文名	中文名
ExR	Right Ectocanthion	右眼外角点
EnR	Right Entocanthion	右眼内角点
N	Nasion	鼻根点
EnL	Left Entocanthion	左眼内角点
ExL	Left Ectocanthion	左眼外角点
ObiR	Right Otobasion Inferius	右耳根下点
AlR	Right Alare	右鼻翼点
Pm	Pronasale	鼻尖点
AlL	Left Alare	左鼻翼点
ObiL	Left Otobasion Inferius	左耳根下点
Sn	Subnasale	鼻下点
ChR	Right Cheilion	右口角点
Ls	Labrale Superius	上唇点
Sto	Stomion	口裂点
Li	Labrale inferius	下唇点
ChL	Left Cheilion	左口角点
Gn	Gnathion	颏下点

面部识别的 17 个关键点

（2）人工智算法潜藏偏见和歧视，导致决策结果可能存在不公。

算法本质上是"以数学方式或者计算机代码表达的意见"，算法设计和开发者通过主观意志设计算法的模型、数据等，必然会导致将自身的偏见带入算法系统。同时，攻击者对抗样本攻击可诱使算法识别出现误判漏判，产生错误结果。对抗攻击就是攻击者利用人工智能算法模型的上述缺陷，在预测／推理阶段，针对运行时输入数据精心制作对抗样本以达到逃避检测、获得非法访问权限等目的的一种攻击方式。常见的对抗样本攻击包括逃避攻击和模仿攻击两类。逃避攻击生成不易被检测的对抗样本，实现对系统的恶意攻击。目前，主要出现在基于机器学习的图像识别系统和语音识别系统中，例如，Nguyen 通过改进遗传算法生成对抗样本对谷歌 AlexNet 及 LeNet5 网络进行攻击，欺骗深度神经网络实现误分类。

人类主观意志差异

在线招聘工具中的偏见问题

在线零售商亚马逊（Amazon）公司的全球员工中有60%是男性，男性占公司管理职位的74%，最近在发现性别偏见后停止使用招聘算法。工程师用于创建算法的数据来自10年内提交给亚马逊的简历，这些简历主要来自白人男性。该算法被教导识别简历中的单词模式，而不是相关的技能组合，并且这些数据与公司以男性为主的工程部门进行基准测试，以确定申请人的合适性。结果，人工智能软件惩罚了任何文本中包含"女性"一词的简历，并降低了就读女子学院的女性简历，导致性别偏见。

亚马逊在线招聘软件

招聘算法偏见问题示意图

2）算力局限性

人工智能技术的发展需要强算力的支撑，当前，计算机架构及相关硬件发展的瓶颈，包括散热、制造工艺等，对人工智能系统的发展也产生了一定的限制。

（1）逻辑芯片领域的摩尔定律即将终结，芯片的微缩越来越困难，单位尺寸计算速度很难有质的提升。

从20世纪五六十年代开始，在平面工艺、离子注入掺杂、多晶硅栅极、局部硅氧化器件隔离、精细光刻技术、扩散工艺、等离子体及反应离子刻蚀、磁控溅射、深紫外光刻及图形化工艺、铜互连、高介电常数（High-k）栅介质、金属栅、鳍式场效应管（FinFET）、极紫外光刻（EUVL）等技术的不断推动下，集成电路技术沿着摩尔定律所指引的方向不断前进，晶体管尺寸持续缩小，集成电路规模先后经历了小规模集成电路（SSIC）、中规模集成电路（MSIC）、大规模集成电路（LSIC）、超大规模集成电路（VLSIC）、特大规模集成电路（ULSIC）、极大规模集成电路（GSIC）等各个阶段。目前，集成电路制造工艺已达3纳米制程节点，单位面积集成电路可容纳晶体管的数量也从最初的几十个增加到上百亿个，使芯片性能得到了大幅提升，计算机的处理能力得到了极大改善。但是，随着晶体管越来越小，其工艺要求越来越高，其很难再继续延续之前的微缩速度，"摩尔定律"已经面临失效。随着器件尺寸的不断缩小，当前晶体管的特征尺寸已到达原子量级，即将进入光怪陆离的微观量子域。在"量子隧穿效应"和"短沟道效应"等神奇效应的作用下，晶体管载流子的行为将不受控制，漏电流增大、漏致势垒降低、热电子效应和载流子表面散射、速度饱和、离子化等问题变得越来越严重，晶体管开关性能和寿命将受到严重影响。

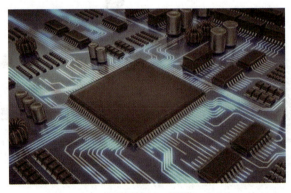

逻辑芯片示意图

（2）经典计算机架构面临窘境，众多制约因素导致其难以有变革性的提升。

经典计算机架构原理自1945年ENIAC问世至今始终没有改变，其发展同样遵循"摩尔定律"，提升计算机速度的方法大多依赖于提升集成电路的集成度，但随着集成能力的局限性，当独立元件的尺寸到达原子级时，经典理论不再适用，电子电路的变化具有不确定性。此外，高密度的集成电路硬件在运行过程中将产生大量热能，这也严重阻碍了传统计算机架构的发展，使这项技术的发展遇到了诸多瓶颈。主要包括：①物理制约（Einstein 瓶颈），机器信号传输速率不能超过 2/3 光速，称之为 Einstein 瓶颈。②结构制约（Babbage 瓶颈和 Von Neuman 瓶颈），经典计算机的串行两部件冯·诺依曼结构导致资源的不充分利用，有以下两个结构瓶颈。一是 Babbage 瓶颈。由中央处理器（CPU）主存的分离造成，中央处理器与主存之间每次只能传递 1 个字或 1 字节。在操作中，大量主存甚至中央处理器处于空闲状态。而且，由于中央处理器的速度与访问操作速度相差几个数量级，因此导致资源的利用效率降低。二是 Von Neuman 瓶颈。即串行控制引起的问题，一次只能执行一条指令。而在现实问题中，大部分数据其逻辑关系并非一维线性，而以树状、阵列出现，这样一次一条指令就不适宜快速处理。③知识获取制约（Feigenbaum 瓶颈），即如何将现实世界的知识存入计算机以便有效利用。

现代计算机之父——冯·诺依曼

3）数据局限性

　　人工智能与数据相辅相成、互促发展。数据安全性将直接影响人工智能系统的安全，劣质数据、恶意数据等将严重影响人工智能系统的判断，从而使得系统难以被信任，进而影响智能系统的发展。此外，数据治理的挑战，包括数据权属问题、数据违规等，也是阻碍人工智能系统大规模应用的重要原因。

数据局限性

人工智能数据面临众多风险。一是数据质量风险，主要是用于人工智能的训练数据集以及采集的现场数据存在数据采集风险、数据集污染等潜在隐患，这是人工智能特有的一类数据安全问题。二是数据隐私风险，主要是人工智能的开发、测试、运行过程中存在隐私侵犯问题，这是人工智能应用需要解决的关键问题之一。三是数据保护风险，主要是人工智能开发及应用主体对持有数据的安全保护问题，涉及数据采集、传输、存储、使用、流转等全寿命周期，以及人工智能开发和应用的多个环境。人工智能依赖历史数据，并不总是能做出正确的决定，数据不是决策的唯一原因。以人的因果知识或经验的构建模型对于帮助机器从弱人工智能过渡到强人工智能在军事领域的应用至关重要。大数据分析和基于数据的方法仅在民用预测可用。人工智能在军事上应用需要干预不合逻辑的行动，从而使机器具有更符合预期的决策。它在因果推理的基础上，对战场态势进行感知，不仅是信息的获取和处理，还可以对战场信息去伪存真，利用对手人工智能处理结果进行分析，从对方想要掩盖的信息中，获取对方的真实目的。

人工智能数据风险

人工智能事故

谷歌公司自 2012 年启动无人驾驶项目后，发生过 18 次轻微事故；2016 年，特斯拉（Tesla）在美国和中国境内发生自动驾驶致死事故和数起交通事故；2016 年，研究人员在分析美国司法系统犯罪风险评估系统时发现，该系统存在种族偏见问题，错误评估了不同种族罪犯再次犯罪的概率，该系统中黑人被告被错判为高危暴力罪犯的概率是白人被告的 2 倍；2017 年，麻省理工学院研究团队利用不良样本给计算机引入一些人眼无法察觉的修改，欺骗了"谷歌云视觉"人工智能程序，使其对图像进行错误的分类，把步枪判定为直升机；2018 年，优步（Uber）无人驾驶测试车致行人死亡。

2. 人工智能技术能力的安全转化存在诸多挑战

以军用人工智能技术转化为例，2019 年，美国国防创新委员会的软件采购和实践研究强调，国防部缺乏快速、敏捷的采购流程，其中包括网络安全、跨服务数字基础设施和培养数字人才的途径，这是现代软件的障碍。国防部已经采取了一些措施来应对这些传统软件采购的挑战。人工智能国家安全委员会和国防部各机构坚持，国防部在追求日益复杂的人工智能能力时，加剧了国防部现有的软件开发挑战，并引入了新的挑战，主要有以下几个方面。

1）技术转化过程线性且耗时

美国国防部传统采办流程主要是为硬件密集型系统设计的，通常是线性和耗时的。人工智能国家安全委员会指出，这个过程不太适合人工智能技术。具体来说，国防部采购与获取新能力通常需要很长时间，这与人工智能技术的快速发展不兼容。同时，由于小型和非传统公司不熟悉国防部的具体采购要求，导致其技术能力难以为国防部所用。

2）缺乏支持人工智能的跨军种、跨部门服务通用数字基础设施

人工智能技术的开发需要工具、技术和计算基础设施，大量的基础设施配套不足导致其采用或试验人工智能能力变得漫长，此外，相关技术研究较为分散，也不能够高效地协调基础设施的运用。美国国防部缺乏必要的数字基础设施来发展并在整个国防部范围内推广人工智能。人工智能安全技术的开发需要工具、技术和计算基础设施，缺乏访问可能会阻碍采用或试验人工智能技术能力。目前，国防部每个

军种都建立了各自的人工智能基础设施及项目，各军种之间人工智能开发能力、基础设施并没有很好地整合，抑制了各类型数据和开发工具的共享。

美军各军种徽标

3）数字人才短缺

国防部相关人员缺乏成功开发、使用人工智能能力所需的技能。数字人才缺乏是美国国防部快速部署人工智能能力的巨大障碍。人工智能国家安全委员会将数字人才赤字指定为政府购买、建设和部署人工智能技术的最大障碍。美国国防部在2020年人工智能教育战略中指出，人工智能人才短缺问题严重，在招募和留住顶级人工智能人才方面，商业公司比国防部有明显的优势。

4）人工智能易受传统和新型的网络攻击

人工智能技术能够带来巨大优势的同时也存在着安全隐患，脆弱的网络防御使得人工智能系统并不能够绝对安全，美国所开发的人工智能系统并不能保证完全的安全可控，这使得在部署人工智能系统时需要多加考虑。

5）缺少军用可用标记数据量

高性能的人工智能通常需要精确标记的历史数据来训练系统。标记数据是指用一个或多个标识符标记的原始数据（图像、文本文件、视频等），以提供上下文，便于人工智能算法从中学习。可用标记数据对人工智能技术的开发至关重要，但美国问责署指出，美军可用人工智能数据处于缺乏状态。美国《2020 年国防部数据战略》指出，人工智能训练和算法模型的数据集将日益成为国防部最有价值的数字资产。然而，确保正确的数据可用并以可用的格式提供给国防部带来了独特的挑战。DARPA 官员指出，给所有以前收集的数据贴标签太有挑战性，国防部应该专注于激励项目以人工智能系统可用的标准化格式收集和存储数据。此外，据负责采购和维持的国防部副部长办公室的一名官员称，武器平台应该建造具有多种传感器收集数据，可用于训练和支持未来的人工智能能力。

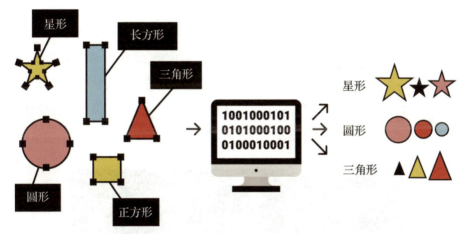

数据标记示意图

6）人工智能与现有武器平台集成问题

人工智能系统往往需要云计算系统的支持，为其提供必要的计算或数据资源。但是，由于实地军事行动对抗可能会在被拒绝访问云等数字基础设施的有争议地区或负载环境下进行，这使得人工智能系统需要的基础设施无法为其提供必要支撑。同时，将人工智能能力集成到武器平台中需要计算设备，这可能会占用现有武器空间并增加重量，一些现有武器平台可能无法提供相应能力。美国问责署指出，各军种的官员都曾表示，现有武器平台上集成人工智能能力所需的能力将是困难的。

7）美国社会价值观导致人工智能技术的部署备受质疑

人工智能系统挑战国防部现有的评估战略和能力道德标准，这可能导致军方在使用和部署人工智能时犹豫不决。值得信赖的人工智能是指人工智能能力表现出弹性、安全和隐私等特征，以便人们可以无所畏惧地采用它们。为了实现这一点，人工智能能力必须是可追溯的，现有人工智能系统的不可解释性使得其很难被完全信任。

3. 缺乏实时、动态、负责任的风险管理监督机制

人工智能系统与传统软件系统有明显不同，传统的软件被编程来执行基于静态指令的任务，而人工智能被编程来学习在给定的任务中改进，这需要大型数据集、计算能力和持续监控，以确保功能按预期执行。软件的核心是根据以代码形式编写的静态指令来执行任务，根据编码到系统中的指令产生相同的结果。

相比之下，人工智能是用执行适用任务的通用参数编程的软件，以便人工智能模型能够学习执行任务并随着时间的推移而改进。

基于人工智能系统的动态、自适应特点，部署系统后需要持续监视人工智能系统模型，以确保其在部署后按预期工作。同时，人工智能系统的部署环境通常也是很复杂的，使其在故障发生时很难检测和及时响应。然而，国防部当前没有一个实时、动态、负责任的风险管理监督机制，导致人工智能技术研发的进展和结果难以评估，或将无法实现系统预期功能。

美军人工智能系统监测

二、人工智能安全技术的研究、开发与转化

近年来，美国围绕可信赖人工智能技术的研发与转化开展了相关实践，以解决人工智能技术自身安全风险、技术转化风险，并创建人工智能技术特色解决方案，加速人工智能技术赋能军事应用。

1. 保障人工智能技术安全研发

美国借助国家科学基金会、国防部相关研究机构等布局人工智能安全技术研发，持续投资推动相关技术攻关，提升人工智能研发及应用的安全可靠性。

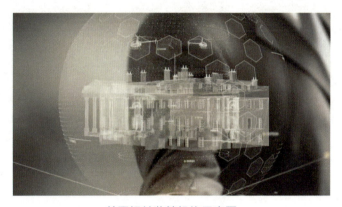

美国相关监管机构示意图

1）美国国防高级研究计划局

美国国防高级研究计划局（DARPA）是美国国防部先进技术研究与开发的领导者，被称为推动国防部转型的"技术引擎"，旨在开展高风险、高回报的前沿技术研究，弥合相关技术的基础性研发和军事应用之间的缺口，进而促进国防科学技术的发展。DARPA具有较为科学完善的管理机制，人事规模和资金投入额度很小，人员规模一直保持在一个非常稳定的基数上，包括项目经理、项目办公室管理人员在内约为120人。因此，DARPA的技术研究具有较高的灵活性，可根据实际情况迅速改变研究方向，下设研究项目设定固定的周期（最长为五年），若没有按时完成项目的既定目标，就会有其他的团队和方案进入。DARPA将定期淘汰没有进展的项目，并每年以20%的资金投入新项目研发，具有良好的项目竞争机制。DARPA的项目经理全权负责团队成员、技术细节的管理，拥有做出主要决定的权利。在项目经费使用方

面，项目经理拥有高度的自主支配权，有权削减没有取得进展的团队的研究经费，并将资源重新分配给更有希望实现技术突破的团队。DARPA 局长不干预各个项目办公室的日常工作，只负责战略性的规划与协调，保证整个机构能够按既定的规则行事。

微系统技术办公室	战略技术办公室	国防科学办公室	生物技术办公室	战术技术办公室	信息创新办公室
· 电磁频谱 · 分散化 · 信息微系统 · 全球化	· 作战管理 · 定位、导航和授时 · 指挥与控制 · 通信与网络 · 情报、监视和侦察 · 电子战 · 基础性战略技术和系统	· 物理科学 · 数学建模和设计 · 人机系统	· 神经技术 · 人机交互界面 · 人力绩效 · 感染性疾病 · 合成生物计划	· 空中系统 · 地面系统 · 海上系统 · 空间系统	· 基础计算 · 网络防御 · 信息技术 · 基础科学

DARPA 的组织架构图

知识链接：

DARPA

下图描绘了 DARPA 的工作过程，左图中的"近期"区域代表了各军种科研机构的主要工作。各军兵种的科技项目趋向于"近期研究"，对美军在当前阶段保持领先军事能力至关重要，其重点是针对已知的系统和已知的问题。左图中"远期"区域表示基础性的研发，特别是首次涌现的新科学、新思想和新概念等。从事"远期"工作的人员要有能设计全新设备的创新思维，或用革新的方式将各军兵种所需的能力集成在一起的新方法。

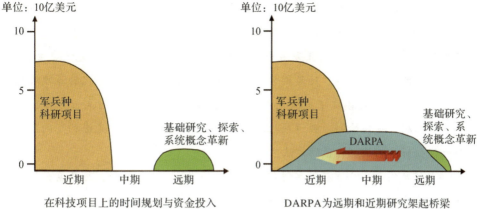

在科技项目上的时间规划与资金投入　　　　DARPA为远期和近期研究架起桥梁

　　DARPA 内部组织机构在不断调整，现有 6 个办公室进行技术研发，包括微系统技术办公室、战略技术办公室、国防科学办公室、生物技术办公室、战术技术办公室、信息创新办公室。

　　（1）微系统技术办公室通过对微处理器、微机电系统（MEMS）和光子元器件等微电子产品的投资，帮助美国建立和阻止了战略突袭。自 1992 年成立以来，该办公室在宽禁带材料、相控阵雷达、高能激光器和红外成像技术等先进技术领域的革命性工作已经帮助美国在 20 年内一直建立和维持其技术上的优势。

　　（2）战略技术办公室主要关注能够实现网络化作战的技术，该技术可以在提高军事效能和适应能力的同时降低成本。该办公室感兴趣的领域包括作战管理，定位、导航和授时，指挥与控制，通信与网络，情报、监视和侦察，电子战，以及基础性战略技术和系统。

　　（3）国防科学办公室在广泛的科学和工程领域中，寻求和识别高风险、高回报的基础创新性研究方案，并将其转化为针对美国国家安全的全新颠覆性科技。在这个过程中，有时可能会重塑现有领域或者创建全新的学科。

　　（4）生物技术办公室负责 DARPA 所有的神经技术、人机交互界面、人力绩效、感染性疾病以及合成生物计划，汇集了顶尖的技术专家、研究人员、新兴公司及产业，以解决技术革命的相关性和推动性问题。该技术部门充分利用工程和信息科学领域的进步，从工程改造微生物到人机共生，并重新定义了人类如何交互和使用生物学，推动和重塑生物技术，以形成技术优势。

　　（5）战术技术办公室的任务是为美军提供或者预防战略与战术突击，对空中系统、地面系统、海上（水面和水下）系统、空间系统中高回报、高风险的革命性新平台进行开发与示范，其任务包括：一是关注于可精确并长期适用于所有作战环境的全球能力。二是开发和演示系统级的技术、超越对手的能力和部队架构。三是研发可使陆海空天系统在不同任务域中以集成和协作方式执行任务的先进自主能力，如基于模型的自治、集群、反集群、多平台协同、面向人体生理优化的多模式人机交互等；在各种作战环境下提高无人平台的效率和效能，增强耐久性，可靠性管理、健康监测、损伤检测、强适应性和重新配置能力；改进用于先进构想的系统或任务性能分析、测试、评估的方法。

（6）信息创新办公室在信息科学领域探索颠覆性技术和软件，可在复杂的国家安全环境下提前预测并建立快速响应。战争可发生在陆、海、空、天等传统领域，也可发生在新兴领域中，如赛博空间及其他类型非常规作战。信息创新办公室研发重点是预测新兴领域中的战争新模式，并制定其所需的构想和手段，为美国及其盟国提供决定性的优势，以寻求改变人类感知和环境交互方式的信息技术。信息创新办公室在基础科学层面开展项目研究，从图像的数学特性到社会动乱。同时，它还解决基础计算问题，例如新算法设计、自然语言处理、高效处理流数据的架构。为了更贴近用户，信息创新办公室正与国家安全机构就运行数据开展紧密合作，确保工具在项目进展过程中可连续过渡。

DARPA 是国防部人工智能安全技术研发的一个重要实体，引领着人工智能安全技术的创新发展，其中，以"下一代人工智能"计划为典型代表。

DARPA 与人工智能领域开展研究

"下一代人工智能"是一项对新的和现有的人工智能研发项目进行长期投资的计划，旨在推动人工智能技术的革命性进步，并通过指标和验证测试进行管理，监控技术进展，降低技术风险。

DARPA"下一代人工智能"计划示意图

"下一代人工智能"计划主要关注以下方向的技术突破。

（1）新能力。DARPA将利用人工智能技术开展各领域的研发项目，如电子复兴计划（ERI）、实时分析复杂网络攻击、检测欺诈性图像、为全域战争构建动态杀伤链、人类语言技术、多模式自动目标识别、生物医学进步和假肢控制等项目。此外，DARPA希望利用人工智能技术实现国防部业务流程自动化，特别是用于作战部署的软件系统的认证，避免冗长的认证流程。

（2）强健的人工智能。人工智能技术在天基图像分析、网络攻击预警、供应链后勤和微生物系统分析等方面已经展现出了巨大的应用价值。然而，人们对人工智能技术的失效模式知之甚少，无疑增加了技术使用的安全隐患。DARPA通过重点研发解决这一难题，研究领域聚焦于可解释性和鲁棒性，研究的成功将对国防部部署人工智能技术至关重要。

（3）对抗性人工智能。机器学习技术是当前人工智能发展的一个重要分支，但其在应用过程中伴随众多风险。机器学习系统可以很容易地被输入信息变化所欺骗，这种情况对于人类来说是不会出现的。此外，机器学习系统的训练数据也容易遭到破坏，系统本身易受网络攻击。随着人工智能系统越来越多的部署应用，这些风险问题必须得到解决。

（4）高性能人工智能。近年来，计算机性能的提升以及大型数据集、软件库的建立，加速了机器学习技术的发展。具有低功率损耗、高计算性能的基础设施对以数据为中心的战术部署至关重要。当前，DARPA 已经展示了人工智能算法在实现模拟处理方面的巨大潜力，并且正在研究人工智能专用硬件设计，该研究成果与最先进的数字处理器相比，处理速度、功率效率均可实现指数级提升。此外，DARPA 还在研究如何减少标记训练数据解决机器学习的低效率问题。

（5）下一代人工智能。人工智能算法在面部识别和自动驾驶领域已经得到了多年的应用，但开发具有革命性的下一代人工智能技术是 DARPA 目前的研究重点，并将使得机器成为人类的合作伙伴。该项研究旨在使人工智能系统能够解释其行为，获得常识性知识并进行推理。近年来，DARPA 在人工智能领域取得了众多成果，如专家系统、机器学习软硬件等。目前，DARPA 正在创造下一代人工智能技术，将使美国在人工智能领域保持长久的技术优势。

此外，DARPA 还在"下一代人工智能"计划的基础上启动了"人工智能前瞻"计划，旨在探索可信任的人工智能技术，DARPA 专家认为基础理论、可解释性、人机协作等领域的研究对创造值得信赖的人工智能技术至关重要。

据不完全统计，DARPA 在人工智能技术安全研发方面的项目见下表。

DARPA 在人工智能技术安全研发方面的项目清单

英文名称	中文名称
Active Authentication（Archived）	主动身份验证（存档）
Air Combat Evolution	空战演变
Anomaly Detection at Multiple Scales（Archived）	多尺度异常检测（存档）
Automated Program Analysis for Cybersecurity（Archived）	网络安全自动化程序分析（存档）
Automated Rapid Certification Of Software	软件自动快速认证
Clean-slate Design of Resilient, Adaptive, Secure Hosts（Archived）	弹性、自适应、安全主机的全新设计（存档）

英文名称	中文名称
Competency-Aware Machine Learning	能力感知机器学习
Crowd Sourced Formal Verification（Archived）	众包正式验证（存档）
Cyber Assured Systems Engineering	网络安全系统工程
Explainable Artificial Intelligence	可解释的人工智能
Guaranteeing AI Robustness Against Deception	保证 AI 对欺骗的鲁棒性
Habitus	体质
High-Assurance Cyber Military Systems（Archived）	高保证网络军事系统（存档）
In the Moment	在当下
Media Forensics（Archived）	媒体取证（存档）
Mining and Understanding Software Enclaves（Archived）	挖掘和理解软件飞地（存档）
Mission-oriented Resilient Clouds（Archived）	面向任务的弹性云（存档）
Open, Programmable, Secure 5G	开放、可编程、安全的 5G
Ppogramming Computation on EncryptEd Data（Archived）	加密数据（存档）的编程计算
Resilient Anonymous Communication for Everyone	每个人的弹性匿名通信
Reverse Engineering of Deceptions	欺骗的逆向工程
Safe Documents	安全文件
Safer Warfighter Communications（Archived）	更安全的作战人员通信（存档）

英文名称	中文名称
SafeWare（Archived）	安全软件（存档）
Securing Information for Encrypted Verification and Evaluation	为加密验证和评估保护信息
Semantic Forensics	语义取证
Social Media in Strategic Communication（Archived）	战略传播中的社交媒体（存档）
Space/Time Analysis for Cybersecurity（Archived）	网络安全的时空分析（存档）
Systematizing Confidence in Open Research and Evidence	对公开研究和证据的信心系统化
Transparent Computing（Archived）	透明计算（存档）
Vetting Commodity IT Software and Firmware（Archived）	审查商用 IT 软件和固件（存档）

知识链接：

可解释人工智能项目

可解释人工智能（XAI）项目由 DARPA 于 2016 年启动，2022 年结束，共投资 8541 万美元，旨在探索人工智能技术的可解释性问题，以提升人对人工智能系统的信任。该项目通过建立新的或改进的机器学习技术，生成可解释的模型，结合有效的解释技术，使得最终用户能够理解、一定程度地信任并有效地管理未来的人工智能系统。项目研发的新的机器学习系统将能解释自身逻辑原理、描述自身的优缺点，并解释未来的行为表现。该项目成果为一套可解释人工智能工具集，包括可解释的软件代码、论文、报告等文件。

团队	方法	应用
UC Berkeley	✓ 在DNN中实现显著图（saliency map）注意机制（Petsiuk 2021；Vasu等，2021）	→ 对象检测器的显著图允许用户通过查看样本检测和图来识别更准确的检测器（Petsiuk，2021）
	✓ DNN 状态的转换变成自然语言解释（Hendricks等，2021）	→ 可解释和可取的自动驾驶系统，以填补知识空白，人类可以评估 AI 生成的导航决策解释（Kim等，2021；Watkins等，2021）
Charles River Analytics	✓ 深度强化学习策略的因果模型，通过回答反事实查询来实现解释增强训练（Druce等2021；Witty等2021）	→ 《星际争霸2》中的人机组队玩法 → 开发了行人检测模型的提炼版本，该模型使用卷积自动编码器将激活压缩为用户可理解的"块"
Carnegie Mellon University	✓ 具有显著梯度的鲁棒分类器（Yeh和Ravikumar，2021）	→ 用于可视化中毒训练数据集的交互式调试器交互，应用于 IARPA TrojAI 数据集（Sun等，2021）
Oregon State University	✓ iGOS++ 视觉显著性算法（Khorram等2021）	→ COVID-19诊断胸部X线分类器的调试
	✓ 深度强化学习算法的量化瓶颈网络	→ 通过在视频游戏和控制中，提取状态机和关键决策点来理解循环策略网络（Danesh等，2021）
	✓ 强化学习系统的解释分析过程（Dodge等2021）	→ 对AI决策的事后审查反映了军队的事后审查系统，以了解为什么 AI 做出决定以提高可解释性和 AI 信任度（Mai等，2020）
	✓ 通过嵌入式自我预测强化学习模型	→ 根据未来结果的人类可理解特性对行动选择进行对比解释（Lin等，2021）
Rutgers University	✓ 贝叶斯教学从训练数据中选择示例和特征来向领域专家解释模型推论（Yang等人2021）	→ 用于分析胸部X射线气胸检测器的交互工具。有10名放射科医生参与的有针对性的用户研究证明了解释的有效性（Folke，2021）
UT Dallas	✓ 可处理的概率逻辑模型，其中局部解释是对概率模型的查询，全局解释是使用逻辑、概率、有向树和图生成的	→ 使用 TACoS 烹饪任务和 WetLab 科学实验室程序数据集的视频中的活动识别。生成有关视频数据中是否存在活动的解释（Chiradeep，人2021）
PARC	✓ 强化学习为决策问题实施分层多因素框架	→ 模拟无人机飞行计划任务，用户学习预测每个代理的行为为以选择最佳飞行计划。用户研究测试了了 AI 生成的本地和全局解释在帮助用户预测 AI 行为方面的有用性（Stefik等，2021）
SRI	✓ 空间注意 VQA (SVQA) 和空间对象注意 BERT VQA (SOBERT)（Ray 等人2021；Alipour等人2021）	→ MRI 脑肿瘤的基于注意力（gradCAM）的解释。视频问答的视觉显著性模型
Raytheon BBN	✓ 基于 CNN 的 one-shot 检测器，使用网络剖析来识别最显著的特征（Bau等，2018） ✓ 由热图和文本产生的解释（Selvaraju等，2017） ✓ 人机协同建模	→ 机器人室内导航（与 GA Tech 合作） → 视频问答 → 通过识别最显著特征的人工辅助一次性分类系统
Texas A&M	✓ 检测伪造文本的模仿学习方法（Yuan等，2021；Linder等，2021）	→ 新闻真相分类
UCLA	✓ CX-ToM 框架：一个使用心理理论的新 XAI 框架，我们将解释解读为是机器和人类用户之间的迭代通信过程，即对话。此外，我们将基于注意力的标准解释替换为称为断层线的新型反事实解释（Akula等人2021；Akula等人2020）	→ 图像分类、人体姿态估计
	✓ 获取可解释知识表征的学习框架和用于解释界面的增强现实系统（Edmonds等，2019；Liu，2021）	→ 机器人学习打开带锁的药瓶，并允许用户干预以纠正错误行为
	✓ 具有多层次信念更新的心理解释网络理论（Edmonds等，2021）	→ 类似扫雷的游戏，为代理找到最佳路径
IHMC	✓ 解释性打分卡	→ 评估解释的效用。定义了七个级别的能力，从没有解释的空情况，到表面特征（例如热图），再到 AI 内省（例如选择逻辑），再到故障原因的诊断
	✓ 认知教程	→ 帮助用户理解复杂系统的直接方法是预先提供教程，但教程不应仅限于系统如何工作（Hoffman 和 Clancey 2021）
	✓ 利益相关者手册	→ 利益相关者需求调查，包括行业和政府的开发团队负责人、培训师、系统开发人员和用户团队负责人
	✓ AI评估指南	→ 确定评估 XAI 技术、跨实验设计、控制条件、实验任务和程序以及统计方法的方法学缺陷

DARPA 可解释人工智能项目成果

确保人工智能抗欺骗可靠性项目

确保人工智能抗欺骗可靠性（GARD）项目由DARPA 于2019年启动，尚在实施，已投资7450万美元。该项目旨在开发新技术以抵御针对机器学习模型的欺骗攻击，提升机器学习模型的鲁棒性。目前，该项目的承包商主要包括IBM、MITRE、芝加哥大学和谷歌研究院等，项目成果主要有对抗场景下的鲁棒性测试平台、工具集等。

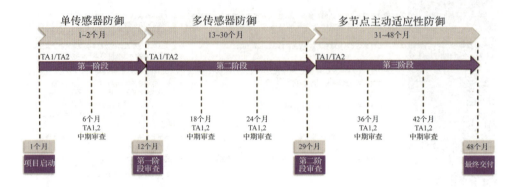

2）海军人工智能应用研究中心

海军人工智能应用研究中心（NCARAI）是美国海军研究实验室信息技术部的一个分支机构，对人工智能进行基础和应用研究，解决了海军、海军陆战队等机构对人工智能技术的需求问题。NCARAI在人工智能领域的研究主要集中在几方面：一是智能代理，如集成认知架构、自然语言理解等；二是人机协作，如计算认知建模、以人为中心的计算等；三是机器学习，如深度学习；四是自主系统，如分布式无人驾驶等。

海军人工智能应用研究中心实验室

当前，NCARAI在人工智能领域的大部分研究都是跨学科的，主要研究内容包括智能系统、自适应系统、交互系统、感知系统。

（1）智能系统。研究有效的、安全的人机合作智能系统，主要在认知机器人和人机交互、预测和防止系统错误、空间认知等方面进行研究。

（2）自适应系统。主要在机器学习、自主系统、移动机器人等方面进行基础和应用研究，主要的应用场景包括自动驾驶汽车（包括水下、水面、地面和空中）、智能决策辅助系统、指挥和控制系统等。

（3）交互系统。主要开发和增强自主和智能系统的计算机界面，涵盖人机交互。目标是将自然语言与其他计算机交互模式联系起来，如人类手势、触摸屏、人机交互的图形模式等。主要在信息检索的文本、口语对话的语言分析、听觉分析、口音识别的语言和方言的语音分析等方面。

（4）感知系统。主要指在自主平台导航、场景解释等支持自主系统运行的传感方面进行基础与应用研究。基础技术研究主要是与计算认知模型相结合，以实现更高层次的理解，并允许认知系统影响感知，并使感知成为主要认知。应用技术研究内容包括被动单目视觉、被动和主动立体、三目测距方法以及快速解释场景的算法等。

人工智能感知系统示意图

3）陆军人工智能和机器学习卓越中心

人工智能与机器学习卓越中心（CoE–AIML）由美国陆军和霍华德大学联合设立。美国陆军作战能力发展司令部陆军研究实验室将作为直属上级部门管理 CoE–AIML，为自然科学、工程技术、工程学和数学专业的研究生及早期职业研究人员提供奖学金和研究经费。

陆军人工智能和机器学习卓越中心

该中心将在涉及民用和多域军事行动领域的三大重要方向开展研究工作，即面向美国国防部的人工智能关键应用、可信人工智能技术和人工智能研发基础设施。中心旨在创造更可靠的人工智能系统，支持战场、物联网、电子战、反恐、网络安全和机器视觉等多个场景的应用，目标是更深入地了解机器学习算法和人工智能系统在民用和国防领域的可信度、公平性、鲁棒性、安全性以及可解释性。

人物链接：

丹达·拉瓦特

丹达·拉瓦特是陆军人工智能和机器学习卓越中心创始主任，霍华德大学数据科学与网络安全中心主任、电气工程与计算机科学系（EECS）正教授，霍华德大学数据科学与网络安全中心的创始主任，网络安全和无线网络创新总监（CWiNs）研究实验室创始人和主任，霍华德大学计算机科学研究生项目主任和美国华盛顿特区霍华德大学研究生网络安全证书项目主任。他从事网络安全、机器学习、大数据分析和无线网络领域的研究和教学，用于新兴网络系统，包括网络物理系统（电子健康、能源、交通）、物联网多域作战、智能城市、软件定义系统和车辆网络。

4）美国国家科学基金会

美国国家科学基金会（NSF）长期以来一直支持人工智能和机器学习的变革性研究，对人工智能技术的研究进行了大量的投资。

美国国家科学基金会

美国国家科学基金会认为，社会对大规模部署人工智能系统的广泛接受程度主要取决于其可信度，而可信度又取决于评估和证明此类系统的公平性、透明度、可解释性、公正性、包容性和问责制的能力。诸如面部识别、语音和语言算法等技术，尤其是将这些技术集成应用于社会不同领域的决策支持系统时，都将受益于人工智能系统公平性的基础研究。

为此，美国国家科学基金会和亚马逊合作，共同展开了人工智能公平的计算研究——人工智能公平性项目。项目目标是为可信赖的人工智能系统作出贡献，以应对社会面临的重大挑战。这一系列项目的主题包括但不限于透明度、可解释性、问责制、包容性、潜在的偏见和影响、缓解策略、算法进步、公平目标、公平验证、参与式设计，以及广泛可访问性和实用性等。资助项目将扩大人工智能系统的接受范围，挖掘美国进一步利用人工智能技术的潜力。亚马逊为项目提供部分资金，但它不会影响合同提案的选择。目前，项目下已设有 33 个子项目，卡内基梅隆大学、马里兰大学帕克分校、匹兹堡大学、哈佛大学等是在人工智能公平领域较为活跃的研究机构。

此外，美国国家科学基金会还启动了人工智能"国家人工智能研究所"计划。2019 版《国家人工智能研发战略规划》提出"美国首要战略目标是长期投资具有高回报潜力的人工智能基础研究"。基于此背景，美国国家科学基金会于 2019 年宣布启动"国家人工智能研究所"计划，旨在联合美国政府、学术界、工业界等机构，通过长期投资基础性的人工智能研究，解决人工智能发展和应用的安全、道德、法律和社会影响，推动人工智能向更多领域的延伸。2021年，总统科学技术顾问委员会将"国家人工智能研究所"计划定位为一项长期多部门的倡议，旨在加速美国人工智能技术创新。

"国家人工智能研究所"计划将统筹规划美国人工智能领域的长期投资方向，加速国家人工智能创新、基础设施、教育和伙伴关系生态系统的构建。借助该计划，美国国家科学基金会依托大学等科研院所搭建研究平台，并以此为纽带，汇集来自高等教育机构、联邦机构、行业和非营利组织的研究人员、观点、技术方法，促进基础性人工智能技术研究的进步，加速研究成果向应用转化。在持续投资下，将加速人工智能技术与其他学科融合，以解决通用人工智能研究中所面临的挑战。目前，"国家人工智能研究所"计划已经成立了25个人工智能研究所，实现了覆盖全美各州的全面研发网络。数量不断增加的国家人工智能研究所将致力于实现多个经济领域和科学与工程领域的变革性突破，加速人工智能创新向多经济领域过渡，同时将培养下一代人工智能研究人员和从业人员，加速实现美国人工智能长期战略目标。

美国国家科学基金会人工智能基础设施使用示意图

知识链接：

美国国家科学基金会第三批国家人工智能研究所

2023年5月4日，美国白宫宣布将围绕值得信赖的人工智能、网络安全智能代理、人工智能的认知神经基础、智能决策技术、智能教育技术、气候智能型农业与林业6个主题，设立7个新的国家人工智能研究所，布局新一代技术革命，以充分利用人工智能能力，确保美国在人工智能领域保持领先地位。

自"国家人工智能研究所"计划启动以来，美国国家科学基金会及其合作伙伴已于2020年和2021年分两批共成立了18个新的人工智能研究所，计划在5年内投资约3.6亿美元。此次，美国国家科学基金会新成立7个研究所，计划在5年内投资约1.4亿美元。

一是法律与社会可信人工智能研究所，聚焦可信赖的人工智能主题。该研究所由马里兰大学领导，重点关注人工智能技术创新过程中的伦理、人权等问题，致力于在人工智能的设计、开发、评估、部署、审计和监管方面建立标准，提升人工智能技术信任度，加速应用进程，实现其全部潜在价值。

六大主题示意图

二是基于代理的网络威胁情报与作战研究所，聚焦网络安全智能代理主题。该研究所由加利福尼亚大学圣巴巴拉分校领导，重点关注人工智能技术在应对网络攻击方面的应用，研究利用人工智能技术检测、预测计算机网络、用户安全、数据隐私等方面可能面临的网络威胁，提高网络安全风险应对能力。

三是人工智能与自然智能研究所，聚焦人工智能的认知神经基础主题。该研究所由哥伦比亚大学领导，重点关注人工智能与生物智能之间的关系，构建神经科学、认知科学和人工智能之间跨学科的新研究范式，促进人类对生物和工程系统中智能的理解，以更好地理解生物智能并设计下一代人工智能系统。

四是社会决策研究所，聚焦智能决策技术主题。该研究所由卡内基梅隆大学领导，创建以人为中心的人工智能决策方法，确定人工智能决策基本原则，开发可解释、合理的决策方法，以保障在不确定、资源受限的动态环境下的及时响应。

五是气候与土地相互作用、减缓、适应、权衡、经济研究所，聚焦气候智能型农业与林业主题。该研究所由明尼苏达大学双城校区领导，通过人工智能技术整合农业和林业科学知识，创建人工智能和智能气候创新型生态系统，从而在遏制气候影响的同时，促进农村经济发展。

六是包容性教育智能技术研究所，聚焦智能教育技术主题。该研究所由伊利诺伊大学厄巴纳－香槟分校领导，重点关注人工智能驱动的学习架构和数字化平台，研究基于人工智能的教学工具和方法，提高不同教学场景下教学方案的可行性、可用性，解决全民教育面临的重大挑战。

七是人工智能特殊教育研究所。该研究所由纽约州立大学布法罗分校领导，重点为有身体、认知等障碍的特殊儿童提供增强型人工智能学习方式，研究社交辅助机器人、儿童通用语音、语言筛查器等，加强对儿童语音和语言发展的理解，改善特殊儿童的教育水平和未来发展，使其能积极、充分参与到多元化社会。

项目列表（数据截至 2023 年 3 月）

序号	项目名称	组织机构	开始时间	结束时间
1	Fair Game: 开发和认证公平人工智能的审计驱动的博弈理论框架	华盛顿大学	2020 年 1 月 1 日	2023 年 12 月 31 日
2	网络分析的公平性感知算法	密歇根州立大学	2020 年 1 月 1 日	2023 年 12 月 31 日
3	迈向公平网络学习的计算基础	伊利诺伊大学厄巴纳－香槟分校	2020 年 1 月 1 日	2023 年 12 月 31 日
4	在社会技术体系约束下构建公平的寄养服务推荐体系	纽约州立大学布法罗分校	2020 年 1 月 1 日	2023 年 12 月 31 日
5	解决数据驱动的公平性的 3D 挑战：缺陷、动态和分歧	伊利诺伊大学芝加哥分校	2020 年 1 月 1 日	2023 年 12 月 31 日
6	基于学习解释的深度神经网络公平性研究	得州 A&M 工程实验站	2020 年 3 月 1 日	2023 年 2 月 28 日

序号	项目名称	组织机构	开始时间	结束时间
7	在难以识别的设置中审计和确保公平性	康奈尔大学	2020 年 5 月 15 日	2023 年 4 月 30 日
8	通过人机算法协作促进人工智能的公平性	卡内基梅隆大学	2020 年 10 月 1 日	2023 年 12 月 31 日
9	利用人工智能来完善司法获取途径，从而增加公平	匹兹堡大学	2021 年 2 月 1 日	2024 年 1 月 31 日
10	计算机视觉系统中的整体偏差缓解	加利福尼亚大学圣地亚哥分校	2021 年 2 月 1 日	2024 年 1 月 31 日
11	使用机器学习解决人员选择中的结构性偏见	美国大学	2021 年 2 月 1 日	2024 年 1 月 31 日
12	组织人群审计以检测机器学习中的偏见	卡内基梅隆大学	2021 年 2 月 1 日	2024 年 1 月 31 日
13	人工参与下机器学习的公平性	加利福尼亚大学圣克鲁兹分校	2021 年 2 月 1 日	2024 年 1 月 31 日
14	迈向适应性和互动性的事后解释	芝加哥大学	2021 年 2 月 1 日	2024 年 1 月 31 日
15	公共部门循环算法决策的端到端公平性	纽约大学	2021 年 2 月 1 日	2024 年 1 月 31 日
16	公共政策中的公平人工智能在教育、刑事司法和卫生与公共服务中的机器学习应用	卡内基梅隆大学	2021 年 4 月 1 日	2024 年 3 月 31 日
17	医学中公平人工智能的基础：确保患者属性的公平使用	哈佛大学	2021 年 7 月 1 日	2024 年 6 月 30 日
18	解释差异和差异修正模型的因果和半参数推断	约翰霍普金斯大学	2021 年 9 月 1 日	2024 年 8 月 31 日
19	量化和减轻语言技术的差异	卡内基梅隆大学	2021 年 10 月 1 日	2024 年 9 月 30 日

序号	项目名称	组织机构	开始时间	结束时间
20	测量和减轻通用图像表示中的偏差	威廉马什莱斯大学	2021年10月1日	2024年2月29日
21	实现公平决策和资源分配，应用人工智能辅助研究生入学和完成学位	马里兰大学帕克分校	2022年2月15日	2025年1月31日
22	包容性自动语音识别评估和训练的新范式	伊利诺伊大学厄巴纳－香槟分校	2022年2月15日	2025年1月31日
23	以一种以人为本的方法来开发可访问和可靠的机器翻译	马里兰大学帕克分校	2022年3月1日	2025年2月28日
24	人工智能公平的规范经济学方法	哈佛大学	2022年3月1日	2025年2月28日
25	BRIMI—减少医疗信息的偏差	康涅狄格大学	2022年3月15日	2025年2月28日
26	使用可解释的人工智能来增加青少年司法系统使用风险评分的公平性和透明度	鲍灵格林州立大学	2022年5月1日	2025年4月30日
27	推进深度学习实现空间公平	匹兹堡大学	2022年6月1日	2025年5月31日
28	打破算法公平的权衡障碍	宾夕法尼亚大学	2022年6月1日	2025年5月31日
29	涉及匹配和决策树的危重患者护理的可解释人工智能框架	杜克大学	2022年7月1日	2025年6月30日
30	公平表示学习：基本的权衡和算法	密歇根州立大学	2022年8月15日	2025年7月31日
31	数据流上的公平感知深度学习模型的新范式	得克萨斯大学达拉斯分校	2022年9月1日	2025年8月31日
32	用于公平拍卖、定价和营销的人工智能算法	哥伦比亚大学	2022年9月1日	2025年8月31日
33	不确定阈值公平人工智能系统的推进优化	得州A&M工程实验站	2022年10月1日	2025年10月31日

5）总务管理局人工智能卓越中心

总务管理局人工智能卓越中心（GSA AI CoE）于 2019 年 9 月成立，支持和协调联邦机构对人工智能的使用，帮助部署可扩展的解决方案，并促进共享人工智能采用的最佳实践和工具。卫生与公众服务部于 2019 年开发的人工智能试点项目通过人工智能卓越中心展示了机构间人工智能合作的优势，以协助联邦机构使用人工智能进行监管工作流程现代化。作为总务管理局（GSA）与管理和预算办公室的合作项目，技术现代化基金还支持一些在联邦政府中推动使用可信赖人工智能的项目，例如 2022 年使用人工智能提高网络安全的项目。2022 年 4 月，总务管理局的技术转型服务发起了应用人工智能挑战赛，以吸引美国公司和组织加速使用人工智能技术，从而扩大新业务流程和服务交付的机会。2022 年底，总务管理局发布了政府人工智能指南，为政府决策者提供开发人工智能的能力。

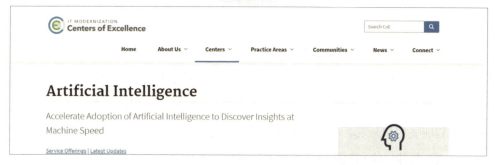

总务管理局人工智能卓越中心网站首页

总务管理局还在 2021 年发起了多项减轻人工智能风险的工作，创建了人工智能道德指南，出版了《数字工作者身份手册》，并与人口普查局和一所大学合作支持打击人工智能偏见的项目。人工智能实践社区于 2019 年 11 月启动，汇集了联邦机构的人工智能从业者，其中一些人参与了负责人工智能和人工智能与隐私的工作组。此外，作为"促进使用可信赖的人工智能"（EO13960）行政命令的一部分，建立了基于总务管理局的总统创新奖学金，重点是在联邦政府中推进可信赖人工智能的使用。

6）能源部人工智能和技术办公室

能源部人工智能和技术办公室通过加速负责任和值得信赖的人工智能的研究、开发、交付、示范和采用，将能源部转变为世界领先的人工智能部门。该办公室协调负责任且可信赖的人工智能治理，主要包括：提供有关可信赖的人工智能／机器学习策略的建议；扩大公共、私人和国际伙伴关系、政策和创新。这些工作都是为了支持国家人工智能领导力和创新。

能源部人工智能和技术办公室徽标

能源部人工智能和技术办公室开发了自己的资源和程序来推进可信赖的人工智能，如发布了《能源部人工智能风险管理手册》，该手册是在与 NIST 协商后发布的，是一本交互式参考指南，其中包含建议的缓解措施，以促进负责任和值得信赖的人工智能使用和开发。尽管该手册不是具有约束力的文件，但它确实包含一些最常见的人工智能风险和预防性考虑因素，包括人工智能公平性。

《能源部人工智能风险管理手册》

7）卫生与公共服务部首席人工智能官办公室

卫生与公共服务部（HHS）首席人工智能官办公室（OCAIO）于 2021 年 3 月任命了第一位首席人工智能官 OkiMek，并遵循"保持美国在人工智能领域的领导地位"（EO13859）和"促进使用可信赖的人工智能"（EO13960）行政命令。

OCAIO 旨在促进卫生与公共服务部机构和办公室之间在人工智能方面的有效合作。OCAIO 的主要职能包括：推动卫生与公共服务部人工智能战略的实施；建立卫生与公共服务部人工智能治理结构；协调卫生与公共服务部对人工智能相关联邦指令的响应；促进卫生与公共服务部机构和办公室之间的协作。

2021 年，OCAIO 发布了《可信赖的人工智能手册》，内容涉及主要的可信人工智能概念以及如何自信地使用和部署人工智能解决方案。该手册使卫生与公共服务部机构和办公室能够部署符合"保持美国在人工智能领域的领导地位"行政命令中规定的卫生与公共服务部和联邦政府标准的人工智能，为部署不同类型的人工智能解决方案提供标准程序。同时对管理和预算办公室《人工智能应用监管指南》作出了回应，全面了解该部门监管人工智能的权限。

2. 保障人工智能技术安全转化

为加速人工智能安全技术快速转化，国防部多个实体参与其中。例如，国防创新小组通过减少识别问题、设计商业解决方案，帮助国防部采用商业技术。此外，陆军和空军等军事部门建立了自己的办公室，以促进人工智能的扩展应用。

1）国防创新小组

国防创新小组（DIU）主要使命是通过加速整个军队对商业技术的采用，支持美国的盟国和国家安全创新基地，加强国家安全。国防创新小组与美国国防部组织合作，将人工智能技术快速原型化，并具备现实使用能力，解决速度和规模的作战挑战。国防创新小组在硅谷、波斯顿、奥斯汀、芝加哥和五角大楼内都设有办公室，是国防部通往全国领先科技公司的门户。

国防创新小组徽标

时任国防部部长卡特在硅谷宣布建立国防创新小组（2015年）

国防创新小组是唯一一个专注于以商业速度在美国军方部署和扩展商业技术的国防部组织。国防创新小组的专家团队在六个关键技术领域工作，直接参与风险投资和商业技术创新生态系统，其中许多都是首次与国防部合作。国防创新小组简化的流程在12~24个月内将原型交付给国防部合作伙伴。成功的原型可以过渡到后续的生产，其他交易协议或基于联邦采购条例（FAR）的合同。国防创新小组还提供了商业解决方案目录，汇集了其成功的和过渡的原型，与国防部一起，评估、调整和测试商业解决方案，以解决国防部的人工智能/机器学习、自主、网络空间的挑战。

知识链接：

负责任的人工智能倡议

国防创新小组在2020年3月启动了一项战略计划，将国防部的人工智能伦理原则纳入其商业原型和采购计划。一年多来，国防创新小组与国防部合作伙伴在几个人工智能原型项目中探索实现这些原则的方法，这些项目涵盖的应用包括但不限于预测健康、水下自主、预测维护和供应链分析。其结果是一套《负责任的人工智能指南》，这些指南借鉴了国防创新小组的实践经验，也借鉴了政府、非营利组织、学术和行业合作伙伴的最佳实践。

国防创新小组将继续与来自政府、行业、学术界和民间社会的专家和利益相关者合作，进一步制定《负责任的人工智能指南》。

国防创新小组的《负责任人工智能指南》旨在为参与人工智能系统开发的人员（项目经理、商业供应商、政府合作伙伴）提供一个清晰、高效的查询流程，以实现以下目标：确保国防部的人工智能伦理原则融入技术生命周期的规划、开发和部署阶段；有效地检查、测试和验证所有程序和原型符合国防部人工智能的伦理原则。

国防创新小组的《负责任人工智能指南》以详细的工作表的形式呈现，指导和引导人工智能供应商、国防部利益相关者和国防创新小组项目经理如何正确地确定人工智能问题陈述的范围。他们还提供了详细的指导，关于这些利益相关者在进行人工智能系统开发的每个阶段应该记住的注意事项。

《负责任的人工智能报告》总结了《负责任的人工智能指南》，该指南是国防创新小组在其原型开发工作中实施国防部人工智能伦理原则的结果。它还提供了详细的案例研究，展示了负责任人工智能指南在实践中的价值，同时确定了从这些努力中吸取的具体经验教训。

第一阶段：规划。规划是指概念化和设计人工智能系统以解决给定问题的过程。在计划阶段，希望建立一个人工智能系统的人员定义它的预期功能，创建它所需的资源，以及它将被部署到的操作环境。

第二阶段：发展。开发指的是编写和评估组成系统的计算机代码的迭代过程。在开发阶段，国防部和/或公司人员在努力构建计划的人工智能系统时，重点关注五个方面的问题—操纵数据模型、系统性能监控、输出验证、审计机制和管理角色。

第三阶段：部署。部署是指在实践中使用该系统解决问题的过程。部署阶段集中在三组连续的评估程序上，这些程序必须在整个人工智能系统的生命周期中持续进行。

在人工智能方面，国防创新小组通过使商业人工智能/机器学习解决方案适应国防部的数据和分析问题集，加速国防部的作战准备、战略推理和预测对手意图的能力。

其重点关注领域如下：

（1）机器学习预测。借助历史数据、实时跟踪数据实现机器学习的预测能力，支持实时威胁评估，评估供应链漏洞，并提升预测的响应速度。

（2）负责任的人工智能开发。商业人工智能系统为国防部提供了解决方案，并确保了人工智能模型和技术是在考虑到道德人工智能开发的标准下规划、开发和部署的。人工智能系统可能因任务领域而异，但每个系统都反映了在开发周期的每个阶段对公平、责任和透明度的共同承诺。国防创新小组建立有效的采购流程，专注于将最新的商业技术引入国防部。

（3）人工智能基础设施。随着人工智能系统的开发和部署越来越频繁，国防部必须保持在数据、软件和硬件基础设施的前沿。该领域的焦点包括数据管理、机器学习操作工具、高性能硬件、高效部署及部署后的安全监控。

（4）新兴人工智能技术。人工智能技术的发展迅速，国防创新小组旨在确保国防部能够以相应的速度和规模负责任地利用新兴的人工智能技术。重点领域包括生成式人工智能、大型基础模型、人工智能系统边缘计算等。

知识链接：

小型单位机动人工智能（AISUM）项目

该项目旨在开发能够在动态、非结构化和复杂环境中自主作战和协同的多代理 UAS 组队。2022 年，AISUM 项目完成其首次飞行测试活动，该原型由 Shield AI 公司开发的 Nova 2 无人机、Skydio 公司开发的 X2D 无人机，以及由 Systems & Technology Research 公司的多代理 UAS 软件组成。该项目通过建立一个协同自主无人机系统，成功为作战人员提供 360 度态势感知，加速清除威胁，并保障作战士兵安全。

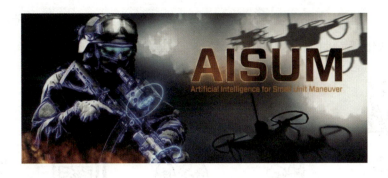

2）陆军人工智能集成中心

陆军人工智能集成中心（AI2C）于 2018 年 10 月成立，任务是开发框架和方法来扩展整个军种的项目，审查阻碍人工智能技术在陆军部署的政策，并建立人工智能测试平台等。

陆军人工智能集成中心位于宾夕法尼亚州匹兹堡的卡内基梅隆大学，领导陆军人工智能战略和实施，同步关键技术开发工作，并为在陆军内部实施人工智能奠定基础。

陆军人工智能集成中心研讨

该中心使陆军能够增加对人工智能应用的熟悉程度，并更好地与美国私营部门的人工智能创新建立联系，包括位于匹兹堡和得克萨斯州奥斯汀的人工智能社区、陆军未来司令部等。陆军人工智能集成中心的研究还有助于为国防部利用人工智能扩大和加快美国军事能力发展提供信息。该中心还与卡内基梅隆大学协调，构建了10项现代化产品组合。

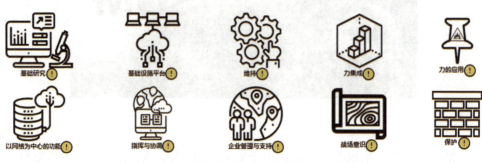

基础研究 基础设施平台 维持 力集成 力的应用

以网络为中心的功能 指挥与协调 企业管理与支持 战场意识 保护

陆军人工智能集成中心现代化产品组合示意图

陆军人工智能集成中心还支持陆军未来司令部跨职能团队（CFT）的人工智能评估和规划需求，确定使能技术并提供路线图，以加速支持陆军现代化优先事项的人工智能能力的开发。陆军人工智能集成中心能够在10个月内将人工智能的先进技术从概念转变为系统，并及时试验系统。

陆军人工智能集成中心工作研讨会

陆军人工智能集成中心的总体工作由陆军人工智能战略推动，该战略为2035年的现代化确立了五条努力路线：设定条件、发展劳动力、平台现代化、建立人工智能治理和伙伴关系、确保人工智能的道德实施和使用。陆军人工智能集成中心的目标是缩短采购时间，以便陆军能够更快地为士兵提供创造性和有效的人工智能解决方案，计划通过利用人工智能生态系统，加强与学术界的关系以及在整个劳动力中利用现有的陆军人工智能专业知识来解决这些工作。

知识链接：

陆军人工智能集成中心的人工智能解决方案

自主平台，研究自主地面和空中飞行器，这些飞行器必须在开放的城市和混乱的环境中运行。

人工智能和机器学习算法，核心算法改进，以提高任务能力和规模数据集的分析。

基于人工智能的决策，人工智能算法和系统，以改善决策。

分析和人机界面，人工智能/机器学习研究领域可以减轻人类的认知负担，并通过人机协作提高整体绩效。

数据可视化和合成环境，能够提高态势感知以及大型数据集的可视化和导航的研究，以加强业务活动、培训和准备情况。

定位、导航和定时（PNT），涉及许多功能的新型 PNT 技术的研究，包括自动驾驶汽车、通信和陆地导航。

通信与网络，即使在恶劣的环境中，陆军也要为士兵、车辆和固定地点保持安全可靠的通信，这一点至关重要。

物联网（IoT），更好地集成广泛的功能和设备，并利用工业和人类物联网的商业发展。

人类表现，减轻士兵精神或身体负担，并使他们能够比对手更快地做出反应的技术。

基础方法，支持和实现先进研究和开发的方法、框架、工具、设施、技术和实验概念令人感兴趣。

3）空军人工智能加速器

2019 年，美国总统签署了"保持美国在人工智能领域的领导地位"（EO13859）行政命令，宣布了美国人工智能计划——国家人工智能战略。随后，空军部（DAF）与麻省理工学院（MIT）签署了一项合作协议，共同创建一个在麻省理工学院托管的人工智能加速器。人工智能加速器计划进行基础研究，以实现人工智能算法和系统的快速原型设计、扩展和道德应用，以推动空军部的发展。

麻省理工学院

人工智能加速器研究计划旨在开发新的算法和系统来协助进行复杂决策，帮助空军更好地决定其运维工作的侧重点。计划还开发人工智能技术，用于协助人类完成规划、控制和其他复杂任务。最后，计划推动麻省理工学院开发的高级算法和功能的快速部署，从而促进全美范围的人工智能创新，以帮助空军部指导人工智能发展，这些基础性研究旨在实现人工智能算法和系统的快速原型设计、扩展及应用。

2020 年 1 月，人工智能加速器启动了跨学科项目，涉及麻省理工学院校园、麻省理工学院林肯实验室和空军部的研究人员。这些项目共涵盖 10 余个研究工作方面，在广泛的领域推进人工智能安全研究。

人工智能加速器启动的跨学科项目列表

项目名称	项目信息
人自主性的安全决策	该项目旨在通过开发用于增强和放大人类决策的算法和工具，推进人工智能和自主性。系统通过结合历史数据、多种传感器、信息源的输入，为军事行动提供决策支持。项目目标是使智能系统能够感知环境，识别短期风险，推理作战员的意图和行为，以使自治系统能够预测未来潜在的危险情况
快速人工智能：数据中心和边缘计算	人工智能革命是通过大量标记数据的可用性、新颖的算法和计算机性能实现的。但是，漫长的计算机在环开发周期阻碍了人类发明和部署创造性的人工智能解决方案。此外，摩尔定律的终结削弱了半导体技术提供性能的能力。人工智能系统性能越来越依赖于硬件架构、软件和算法。该项目的重点是为快速构建人工智能解决方案奠定基础，在现代和传统硬件平台上实现性能和可移植性。在编程语言、编译器技术、综合仪器、分析工具和并行算法领域开展创新研究

项目名称	项目信息
机器学习增强型数据收集、集成和异常值检测	人工智能技术成功的核心要求是高质量的数据。"人工智能能力就绪"涉及收集和解析原始数据，以便后续提取、扫描、查询和分析。该项目将开发基于机器学习的增强型数据库技术，以降低存储和处理成本，同时实现各种数据库孤岛之间的数据共享。此外，还将开发一个异常值检测，以识别多个来源的复杂事件之间的时间异常
合成孔径雷达的多模态视觉	合成孔径雷达是一种能够产生高分辨率景观图像的雷达成像技术。由于合成孔径雷达成像能够在所有天气和照明条件下生成图像，因此与光学系统相比，合成孔径雷达成像在人道主义援助和救灾（HADR）任务中具有优势。该项目旨在通过利用来自相关模式（例如光电/红外、激光雷达、中分辨率成像光谱仪）、模拟数据和基于物理的模型的补充信息，提高合成孔径雷达图像的人类可解释性、目标检测和自动目标识别性能
人工智能辅助优化培训计划	为了改善手动安排飞机飞行极其复杂和耗时的过程，该项目旨在实现自动化飞机飞行调度，以提高存在不确定性时的调度效率和鲁棒性。这将优化训练飞行时间表，同时提供可解释性并消除决策中的孤岛。这项技术使调度员能够在快速变化的情况下快速有效地重建调度，从而大大加快规划和决策周期。虽然该项目最初专注于飞机飞行调度，但该技术适用于许多部门的诸多复杂资源分配任务
地球情报引擎	该项目包括以天气和气候分析，预报和高级数据可视化为中心的研究和原型开发，支持美国空军快速、有效地决策和长期战略规划、运营。该项目旨在创建新型算法，以改善恶劣天气的识别和预测以及气候和亚季节到季节的预测
使用生理和认知指标进行客观性能预测和优化	该项目汇集了生物医学仪器、信号处理、神经生理学、心理物理学、计算机视觉、人工智能、机器学习方面的专家以及空军飞行员，开发和测试基于人工智能的多模态生理传感器融合方法，以实现客观的性能预测和优化。该项目将利用沉浸式虚拟环境来培训飞行员，并衡量绩效预测因素。该团队与多个政府研究工作、空军教育和训练司令部的飞行员培训单位合作，寻求通过明显加快飞行员培训时间表来提供概念验证，"更快地培养出更好的飞行员"
用于导航及其他领域的鲁棒神经微分模型	国防部和民用部门正在研究几种不同的方案，以解决 GPS 替代问题。但是，每种替代方案都会带来额外的成本和用例。本项目着眼于使用稳健的神经微分模型来解决磁导航缺陷，并提供 GPS 的可行替代方案

项目名称	项目信息
人工智能增强型频谱感知和干扰抑制	该项目旨在应用人工智能来增强美国空军检测、识别和地理定位未知射频信号的能力，同时为自适应干扰缓解和智能频谱分析提供工具。这些能力增强了空军情报监视和侦察任务、通信、信号情报、电子战，以提高带宽利用效率和频谱共享，改善空军在强干扰环境中的通信性能，产生更高质量的射频信号情报，并提高系统对对抗性攻击和干扰的鲁棒性
空间领域感知中的自动化	随着空间业务变得越来越复杂，以及异质空间观测数据源的激增，越来越难以将重大事件与常规航天活动分开，并向卫星和其他运营商提供可操作的空间域感知。人工智能技术提供了可扩展性和近乎实时的性能组合，以支持在这个日益拥挤、竞争激烈的空间中实现主动空间领域感知所必需的人机协作范式
通过人工智能实现更好的网络分层连接科学	该项目将探索人工智能方法，融合跨层的不同数据，以创建可理解的网络活动丰富视图，以及适当的缓解措施和预测影响
值得信赖的人工智能	当前的人工智能模型通常是脆弱的、不透明的。由于现实世界的条件是动态和不确定的，人工智能系统一旦部署在现实世界中，可能无法达到性能预期。因此，实现可信赖的人工智能，即稳健、安全、负责、公平、隐私保护、可解释和可靠的人工智能，对于在具有严格可靠性、安全性、法律和道德要求的环境中充分利用人工智能至关重要。该项目旨在为可信人工智能奠定基础
持续和少量学习	人工智能技术已被证明在许多关键应用中非常成功，例如对象识别、语音识别等。然而，这些成功依赖于收集大量的数据集和仔细的手动注释。此过程昂贵且耗时，并且在许多情况下，没有足够的数据可用。迁移学习通过利用机器看到的过去数据来解决未来的问题，从而为这些问题提供了解决方案，只需使用几个带注释的示例。这项研究侧重于解决迁移学习的挑战，旨在开发能够从多个异构任务中学习的算法，超越低级任务相似性，实现跨不同任务的更广泛迁移。这些算法将在几个领域找到普遍的适用性，包括机器人、计算机视觉和自然语言处理。此外，它将大大减少对大量带注释数据的依赖，从而减少部署和维护人工智能系统的成本和时间

3. 基于人工智能技术特色解决方案

随着美国国防部人工智能能力日益成熟，国防部可能会面临将这些能力转移到终端用户的困难，特别是将技术从研究转移到最终交付方面。同时，人工智能加剧了国防部在开发、获取和扩展软件方面面临的挑战。针对人工智能安全技术面临的上述问题，国防部相关技术正在探索创新型解决方案，以加速向作战人员提供人工智能能力。

1）"信风"平台

美国国防部联合人工智能中心推出"信风"（Tradewind）平台，旨在创建一个加速向军方提供人工智能能力的生态系统，使美军能够以更高效的方式获取和采购人工智能解决方案。通过"信风"平台可在国防部、学术界和企业界之间创造一个透明环境，支持国防部的人工智能创新，将人工智能带出概念阶段并交付给作战人员，加快人工智能进入国防部。

"信风"平台示意图

"信风"汇集业界、学术界、政府机构。业界方面，初创公司、大型系统集成商、跨国公司和其他专注于人工智能的行业组织都是"信风"平台的重要组成部分。特别是对于较小的公司，"信风"充当它们与国防部的直接联系，并提供一个平台，可以比以往更快、更高效地集成和部署市场人工智能解决方案；学术界方面，"信风"将学术界与现实世界的人工智能能力联系起来，并提供与咨询委员会、大学和行业合作伙伴、直接资助渠道的直接联系；政府机构方面，"信风"创建了一个国家安全创新中心，并使国防部合作伙伴能够解决关键的国防优先事项。通过促进政府与人工智能机构和学术机构间的紧密合作，能够更高效、更有效地将先进能力交付给国防部。"信风"平台具有两个主要目标：寻找和采办合乎道德的人工智能；纳入所有可能正在开发人工智能的实体。"信风"平台不基于联邦采购法规（FAR），可在 30~60 天内完成从发布机构公告到签署合同。

2）联合通用基础

联合通用基础（JCF）是国防部基于云的人工智能开发和实验平台，为相关作战人员提供一个安全的基于云的人工智能开发和实验环境，提供关键工具和功能，以支持国防部追求人工智能就绪，可以将其视为国防部专为大规模人工智能开发而构建的人工智能。2019 年，联合人工智能中心启动建设联合通用基础平台，旨在构建一套基于云的人工智能开发环境，可为美军各部门提供共用的人工智能算法和数据，提高人工智能系统的开发效率。

联合通用基础平台依托美军"联合体系防御基础设施"（JEDI）提供的云服务能力，一方面能够快速从各军种及作战部队梳理需求，整合人工智能相关数据、算法及协同研究的流程；另一方面能够将人工智能研究成果以服务的形式快速推送到一线的用户部门。2021 年 3 月，国防部宣布联合通用基础平台已具备"初始作战能力"（IOC），能够协助美军用户构建定制化的人工智能模型。

智能化联合指挥控制大厅设想图

联合通用基础是一个支持云的环境，是与"空军一号"平台团队共同开发的，用于国防部的人工智能和机器学习计划，它是国防部人工智能工具包的构建块。

联合通用基础的目标是将国防部的人工智能工作统一到一个环境中，并使人工智能的使用"民主化"。最终，JCF 将托管由跨服务的用户构建的一系列工具，实现"一键式界面"使用工具。

3）"库厄斯"平台

陆军人工智能集成中心正在开发自己的数字人工智能平台——"库厄斯"（Coeus）。该系统是陆军的集中虚拟人工智能开发系统，包括算法开发的硬件和软件基础设施，提供一套数据科学和编码工具，使用户可以聚集在一起优化共享算法，统一存储和组织以方便访问。

库厄斯系统的目标是人工智能能力的快速开发和部署，提供可用数据的方法，如实时收集数据并进行筛选，支持人工智能模型的训练。2020年，研究人员设计了库厄斯初始系统原型，并进行了概念验证实验，为平台进一步开发提供了信息。

三、美国国防部人工智能技术管理实施框架

为推动人工智能技术安全有效地发展和应用，解决人工智能缺少缺乏实时、动态、负责任的风险管理监督机制等问题，美国国防部推出了《负责任人工智能（RAI）战略与实施途径》，制定了负责任的人工智能整体管理实施框架，包括人工智能安全治理、作战人员信任、人工智能产品和采办寿命周期、需求测试验证、负责任人工智能生态体系、人工智能人才等方面。

1. 人工智能安全治理方面

确保建立严格的负责任人工智能治理结构和流程，以便国防部及相关单位对负责任人工智能的实施进行有效的监督和问责，阐明国防部负责任人工智能的指导方针和政策，以及激励措施，加速国防部负责任人工智能采用，以期实现负责任人工智能治理结构和流程的现代化，确保能够对不同环境中使用的人工智能技术进行持续监管。

美国国防部对负责任人工智能的访谈宣贯

1）构建能够改善国防部人工智能安全技术监管和责任制度的组织能力

相关工作列表

主要工作	负责机构
首席数字和人工智能官办公室负责任人工智能办公室需配备具备人工智能技术、政策、采办、治理等专业知识的人员	首席数字和人工智能官办公室
负责任人工智能工作委员会将指定或聘请国防部相关部门的负责人在各部门领导实施负责任人工智能战略。相关部门负责任人工智能负责人将获得适当的授权、人手和资源来履行相关职责	负责任人工智能工作委员会
首席数字和人工智能官办公室负责制定负责任人工智能的采纳情况的指标，以及根据要求向首席数字和人工智能办公室治理委员会报告进度	首席数字和人工智能官办公室
根据首席数字和人工智能办公室制定的指标，统计负责任人工智能的采纳情况	国防部相关部门的负责任人工智能负责人
为国防部和相关部门的监管机构配备适当人员，确保其具备适当的专业技术，对国防部根据相关职责和权限使用人工智能的情况进行完整且有效的监管	国防部监察主任；负责隐私、公民自由和公开透明事务的助理国防部长；作战试验鉴定主任；开发试验、鉴定和评估总监
落实用户和开发人员报告国防部人工智能道德原则实施过程中出现的问题的方法，确保此类方法已明确传达给用户和开发人员	国防部相关部门的负责任人工智能负责人
更新国防部现有的人工智能开发和实施治理框架	首席数字和人工智能官办公室

2）提供工具与资源，对国防部内部负责任人工智能治理结构给予支持，包括定期开展协调化知识分享

相关工作列表

主要工作	负责机构
向首席数字和人工智能官办公室（至少每年一次）报告人工智能的示范用例，识别规范、故障模式和风险缓解战略，包括行动后报告。识别能力用例、系统能力培训以及如何以负责任的方式进行系统部署和退役，从而为操作人员安全负责任地开展人工智能能力部署提供支持	国防部相关部门的负责任人工智能负责人
创建和维持国防部内部人工智能示范用例和补充信息中心库，为定期开展规范相关知识的协调分享以及风险缓解提供支持	首席数字和人工智能官办公室

主要工作	负责机构
在本途径经过批准后的6个月内，向CDAO报告发现到的重大阻碍，包括可追溯性、审计、风险分析和取证支持基础设施以及推荐的硬件、软件或其他基础设施需求方面存在的差距，从而确保满足负责任人工智能和人工智能的要求及规范，每年更新一次	国防部相关部门的负责任人工智能负责人
根据116-260号《公共法》白宫报告章节C维持国防部的人工智能库存，识别并向CDAO报告所有国防部人工智能活动，包括：计划适宜性、项目和预算数据；本年和未来的国防计划资金；学术或行业任务合作伙伴的姓名（若适用）以及任何计划性的过渡合作伙伴（若适用）	国防部相关部门的负责任人工智能负责人与CDAO、采办与保障副部长办公室（OUSD（A&S））和国防部研究与工程副部长办公室（OUSD（R&E））协作

3）确保负责任人工智能融入国防部的战略规划工作

相关工作列表

主要工作	负责人
将负责任人工智能与国防部负责任人工智能S&I途径的要素适当融入国防部的数据、分析和人工智能采用战略中	CDAO
确保负责任人工智能融入国防部规划指南中，为规划目标的实现提供资源，包括但不限于人力、工具、教育和培训、部署后监控和再次培训	OUSD（P）
将负责任人工智能的实施作为国防部军事部门人工智能战略和计划的重点，适时融入特定于军种的行动	军事部门的负责任人工智能负责人

4）更新国防部的作战人员能力审查过程，为国防部人工智能道德原则的实施提供支持

相关工作列表

主要工作	负责人
探讨是否需要制定一项审查程序来确保国防部的作战人员能力与国防部的人工智能道德原则相一致。为国防部副部长提供是否需要制定审查程序的建议，识别现有过程和补充国防部人工智能道德原则的必要政策的差距，以及在要求此类审查的情况下，对开发和部署的潜在影响。探讨法律审查过程是否或者如何为国防部人工智能道德原则的实施提供支持，包括根据国防部指令2311.01、5000.01、3000.03E和3000.09进行武器合法性审查	CDAO与军事部门的负责任人工智能负责人、OUSD(P)和国防部OGC协作

主要工作	负责人
使用国防部人工智能道德原则指南更新或补充国防部指令3000.09。纳入任何其他信息需求，以在高级审查文件包中执行国防部人工智能道德原则	OUSD(P)与CDAO协同

2. 作战人员信任方面

国防部通过提供人工智能能力的教育和培训，建立集成实时监管、算法置信度指标、用户反馈的测试、评估、验证和确认（TEVV）框架，确保作战人员对人工智能的信任。最终实现人工智能操作人员对技术熟悉度和操作熟练度达到标准水平，使其对人工智能技术能力和赋能能力具有充足的信心。

1）建立测试、评估、验证和确认框架及相应基础设施，便于安全地开发、部署人工智能能力

相关工作列表

主要工作	负责人
开发一个TEVV框架，清楚表明在人工智能能力的寿命周期和途径内，试验与鉴定（T&E）如何相互交融，从而开展连续试验，制定文件记录和报告标准。识别人工智能T&E和传统T&E（例如有效性、适宜性、安防性、安全性）之间的协同效应，为各个计划提供支持，精简T&E工作过程。将负责任人工智能原则的实施指南纳入常规技术、任务领域和用例的可试验推测过程中	CDAO与OUSD(R&E)和国防部作战试验鉴定主任（DOT&E）配合
开发或采办人工智能相关工具，用作人工智能开发人员和试验人员的资源。该人工智能T&E工具箱应总结行业和学术界的规范和创新研究，适当时，还应参考各种市面上提供的技术。可以为国防部用户提供该工具箱，其中包括： （1）为PM、试验人员和其他T&E的利益相关者提供一套务实且详尽的指导意见，以便在能力寿命周期内实施负责任人工智能T&E； （2）人工智能T&E主计划模板以及一套试验计划模板； （3）人工智能系统的T&E指标库，包括可信度和置信度指标； （4）必要的工具和技术，用于检测人工智能的自然退化和敌人的人工智能攻击，包括检测各种人工智能系统攻击，发生攻击时通知试验人员或操作人员	CDAO与OUSD(R&E)和DOT&E配合

主要工作	负责人
为人工智能 T&E 创建试验范围环境和中心库，与已有的和新兴的等同国防部相关部门的环境形成关联，降低国防部试验人员的工作难度，确保连续试验。适时确保该环境下使用的工具符合国防部的企业 DevSccOps 参考设计，实现部门内部的便携性	CDAO 与国防部试验资源管理中心协调
制定人工智能 T&E 主计划和试验计划模板的使用规范和要求，更新国防部的签发和军事标准（MIL-STD）	OUSD(R&E) 与 CDAO 协同；DOT&E 作战试验与鉴定局局长
根据用户的反馈定期更新 CDAO 的人力资源一体化（HSI）框架，提供如何以及何时使用框架，解决系统设计、系统性能、用户体验 / 用户界面（UX/UI）和用户培训问题的相关清晰指导	CDAO 与联合 HSI 指导委员会协调
继续深入开展新型人工智能话题方面的研究，比如： （1）IISI 规范，提供与国防部人工智能道德原则相一致的人工智能能力的设计和开发信息； （2）人工智能的 TEW 新方法； （3）人工智能安防和防护，防止敌人攻击	OUSD(R&E) 与 CDAO 和军事服务实验室协调
开发和提供人工智能安防相关的国防部指南，利用现有的风险管理、供应链安全和网络安全规范。本指南可以在该领域成熟之时进行更新	CDAO 与国防部首席信息官（CIO）协调

2）开发在人工智能全寿命周期利用操作人员和系统反馈的最佳实践，清晰描述人工智能能力开发人员和用户的角色与职责

相关工作列表

主要工作	负责人
要求人工智能厂商和开发人员制定资源计划，提供培训和能力部署前会用到的各种文件，比如用户手册，从而确保作战人员们对该能力的功能、风险、性能预期和潜在危害有一定的了解	国防部相关部门的负责任人工智能负责人
要求人工智能厂商和负责系统设计以及人性化界面功能创建的开发人员提供与系统状态相关的可追溯反馈，确定受培训的操作人员激活和禁用系统功能时应遵守的程序。适时使用该信息更新培训、文件、界面和 / 或其他相关组成部分	国防部相关部门的负责任人工智能负责人

主要工作	负责人
颁发相关指南，明确计划办公室的职责和权限： （1）部署后开展人工智能系统性能监控（包括监控指标和系统仪表工具指南，从而提供支持）； （2）制定操作人员的人工智能能力过程，根据现有的国防部过程进行能力性能变化、结果、突现行为和／或脱离情况通知和报告	PEO、项目办公室、国防部相关部门

3. 人工智能产品和采办寿命周期方面

国防部计划开发相应的工具、流程、系统，运用系统工程和风险管理方法约束人工智能产品全寿命周期实施负责任人工智能，保证人工智能产品能够在启动初期就考虑到潜在风险，并努力消除风险，减少意外影响，确保产品能够在开发速度和质量上满足国防部战略需求。

1）开发人工智能相关的采办资源和工具

相关工作列表

主要工作	负责人
制定一个采办工具箱，总结国防部体系、行业和学术界的规范和创新研究，适当时，还应参考各种市面上提供的技术。可以为国防部用户提供该工具箱，其中包括： （1）人工智能能力的初次公告、提案申请（RFP）、信息请求（RFI）中使用的标准语言，为厂商和开发人员如何满足国防部人工智能道德原则提供指南； （2）一套负责任人工智能相关的评估标准，要求具有可试验性和作战相关性； （3）标准人工智能合同语言，要求包含以下条款：人工智能能力T&E的独立治理以及当厂商提供的人工智能能力无法根据国防部的人工智能道德原则使用时可以立即采取的补救方法，要求厂商提供培训和文件，开展人工智能能力监控，准备适当的数据可交付成果以及权利； （4）任何其他适当资源	CDAO 与 OUSD（A&S）和 OUSD（R&E）协作
识别国防部六条适应性采办途径（紧急能力采办、中级采办、重要能力采办、软件采办、国防业务系统和服务采办）中的负责任人工智能专业指示，开发连续参与相关途径，解决负责任人工智能的风险问题	OUSD(A&S) 与 CDAO 协同

主要工作	负责人
识别与战略有关的规范，保护人工智能和人工智能相关系统采办过程中的政府知识产权（IP），从而确保安全数据可交付成果和权利的开放式架构，为政府IP保护、最佳价值采购、避免所有权陷阱、国防部使用人工智能能力，以及遵守国防部人工智能道德原则的监管提供支持	OUSD（A&S）与CDAO协同

2）采用业界人工智能开发最佳实践，在人工智能产品全寿命周期识别并降低风险

相关工作列表

主要工作	负责人
制定一个产品工具箱，总结国防部体系、行业和学术界的规范和创新研究，适当时，还应参考各种市面上提供的技术。可以为国防部用户提供该工具箱，其中包括： （1）国防创新小组的负责任人工智能指导方针； （2）人工智能项目管理模板，重点确保开发人员了解用户需求和操作环境； （3）人工智能数据卡和模型卡以及相关目录和详细指示； （4）其他工具、系统和项目形成文件指南或者风险评估框架（若适宜）	CDAO、OUSD（R&E，用于子任务a）
为如何在人工智能产品寿命周期过程中，根据人工智能技术的技术成熟度水平、项目敏感度和整体风险的评估结果使用负责任人工智能工具提供指南。国防部相关部门的负责任人工智能负责人负责确定是否开展此类人工智能技术评估	CDAO与国防部相关部门的负责任人工智能负责人协调
根据国防部的创造数据优势备忘录（2021年5月5日）使用人工智能数据和模型卡公开国防部联邦数据目录中的人工智能数据资产	CDAO、国防部相关部门的首席数据官（CDO）
为新资源和工具的开发和试用提供资金，增强负责任人工智能工具箱	CDAO、各军事部门
发表各项规范，保护隐私和公民自由，避免人工智能能力的设计和开发过程中出现涉及到个人信息使用的非预期偏差	ATSD（PCLT）
制定其他指南，将负责任人工智能的根本宗旨运用于早期的人工智能研究和工程项目中，比如由预算活动1、2和3提供支持的项目	OUSD（R&E）、CDAO与国防部相关部门的负责任人工智能负责人协调

4. 需求测试验证方面

国防部将负责任人工智能纳入所有适用的人工智能需求中，确保国防部人工智能能力包含负责任。通过需求验证过程，确保人工智能能力与作战需求一致，同时解决相关人工智能风险。

1）在更新或制定政策和计划时，通过确定责任、权限和资源，将人工智能风险考虑纳入国防部联合性能需求过程

相关工作列表

主要工作	负责人
根据需求设置过程中要求执行的变化起草一份 JROC 备忘录（JROCM），实施宗旨 2 和 3 中的 LOE。向参谋长联席会议（VCJCS）副主席和国防部副部长（DSD）提出适当建议	联合参谋部与 OUSD（A&S）、CDAO 协调

2）开发一个可定制的流程，可满足测试及作战相关的所有需求

相关工作列表

主要工作	负责人
针对常规用例、任务范围和系统架构的人工智能相关要求创建一个库，提高可重用性	CDAO 与国防部相关部门的负责任人工智能负责人协调
将人工智能需求与 TEW 战略集成和协调，为已开发的能力提供连续试验和验证方法，并要求与当前的迭代采办政策保持一致，比如国防部 I 5000.87	CDAO 与 OUSD(R&E) 和国防部相关部门的负责任人工智能负责人协调
制定计划执行办公室和计划办公室关于应用人工智能相关采办资源和将负责任人工智能需求写入未来合同的指南，包括非 ACAT 和非 MDAP 系统	OUSD（A&S）与 CDAO 协同；作战试验处（OTA）

5. 负责任人工智能生态体系方面

国防部计划构建完善的国家和全球负责任人工智能生态体系，提高政府间、学术、行业和利益相关者之间的协作，推动以共同价值观为基础的全球规范发展。通

过国内和国际参与，促使各方对负责任人工智能设计、开发、部署和使用达成共同理解。

1）针对"负责任人工智能基本准则"和"国防部人工智能伦理原则"，在整个国防部、情报界和政府其他部局进行协调与合作

相关工作列表

主要工作	负责人
识别由 CDAO 领导的政府部门与国防部和智能共同体（IC）相关部门在参与方面的差距，制定一项新成员的招募和挽留计划	CDAO
定期与国家情报总监办公室（ODNI）的人工智能道德团队协作，确保 IC 人工智能道德原则和国防部人工智能道德原则的互通性和一致化操作	CDAO；国防部相关部门的负责任人工智能负责人；ATSD（PCLT）
就负责任人工智能定期与适当的联邦跨部门机构协调，比如总统行政办公室、管理和预算办公室以及美国总务管理局	CDAO；国防部相关部门的负责任人工智能负责人；ATSD（PCLT）
制定一项立法战略并在部门内部明确传达下去，确保与 CDAO 沟通顺畅，保证信息、技术援助以及与国会倡议的一致性	ASD(LA) 和 CDAO 协调

2）在整个业界、学术界和民事社会建立长期的交流与协调机制，促进负责任人工智能开发、采用与实施

相关工作列表

主要工作	负责人
向白宫人工智能计划办公室提交一份负责任人工智能相关领域的研究差距排名表，争取教育部、国家科学基金会和国家标准与技术研究所（NIST）依据《国家人工智能计划法案》授权提供的拨款	OUSD(R&E)、CDAO
确保根据《2021 财政年国防授权法》第 233 节规定，正式向人工智能咨询委员会提出隐私、公民自由和数据道德专业知识等负责任人工智能专业知识	CDAO
探讨各种获得资金的机会，与行业、学术界和国防部共同制定一项负责任人工智能工具开发计划	OUSD(R&E)

主要工作	负责人
针对国防部的负责任人工智能活动制定和实施一项公共事务战略，实现部门内一体化。其中包括与 CDAO 进行沟通活动协调，通过演讲、新闻发布和会议、发帖和社论封页版定期沟通国防部的负责任人工智能实施进度	ＡＳＤ(ＰＡ)与 CDAO 协调
与国防部以外的实体联合制定一项国防部人工智能能力共享或出版指南，保护作战安全性，防止非预期暴露	ＡＳＤ(ＰＡ)与 ＯＵＳＤ(Ｈ&Ｓ)和 CDAO 协调

3）将负责任人工智能整合为国际参与的一个元素，以促进全球共享价值观、经验教训、最佳实践和互操作性

相关工作列表

主要工作	负责人
主动寻找机会，争取负责任人工智能方面的同盟和合作伙伴（包括 NATO、五眼联盟、四边安全对话等），重点强调与合作伙伴和同盟在数据、计算和储存系统、软件以及方案方面的互通性	ＯＵＳＤ(Ｐ)与 CDAO 协同
通过国防部的人工智能国防合作关系以及各种双边和多边参与来持续与合作伙伴和同盟开展国防部的人工智能道德原则和负责任人工智能实施相关的沟通、推广和教育	CDAO
组织开展人工智能道德、安全和国防信任有关的研讨会，邀请国际社会（学术界、行业和政府）代表参加，围绕规范交换意见，促进形成共同价值观	CDAO

6. 人工智能人才方面

国防部计划确保完备的负责任人工智能人才规划、招募、教育和培训措施，建立并维护负责任人工智能人才队伍，确保国防部负责任人工智能队伍对人工智能技术开发过程以及实现负责任人工智能的方法具有一定程度的理解，且能够满足《国防部 2020 年人工智能教育战略》中对人工智能人才所要求的职责。

1）开发国防部的人工智能人才管理框架

相关工作列表

主要工作	负责人
开发一项机制来识别和跟踪部门内和各军事部门以及服务机构的人工智能专业知识，包括采办员工队伍，具体如下： （1）利用现有的编码工作（例如国防部 CIO 网络员工队伍框架扩建工作）以及与人事管理局（OPM）协作开发新的代码； （2）制定标准化人员编码机制，获得当前和未来的文职和军事服务部门人事系统（例如国防文职人力资源管理系统（DCHRMS）、军事一体化人事系统）的认可	OUSD(P&R)、DCPAS、军事部门、OUSD(A&S)、国防部 CIO、CDAO
开展差距分析，确定 2020 年国防部人工智能教育战略中的六个原型是否需要其他知识、技能、能力和任务来确保负责任人工智能的顺利实施	CDAO 与国防部相关部门的负责任人工智能负责人协调
针对以人工智能工作为核心工作内容的军事人员开发职业生涯领域和途径，包括晋升资格	军事部门的负责任人工智能负责人与 CDAO 和 OUSD（P&R）协作
针对以人工智能工作为核心工作内容的文职人员，向 OUSD（P&R）和 OPM 提出职业生涯领域和途径建议	CDAO 与国防部相关部门的负责任人工智能负责人协调；OUSD(P&R)
启动员工队伍规划，吸纳、招募和挽留高技术专家，填补空白，包括（但不限于）部队临时营创建与重新分类，在政府采办和需求管理职能中增加人工智能职位	国防部相关部门的负责任人工智能负责人与 OIJSD(A&S) 和 OUSD（P&R）协作

2）通过课程补充现有国防部的人工智能培训工作，确保负责任人工智能实施

相关工作列表

主要工作	负责人
开发和更新国防部内部的标准课程（覆盖话题包括人工智能的利益和限制、风险因素以及安全），与所有国防部人工智能员工队伍的人工智能教育和培训活动相互集成，确保适用于所有军事和文职资历水平	CDAO 与国防部相关部门的负责任人工智能负责人协调
将开发的课程与相关部门的人工智能教育和培训计划相结合（包括初次和任务资格培训项目，帮助现在的员工队伍和管理建立负责任人工智能技术能力）	国防部相关部门的负责任人工智能负责人

主要工作	负责人
根据国防部相关部门承担职责的复杂程度制定与各个人工智能相关职位有关的教育、培训和经验标准。	国防部相关部门的负责任人工智能负责人
与国防部采办员工队伍职能经理配合，重新塑造国防部采办员工队伍的培训、教育和经验要求，适时纳入人工智能课程。具体包括： （1）根据情况更新基础认证和从业人员认证； （2）针对负责任人工智能实施角色创建新的人工智能证书； （3）将课程编入国防部采购员工队伍当前的培训课程中	OUSD(A&S); DAU
探讨国防部的人工智能员工队伍是否需要开展年度人工智能道德意识培训（类似于年度网络安全意识培训），以提高意识和国防部人工智能道德原则的应用以及理解的一致性	CDAO

3）通过利益/实践共同体以及职业发展机会构建国防部的负责任人工智能能力

相关工作列表

主要工作	负责人
每年实施一次部门级的负责任人工智能先导计划，在国防部相关部门内构建起一个负责任人工智能倡导者和专家网络	CDAO
在国防部内部构建若干负责任人工智能利益或实践共同体，利用现有部门加快其设立过程，比如负责任人工智能分委会。通过国防部（通过训练人员模型训练）促使负责任人工智能先导培训计划加码升级，从而形成一个先导体系，其中的成员能够参与这些利益/实践共同体（COI/COP）	CDAO
从其他部门、学术界和行业寻找非国防部的人工智能道德培训资金或合作机会	国防部相关部门的负责任人工智能负责人

四、美国人工智能安全技术管理的启示思考

1. 人工智能安全技术重点聚焦可解释性、鲁棒性

当前，人工智能系统仍处于"弱"人工智能阶段，存在可解释性差、透明度低

等问题，特别是"算法黑箱"问题使得其所得出的结论不能被使用人员所理解，当人工智能系统给出与使用人员经验判断相反结论时，人工智能系统将被质疑，导致其在使用中不能得到充分的信任，严重制约了其在国防领域的推广应用。此外，人工智能系统属于软件密集型系统，多基于算法实现功能，通过恶意代码、病毒植入、指令篡改等手段攻击易被对手控制，进而引发灾难性后果。因此，人工智能系统的可解释性和鲁棒性是保障军事智能系统稳定安全发展，提升人工智能系统信任度，加速国防人工智能系统发展和应用的关键。

当前，美国在人工智能安全技术研发方面聚焦在解决人工智能的可解释性和鲁棒性问题。在政策方面，明确人工智能系统的开发及应用需将安全性作为基础，大力推行负责任的人工智能技术研发，强调要加强人工智能系统自身的稳健性，如美国国防部《负责任人工智能战略与实施途径》中强调要确保人工智能系统在全寿命周期的安全，并需要重视对人工智能系统在各种场景下的运用开展多维度的风险评估；在技术研发方面，一方面，美国国防部正努力解决人工智能技术的"算法黑箱"难题，如美国的"可解释人工智能"（XAI）项目旨在使最终用户更好地理解、信任和有效管理人工智能系统。这些措施和手段将增强合理安全利用人工智能技术的能力，减少或移除人工智能技术发展和应用面临的不必要障碍，加速推进人工智能在国防领域广泛应用。另一方面，安排众多项目聚焦于提升人工智能技术鲁棒性。如，"确保人工智能反欺骗的可靠性"（GARD）项目开发出新一代的防御技术，抵抗针对机器学习模型的对抗性欺骗攻击；"可靠自主性"项目旨在确保自主系统能按预期安全运行。这些措施和手段将使人工智能技术在军用领域负责任地发展，确保在人工智能变革"游戏规则"的背景下，有效保障国家军事系统作战能力，形成国家对抗博弈优势。

知识链接：

Robust 的翻译

在控制领域，有个词汇频繁出现，这就是鲁棒性，是从英文单词"Robust"音译过来的。很多人喜欢这个翻译，认为这个翻译不仅和英文原文音同，而且还很形象深刻地反应了系统的抗毁性、健壮性、耐用性，与可靠性等英文翻译进行了适当的区分。也有人不喜欢这个翻译，认为这是一个不负责任、低俗恶趣味的翻译。

控制系统的鲁棒性研究是现代控制理论研究中一个非常活跃的领域，最早出现在20世纪20年代，控制专家用这个名词来表示当一个控制系统中的参数发生摄动时系统能否保持正常工作的一种特性或属性，就像人在受到外界病菌的感染后，是否能够通过自身的免疫系统恢复健康一样。

20世纪六七十年代，状态空间的结构理论的形成是现代控制理论的一个重要突破，状态空间的结构理论包括能控性、能观性、反馈镇定和输入输出模型的状态空间实现理论，它连同最优控制理论和卡尔曼滤波理论一起，使现代控制理论形成了严谨完整的理论体系，并且在宇航和机器人控制等应用领域取得了惊人的成绩。

鲁棒控制理论不仅用在工业控制中，还被广泛运用在经济控制、社会管理等很多领域。随着人们对于控制效果要求的不断提高，系统的鲁棒性会越来越多地被人们所重视，从而使这一理论得到更快的发展。

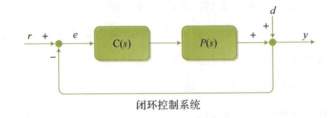

闭环控制系统

2. 对技术的理解和信任是推进其国防应用的关键

人工智能技术的军事应用将对未来战争模式产生变革性的影响，其优势已在近年来初步展现出来。美国国防部利用人工智能能力在改善目标识别能力、增强战场分析能力、提高无人系统自主性等方面取得了较好效果。如美国相关人工智能项目已成功分析MQ-1C"灰鹰"和MQ-9"死神"无人侦察机的大量视频数据，并开始部署到中东和非洲的多个地区，帮助军事分析人员处理传感器和无人机搜集的海量数据；联合人工智能中心开发智能传感器来识别威胁并将图像传送给分析人员；海军研发海底战决策支持系统帮助规划和执行海底战任务。

知识链接：

MQ-9"死神"无人侦察机

MQ-9（代号"收割者"或"捕食者"，最后定名"死神"）是20世纪90年代至21世纪初期由美国研制的一种无人作战飞机。它由美国通用原子能公司研发，系长航时中高空大型察打一体无人机，可执行攻击、情报搜集、监视与侦察任务。

MQ-9无人机全长约11米，主翼展长20米，可以在地面遥控操纵。其飞行高度可达1.5万米，超过民用飞机，而且拍摄画面精度高，监视能力较强。MQ-9无人机分为攻击型和侦察型。截至2020年，该无人机一架的成本高达3200万美元。

美国空军于2007年3月组建了MQ-9无人机攻击中队，还成立了专门的"死神"无人机工作组，开始研究战术、训练机组人员和进行实战演练。

MQ-9B无人机（代号"守卫者"）是MQ-9的升级产品，2018年11月完成了首飞，有军用和民用两种规格，可以增添多种任务模块，衍生出"空中守卫者"和"海上守卫者"等型号。

MQ-9B 无人机

然而，美国国防部大多数人工智能技术发展仍处在研究和发展阶段。据美国政府问责局统计，国防部在多个军种和作战司令部同时开展了超过685个人工智能项目研究（截至2021年4月）。但是，国防部在2021财年报告的88个重要的武器系统中，只有17个明确设立了相关的人工智能项目，如联合轻型战术车辆、MQ-9无人机等，而其余项目均未指定应用于特定系统。这表明人工智能并未获得足够信任，也阻碍了其从实验室探索走向真实的国防应用。

人工智能技术作为一项新兴的颠覆性技术，在国防部内部有众多人员甚至高官对其理解并不一致，不清楚人工智能技术为何、会有什么好处、会导致什么后果，这使得他们对这项技术没有清晰的认识，容易出现缺乏信任或过度信任的问题。

因此，美国国防部通过教育培训，使得相关人员能够充分地认识和理解人工智能技术，以提升相关人员对其的信任。2020 年，美国国防部发布《人工智能教育战略》，旨在提升国防部人员的人工智能素质，培养全球领军的人工智能人才。2022 年，美国国防部发布《国防部负责任人工智能战略与实施途径》，提出要通过教育和培训等方式构建一支负责任人工智能队伍，确保国防部负责任人工智能队伍对人工智能技术开发过程以及实现负责任人工智能的方法具有一定程度的理解。此外，拜登在 2022 年签署了《人工智能培训法案》，要求白宫管理和预算办公室为执行机构的采购人员制定并提供人工智能培训计划，了解人工智能相关的能力和风险，加速相关技术的采用。

3. 人工智能安全技术是全球各国面临的共同课题

人工智能军事应用问题事关全人类安全和福祉，如何确保各国以符合国际法的负责任方式发展和使用人工智能，是国际社会面临的共同挑战，需要各国团结应对，确保人工智能技术始终处于人类控制之下，防止人工智能军事应用加剧战略误判、损害全球战略平衡与稳定。

近年来，各国在积极推动人工智能国防应用的同时，也均表明态度呼吁制定明确的使用规则和规范。如美国国防部《国防部负责任人工智能战略与实施途径》提出要建立全球的负责任人工智能生态系统，推动以共同价值观为基础的全球规范发展。2023 年 2 月，美国国务院在荷兰举办的首届"2023 军事领域负责任的人工智能峰会"上发表《关于军事领域负责任的人工智能和自主系统的政治宣言》，就如何在国防领域负责任地开发、部署和使用人工智能技术提出了 12 条原则，旨在为制定国际规则提供参考，促进各国达成共识，确保人工智能技术的发展和应用安全。英国 2022 年发布《国防人工智能战略》，提出重点研发可靠、安全的人工智能技术，积极促进国际交流与合作，提高人工智能系统适应性、稳健性、可靠性、防御性和透明性，制定人工智能国防应用国际准则，确保军用人工智能系统合德守规。中国外交部 2022 年公布关于规范人工智能军事应用的立场文件，提出加强对人工智能军事应用的规范、预防和管控可能引发的风险，有利于增进国家间信任、维护全球战略稳定、防止军备竞赛、缓解人道主义关切，有助于打造包容性和建设性的安全伙伴关系，在人工智能领域践行构建人类命运共同体理念。

英国将举办世界首个人工智能峰会，抢占国际话语权？

英国在人工智能方面首次强烈发声，想要再续大英帝国的辉煌？

据路透社报道，英国政府在 2023 年 6 月 7 日宣布，将于今年下半年举办世界首个人工智能峰会。英国首相苏纳克 8 日同美国总统拜登在华盛顿会谈时商谈此事。

苏纳克表示，"人工智能有着难以置信的潜力，把我们的生活变得更好。但是我们需要确保开发和使用的方式是安全可靠的"。苏纳克呼吁全球合作来抵御人工智能所产生的风险，希望此举能够加强英国在人工智能管制上的话语权。苏纳克正在争取未来能在英国伦敦设立一个全球的人工智能监管机构，希望英国在人工智能领域发挥全球领导作用。

英国在此方面动作频繁。

伦敦市政府自 2011 年起大力推进东伦敦科技城项目，是众多高科技巨头设立欧洲甚至全球业务总部的首选，上面提到的世界知名人工智能企业 DeepMind 便落户于此。

2023 年 3 月，英国发表人工智能白皮书，加大包括 1 亿英镑预算在内的人工智能投资。

2023 年 5 月，苏纳克会晤 DeepMind、OpenAI 等人工智能企业负责人，商讨人工智能监管框架，还自夸称只有欧盟和英国举行过此类会谈。

2023 年 6 月 6 日，在由英国政府资助的经合组织 (OECD) 科技论坛上，英国与美国、日本、韩国、澳大利亚、以色列等国高官就人工智能议题举行会谈，谋求建立"统一战线"。

2023 年 6 月 8 日，苏纳克在访美期间和拜登宣布一项新型经济伙伴关系——"大西洋宣言"，同意在人工智能等领域加强合作。

苏纳克与拜登会晤

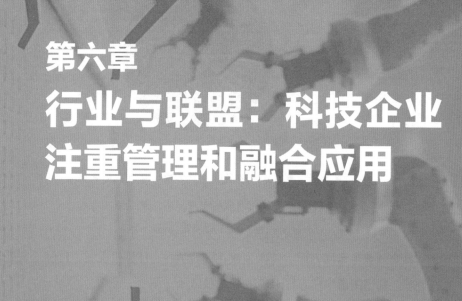

第六章

行业与联盟：科技企业注重管理和融合应用

高科技企业占据了包括资金、技术、人才、市场、政策扶持等大量资源，为社会提供人工智能相关的技术、应用、产品等服务，是美国人工智能治理最重要的中坚力量。

在企业数量方面，根据中国信息通信研究院统计分析，截至 2023 年第一季度，全球人工智能企业超 28854 家，其中，美国企业 9534 家，占全球总数的 33%。全球人工智能独角兽企业共 181 家，主要集中在美国（119 家）。

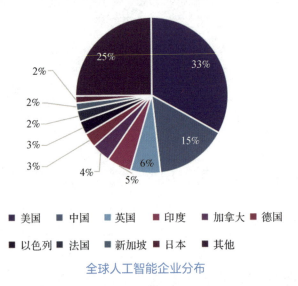

全球人工智能企业分布

在企业业务布局方面，美国企业在机器学习、计算机视觉、自然语言处理、语音处理、知识图谱等核心技术领域全面布局。

全球人工智能产业图谱（节选）

在人工智能顶级学者方面，根据 AMiner 发布的 2022 年 AI 2000 榜单，前 20 强机构中美国机构数量达到 15 家，谷歌以 181 人次的入选数量名列全球入选学者最多机构，Meta、Microsoft 入选人次分别为 87 和 65 位，分别列第二、三位。

2022年AI 2000全球前20强机构

名次	机构名称		入选人次	名次	机构名称		入选人次
1	谷歌（美）	Google	181	11	加州大学伯克利分校（美）	Berkeley	27
2	Meta（美）	Meta	87	12	纽约大学（美）	NYU	21
3	微软（美）	Microsoft	65	13	清华大学（中）	清华大学	20
4	麻省理工学院（美）	MIT	47	14	IBM（美）	IBM	18
5	卡耐基梅隆大学（美）	Carnegie Mellon University	44	15	多伦多大学（加）	UNIVERSITY OF TORONTO	17
6	斯坦福大学（美）	Stanford University	41	16	密歇根大学（美）	UNIVERSITY OF MICHIGAN	17
7	DeepMind（英）	DeepMind	32	17	加州大学圣迭戈分校（美）	UC San Diego	16
8	苹果（美）		31	18	新加坡国立大学（新）	NUS	15
9	华盛顿大学（美）	UNIVERSITY of WASHINGTON	28	19	佐治亚理工学院（美）	Georgia Tech	15
10	亚马逊（美）	amazon	28	20	阿里巴巴（中）	阿里巴巴	14

在人工智能安全管理方面，面对人工智能所引发的社会担忧与质疑，美国一些行业巨头企业早已开始研究人工智能对社会经济、伦理等问题的影响并积极采取措施确保人工智能可以造福人类。谷歌、微软、IBM 等领先企业在行业自律方面积极探索采取了一系列应对措施，如制定道德伦理原则、设立专门机构以减少人工智能带来的灭绝风险、成立相关技术联盟加强人工智能安全伦理研究、面向行业发布安全解决方案以规范行业发展、发布系列工具加强人工智能系统安全。

在将人工智能技术应用于网络安全方面，近年来，越来越多的企业和组织将人工智能技术与网络安全技术进行深度协同，人工智能技术在网络安全领域的应用已经成为安全能力落地、发挥网络安全防御有效性和对抗高级持续性威胁等高级威胁最直接、最关键的环节之一。微软、谷歌等企业也在积极探索人工智能在网络安全中的应用，其他传统行业也开始重视人工智能网络安全。

在推动政府决策方面，美国智库战略研究的系统性和对前沿技术的敏感性而著名。对于当前人工智能的大发展大应用，美国智库非常重视，从大国竞争的角度和国家战略安全的高度，组织研究团队展开专题研究，为政府解决国际战略问题和决策咨询提供关键参考。

一、发布伦理原则，核心内容趋同

谷歌、微软、IBM 等人工智能企业纷纷进行伦理原则研究与制定，并对外发表声明，部分代表性文件如下表所示。

伦理原则代表性文件

伦理原则简称	主要内容	发布时间	发布企业
"人工智能应用七条原则与四条底线"	社会有益、避免偏见、提前测试安全性、对人类负责、保护隐私、坚持高标准的科学探索、在使用中考虑首要用途等因素	2018 年	谷歌
"人工智能伦理三大原则、五大信任支柱"	人工智能的目的是增强人类的智慧、数据和观点都属于它们的创造者、技术必须是透明和可解释的	2017 年	IBM
"六大人工智能伦理原则"	公平、可靠和安全、隐私和保障、包容、透明、责任	2016 年	微软

从上述人工智能伦理原则具体条目来看，其核心内容趋同，即人类主体性原则、避免伤害原则、公正公平原则、公开透明可解释原则、负责任原则等。人类主体性原则要求人工智能应遵循以人为中心的设计理念，保障人类各项基本权利；避免伤害原则要求人工智能应保证人类的尊严、自由和安全不受到侵害，不应增加现有的危害或给社会带来新的危害；公正公平原则要求确保人工智能不让特定个人或少数群体遭受偏见，避免将弱势人口置于更为不利的地位；公开透明可解释原则要求人工智能在研发、应用过程中坚持公开透明，确保人工智能处于可解释、可理解的状态；负责任原则强调人工智能的设计者和操作者应当负责任及可追责。

1. 谷歌发布"人工智能应用七条原则与四条底线"

由于外界对谷歌"Maven 项目"的高度关注，谷歌在 2018 年公布了关于人工智能应用的七条原则与四条底线。考虑到谷歌在人工智能技术领域的前沿地位以及其对社会伦理责任的一贯重视，谷歌提出的这些目标原则和底线为人工智能产品的设计师和开发者的工作设定技术界限，规避伦理风险具有参考价值和借鉴意义。

谷歌 AI

"Maven 项目"是谷歌与美国国防部合作的代号为"Project Maven"的项目。该项目主要是通过人工智能技术协助美国五角大楼分析无人机采集到的视频，更快地识别和追踪潜在目标。

Maven 合同曝光后，在一向标榜"不作恶"的谷歌内部引发轩然大波，遭到部分公司员工和学者的强烈反对。有近 4000 名谷歌员工联名提出抗议，不愿成为"杀人武器"的参与者。谷歌高层在经过斟酌之后，最终声明谷歌放弃将人工智能用于军事武器的研发。2018 年 6 月，谷歌对外发表声明称："Maven 合同将于 2019年 3 月结束，过期将不再续约。"

为平息巨大的争议和压力，谷歌首席执行官桑达尔·皮查伊随后发布了关于人工智能应用的七条原则和四条底线，作为今后谷歌人工智能研发的规范和指引。桑达尔·皮查伊表示，人工智能如何开发和使用，将会对未来社会产生重大影响。作为人工智能领域的领导者，我们感到深深的责任感，所以宣布了七条原则来指导今后的工作。这些不是理论概念，而是具体的标准，将积极主导研究和产品开发，并会影响相关业务决策。

但是，对于"谷歌正在利用 Maven 项目作为敲门砖，来获取更有利可图的敏感政府合同"的传闻，谷歌并未予以回应。根据相关报道称，谷歌虽然终止了Maven 项目，但仍将与美国军方合作，以进行新的探索。谷歌将继续与美国政府和军方开展在网络安全、培训、退伍军人医疗保健、搜救和军事招聘方面合作。而且，这家网络巨头正在争取两项数十亿美元的国防部门办公和云服务合同。

谷歌与 Maven 项目

2018 年，谷歌与美国军方合作 Maven 项目，目的是利用人工智能技术来分析无人机的镜头影像，从而帮助军方更快更精准地检测各种目标物体，提高无人机的攻击能力。该项目将建立一个类似"谷歌地球"的监测系统，让五角大楼的分析师能"点击建筑，查看与之相关的一切"，并为"整个城市"建立车辆、人员、土地特性和大量人群的图像。

谷歌在 2017 年 9 月底获得了 Maven 项目的合同，此后合作一直处于保密状态，直到 2021 年有员工在谷歌内部沟通平台将这件事曝光出来。部分谷歌员工几乎是立即就站出来表示反对。之后，更有数千名员工签署请愿书，要求谷歌取消该项目的合同，数十名员工辞职以示抗议。他们认为，这项技术有可能用于提高无人机打击的精确度，有违谷歌的"不作恶"原则。

谷歌已经为 Maven 项目做了大量工作，并且取得不错的成果。根据 Gizmodo 获取的消息，谷歌已经构建了一个系统，检测专业图像标签所遗漏的车辆；谷歌的高级工程项目经理雷扎·加纳丹在一封邮件中写道，几个案例表明，模型对专业标签错过的车辆检测率准确率能达到 90%。

此前，谷歌也多次为其在 Maven 项目上的工作进行了辩护，格林曾指出，该合同的价值相对较低，"仅 900 万美元"，主要是为国防部提供了开源软件。

但 Gizmodo 获得的内部电子邮件显示，谷歌云高管们将 Maven 项目视为与军方和情报机构开展业务的"黄金机会"。而最初的合同价值至少 1500 万美元，预计该项目的预算将增长到高达 2.5 亿美元。

桑达尔·皮查伊

桑达尔·皮查伊（Sundar Pichai）1972 年出生于印度，曾获印度 IIT-Kharagpur 学士学位、斯坦福大学硕士学位、宾夕法尼亚大学沃顿商学院 MBA。现任谷歌首席执行官。

桑达尔·皮查伊于2004年加入谷歌，长期以来主要负责Chrome、谷歌工具栏等产品。2013年3月14日，桑达尔·皮查伊正式接替安迪·鲁宾（Andy Rubin）担任谷歌Android总裁一职。

2017年7月，谷歌母公司Alphabet宣布，谷歌CEO桑达尔·皮查伊加入董事会。

2019年12月，桑达尔·皮查伊将接任，并同时担任Alphabet的CEO和谷歌的CEO。

经典语录：

桑达尔·皮查伊：人工智能必须得搞，但要负责任地搞

2023年谷歌母公司CEO桑达尔·皮查伊公开撰文，阐述了谷歌对人工智能建设责任感的想法和做法。

首先，大胆追求创新，让人工智能惠及所有人。我们将继续用人工智能对谷歌搜索、Gmail、安卓系统和谷歌地图等现有产品进行显著升级。

其次，我们正在确保负责任地开发和部署人工智能技术，这凸显了我们对赢得用户信任的坚定承诺。这就是为什么我们在2018年发布了人工智能原则，植根于一种信念，即人工智能的发展应该造福社会，同时避免有害的应用。

最后，发挥人工智能的潜力不是靠一家公司就能单独完成的。早在2020年，我就分享了我的观点，即人工智能需要以一种能平衡创新和潜在危害的方式进行监管。如今，这项技术正处于一个关键的转折点，随着我本周重返欧洲，我仍然认为：人工智能太重要了，不能不监管，不能不好好地监管。

对于人工智能即将取代搜索引擎的未来，桑达尔·皮查伊表示谷歌搜索引擎已经伴随用户历经了十余年的发展，用户体验在短时间内并非人工智能工具能够达到的高度，同时他也认为类似Bard这样的人工智能工具对于搜索引擎来讲是一种"进化"而非"革命"，这也是谷歌目前已经将人工智能支持的进阶搜索结果整合谷歌搜索的原因之一。

谷歌关于人工智能应用设计开发的七条原则可简述如下：

（1）在社会层面有益。

人工智能技术的应用范围越来越广，越来越影响到整个社会。人工智能将对医

疗保健、安全、能源、运输、制造和娱乐等领域产生重大影响。应考虑人工智能技术发展和应用带来的一系列的社会和经济问题，并在整体收益远超过可预见的风险和弊端的情况下继续推进技术和应用创新。

人工智能还提高了理解大规模内容含义的能力。这将努力使用人工智能来随时提供高质量和准确的信息，同时尊重所在国家的文化、社会和法律准则。还将继续仔细评估何时可以在非商业基础上让大家使用谷歌的技术。

（2）避免造成或加强不公正的偏见。

人工智能算法和数据集可以反映、加强或减少不公平的偏见。必须承认，区分公平和不公平的偏见并不总是很简单，并且在不同的文化和社会中是不同的。谷歌将努力避免对人们造成不公正的影响，特别是与种族、民族、性别、国籍、收入、性取向、能力以及政治或宗教信仰等敏感特征有关的人。

（3）提前测试安全性。

谷歌将继续开发和应用强大的安全和保障措施，以避免造成引起伤害的意外结果。谷歌将设计自己的人工智能系统，使其保持适当的谨慎，并根据人工智能安全研究的最佳实践开发它们。在适当的情况下，将在有限的环境中测试人工智能技术，并在部署后监控其操作。

（4）对人类负责。

谷歌将设计能够提供反馈、相关解释和说明的人工智能系统。谷歌的人工智能技术将受到人类适当的指导和控制。

（5）纳入隐私设计原则。

谷歌将在开发和使用人工智能技术时融入隐私原则，在隐私保护措施的架构以及数据的使用方面，对用户保持适当的透明度，通知用户并获取其同意。

（6）坚持高标准的科学探索。

技术创新植根于科学的方法和开放式调查的承诺，学术严谨，诚信和合作。人工智能将在生物学、化学、医学和环境科学等关键领域开辟科学研究和知识的新领域。谷歌将致力于促进人工智能的发展，追求高标准的科学卓越。

谷歌将与广大股东合作，通过科学严谨和跨学科的方式来全面促进该领域的发展。谷歌将通过发布教育材料，以及通过发布可以促进更多开发人工智能应用的最佳实践和研究来分享人工智能知识。

（7）在使用中考虑首要用途、技术的独特性及适用性、使用的规模这三个因素。

许多技术有多种用途。谷歌将努力限制可能有害或被滥用的应用程序。在开发和部署人工智能技术时，将根据以下因素评估可能的用途。

主要目的和用途：技术和应用的主要目的和可能的用途，包括解决方案与有害用途的相关性或适用程度。

普遍与独特：谷歌的技术是独一无二的还是普遍适用的。

规模：这项技术的使用是否会产生重大影响。

值得注意的是，第3、4条原则特别强调了在测试和运行人工智能应用时的"安全性监视"和"保持对人的反馈、控制机制"。这与人工智能突破深度学习算法的不透明性，进而可能会带来巨大不确定性直接相关。经典人工智能算法建立在"归纳建模"思路上，模型来自对规律或规则的归纳。深度学习的思路在于建立"预测模型"，用一个万能函数来拟合用户所提供的数量庞大的训练样本，从而用参数集刻画出离散样本之间的外在联系。这使得程序底层运算过程成了一个"黑箱"，即输出结果在运转中会产生意想不到或期待之外的结果，引发了业界对人工智能失控风险的各种担忧。所以这两条原则特别强调了人工智能开发中设计者要能在运行环境内或时间节点上保持监控、限制和介入的能力。

除上述人工智能应用七条原则外，谷歌还提出以下四条底线。

（1）对于那些将产生或者导致伤害的整体性技术，谷歌将确保其利大于弊，并将做好确保安全的相关限制。

（2）不会将人工智能用于制造武器及其他将会对人类产生伤害的产品。

（3）不会将人工智能用于收集或使用用户信息，以进行违反国际公认规范的监视。

（4）不会将人工智能用于违反国际法和人权的技术开发。

谷歌人工智能业务的掌门人杰夫·迪恩表示他们基于这套原则，已经审查了超过100个项目，并对数千名谷歌员工进行机器学习公平性方面的培训。

杰夫·迪恩

他早期曾大幅提高谷歌搜索的质量，后续是谷歌大脑业务的负责人，并在 2018 年开始掌舵谷歌人工智能业务。

多年来，迪安把他的部门当作一所大学来管理，鼓励研究人员大量发表学术论文。根据谷歌 Research 网站的数据，2019 年以来，他们推出了近 500 项研究。

据《纽约时报》，迪恩在公司研究部门的季度会议上说，OpenAI 通过阅读其团队的科学论文来跟上谷歌的步伐。事实上，Transformers——最新人工智能技术的基础部分和 ChatGPT 中的"T"起源于谷歌的一项研究。

2023 年 2 月，迪恩向员工宣布了一项惊人的政策转变：他们将推迟与外界分享自己的研究成果。迪恩说，谷歌将充分运用自己的人工智能发现，只有在实验室工作转化为产品后才会分享论文。

2. IBM 发布"人工智能伦理三大原则、五大信任支柱"

IBM 人工智能技术

2017 年，IBM 首席执行官罗梅蒂在达沃斯世界经济论坛上发表演讲，介绍了 IBM 人工智能技术部署的基本原则，即"人工智能伦理三大原则、五大信任支柱"。

三大原则是：人工智能的目的是增强人类的智慧；数据和观点都属于它们的创造者；技术必须是透明和可解释的。

（1）人工智能的目的是增强人类的智慧。IBM 称旗下的人工智能系统是为了扩充人类智慧。罗梅蒂表示，"人工智能不会在近期内取代人类""我们的技术、产品、服务和政策旨在加强和扩展人类的能力、专业知识和潜力。我们的立足点不仅仅是基于原则，也是基于科学。认知系统不会具有实际意义上的意识或成为独立的个体"。

（2）数据和观点都属于它们的创造者。IBM 将就旗下人工智能的开发和部署的时间表和目的公开细节。此外，用于训练人工智能数据也将是透明的，IBM 鼓励客户在保护自己的数据的同时采用类似的方法。

（3）技术必须是透明和可解释的。人工智能部署需要将人类因素纳入有关的等式里，要帮助普罗大众获取使用新服务所需的技能。

罗梅蒂的原则颇为广泛，但在实行这些原则时可能会遇到困难。IBM 可以公开自己的人工智能训练和用到的数据，但业界各行业以及企业和政府却可能做不到。

遵循这三项原则，罗梅蒂还针对开发和推广人工智能技术，提出了五大信任支柱，分别是公平性、可解释性、鲁棒性、透明性、隐私性。

（1）公平性。人工智能系统应公平对待对个人或群体。当然，对于人工智能系统公平性的判断应当基于其具体使用环境作出。

（2）可解释性。这是指人工智能系统在提供预测和洞见时应当相应地提供可被人类理解的解释。

（3）稳健性（鲁棒性）。指人工智能系统有效处理异常情况的能力，如输入异常。

（4）透明性。一些设计和开发的相关的必要信息应当作为人工智能系统自身的一部分被公开。

（5）隐私性。指人工智能系统重视和保障用户隐私和数据权利的能力。

针对个人信息泄露、算法歧视等风险，IBM 宣布不再开发、提供任何面部识别相关技术。IBM 首席执行官阿文德·克里什纳在递交给美国国会议员的一封信中提到了这个决定，并表示"IBM 反对使用任何技术（包括其他供应商提供的面部识别技术）来监视大众、种族定性、侵犯基本人权和自由，以及用于任何与我们价值观及原则不一致的目的"。

值得注意的是，IBM 是第一家直言放弃面部识别相关技术与产品的美国科技巨头。

据了解，正如谷歌、微软、亚马逊等其他硅谷巨型科技公司一样，IBM 也早早就开始了有关于面部识别技术的研发与业务拓展，也曾为了消除"算法歧视"而有所作为，包括发布脸部多样性数据集 Diversity in Faces（DiF），该数据集包含 100 万张已标注的人脸图像，旨在加速公平且准确的面部识别系统研究。

然而从业务层面来看，面部识别技术并未给 IBM 带来可观的营收，反而带来了用户的诉讼等负面影响。这么来看，放弃面部识别业务对于 IBM 而言"无伤大雅"。

人物链接：

吉尼·罗梅蒂

西北大学计算机科学和电子工程学双学士学位，是继彭明盛之后 IBM 的又一位掌舵人，也是 IBM 历史上第一位女性 CEO 兼董事长，曾任 IBM 公司董事长、总裁兼首席执行官。2023 年 4 月，罗梅蒂卸任 IBM 首席执行官一职，由 IBM 云公司高级副总裁阿文德·克里什纳（Arvind Krishna）接替出任首席执行官。

经典语录：

罗梅蒂：业界需在人工智能和认知应用程序方面增加透明度及分析其伦理和社会影响。

知识链接：

三种算法歧视

1. 人为造成的歧视

人为造成的歧视指由于人为原因而使算法将歧视或偏见引入决策过程中。

2. 数据驱动造成的歧视

数据驱动造成的歧视指由于原始训练数据存在偏见，导致算法的结果带有歧视性。人工智能系统的核心是基于智能算法的决策过程，这一过程依赖大量的数据输入。对于复杂的机器学习算法来说，数据的多样性、分布性与最终算法结果的准确度密切相关。在运行过程中，决定使用某些数据而不使用另一些数据，将可能导致算法的输出结果带有不同的偏见或歧视性。数据分布本身就带有一定的偏见。假设编程者手中的数据分布不均衡，例如本地居民的数据多于移民者，或富人的数据多于穷人，这种数据的不均分布就会导致人工智能对社会组成的分析得出错误的结论。例如由于城市数据易于统计、偏远山村的数据偏于缺失等原因导致公民数据分布不均衡，最终人工智能对国家贫富水平的估计就会出现偏差，而相应结果可能会直接影响国家的脱贫攻坚计划。

　　3. 机器自我学习造成的歧视

　　机器自我学习造成的歧视指机器在学习的过程中会自我学习到数据的多维不同特征或者趋向，从而导致的算法结果带有歧视性。机器学习算法的核心是从初始提供的数据中学习模式，使其能在新的数据中识别类似的模式。但实际应用并非都能达到人们的预期，有时甚至产生非常糟糕的结果。这是因为，计算机的决策并非事先编写好的，从输入数据到做出决策的中间过程是难以解释的机器学习，甚至是更为先进的自动学习。在这过程中，人工智能背后的代码、算法存在着超乎理解的技术"黑箱"，导致无法控制和预测算法的结果，而在应用中产生某种歧视。

3. 微软发布"六大人工智能伦理原则"

微软 AI

2018 年，微软发表了《未来计算》一书，其中提出了人工智能开发的六大原则：公平、可靠和安全、隐私和保障、包容、透明、责任。

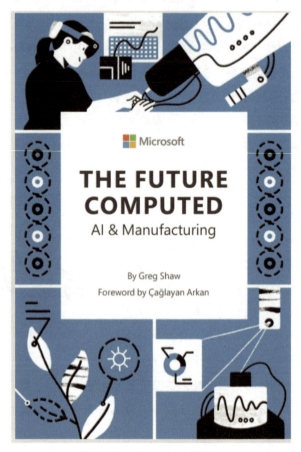

微软《未来计算》图书封面

1）公平性

公平性是指对人而言，不同区域的人、不同等级的所有人在人工智能面前是平等的，不应该有人被歧视。

人工智能数据的设计均始于训练数据的选择，这是可能产生不公的第一个环节。训练数据应该足以代表人类生存的多样化的世界，至少是人工智能将运行的那一部分世界。以面部识别、情绪检测的人工智能系统为例，如果只对成年人脸部图像进行训练，这个系统可能就无法准确识别儿童的特征或表情。

禁止歧视

　　确保数据的"代表性"还不够，种族主义和性别歧视也可能悄悄混入社会数据。假设设计一个帮助雇主筛选求职者的人工智能系统，如果用公共就业数据进行筛选，系统很可能会"学习"到大多数软件开发人员为男性，在选择软件开发人员职位的人选时，该系统就很可能偏向男性，尽管实施该系统的公司想要通过招聘提高员工的多样性。

　　如果人们假定技术系统比人更少出错、更加精准、更具权威，也可能造成不公。许多情况下，人工智能系统输出的结果是一个概率预测，比如"申请人贷款违约概率约为70%"，这个结果可能非常准确，但如果贷款管理人员将"70%的违约风险"简单解释为"不良信用风险"，拒绝向所有人提供贷款，那么就有三成的人虽然信用状况良好，贷款申请也被拒绝，导致不公。因此，需要对人进行培训，使其理解人工智能结果的含义和影响，弥补人工智能决策中的不足。

2）可靠性和安全性

　　可靠性和安全性指的是人工智能使用起来是安全的、可靠的，不作恶的。

　　案例1：全美热议的自动驾驶车辆的话题。之前有新闻报道，一辆行驶中的特斯拉系统出现了问题，车辆仍然以每小时70英里的速度在高速行驶，但是驾驶系统已经死机，司机无法重启自动驾驶系统。为什么自动驾驶车辆的系统安全性完全是松监管甚至是无监管的？这就是一种对自动化的偏见，指的是过度相信自动化。因此，这是一个很奇怪的矛盾：人类过度地信赖机器，但是这与人类的利益是冲突的。

案例 2：在旧金山，一个已经喝多了的特斯拉车主直接进到车里打开了自动驾驶系统，睡在车里，然后这辆车就自动开走了。这个特斯拉的车主觉得："我喝醉了，我没有能力继续开车，但是我可以相信特斯拉的自动驾驶系统帮我驾驶，那我是不是就不违法了？"事实上这也属于违法的行为。

3）隐私和保障

人工智能因为涉及数据，所以还会引起个人隐私和数据安全方面的问题。

案例 1：美国一个非常流行的健身 App——Strava，比如你骑自行车，骑行的数据会上传到平台上，在社交媒体平台上有很多人就可以看到你的健身数据。问题随之而来，有很多美国军事基地的在役军人也在锻炼时使用这个 App，他们锻炼的轨迹数据全部上传了，整个军事基地的地图数据在平台上就都有了。美国军事基地的位置是高度保密的信息，但是军方从来没想到一款健身的 App 就轻松地把数据泄露出去了。

Strava 应用程序

4）包容性

包容性的道德原则，要考虑到世界上各种功能障碍的人群。

案例 1：领英有一项服务叫"领英经济图谱搜索"。领英、谷歌和美国一些大学联合做过一个研究，研究通过领英实现职业提升的用户中是否存在性别差异？这个研究主要聚焦了全美排名前 20 的 MBA 部分毕业生，他们在毕业之后会在领英描述自己的职业生涯，他们主要是对比这些数据。研究的结论是，至少在全美排名前 20 的 MBA 毕业生中，存在自我推荐上的性别差异。如果你是一个男性的 MBA 毕业生，通常你在毛遂自荐的力度上要超过女性。

领英经济图谱搜索

如果你是一个公司负责招聘的人，登录领英的系统，就会有一些关键字要选，其中有一页是自我总结。在这一页上，男性对自己的总结和评估通常都会高过女性，女性在这方面对于自我的评价是偏低的。所以，作为一个招聘者，在招聘人员的时候其实要获得不同的数据信号，要将这种数据信号的权重降下来，才不会干扰对应聘者的正常评估。

但是，这又涉及一个程度的问题，这个数据信号不能调得过低，也不能调得过高，要有一个正确的度。数据能够为人类提供很多的洞察力，但是数据本身也包含一些偏见。那如何从人工智能、伦理的角度来更好地把握这样一个偏见的程度，来实现这种包容性，这就是人工智能包容性的内涵。

5）透明度

在过去十年，人工智能领域突飞猛进，其中最重要的一个技术突破就是深度学习。深度学习是机器学习中的一种模型。在现阶段，深度学习模型的准确度是所有机器学习模型中最高的。但它存在透明度的问题，透明度和准确度无法兼得，只能在二者权衡取舍，如果你要更高的准确度，就要牺牲一定的透明度。

案例 1：李世石和 AlphaGo 的围棋赛的例子。AlphaGo 打出的很多手棋事实上是人工智能专家和围棋职业选手根本无法理解的。如果你是一个人类棋手，你绝对不会下出这样一手棋。所以到底人工智能的逻辑是什么、思维是什么，人类目前不清楚。

所以现在面临的问题是深度学习的模型很准确，但是它存在不透明的问题。如果这些模型、人工智能系统不透明，就有潜在的不安全问题。

李世石和 AlphaGo 对弈

案例 2：为什么透明度这么重要？举个例子，20 世纪 90 年代，在卡内基梅隆大学，有一位学者在做有关肺炎方面的研究，其中一个团队做基于规则的分析，帮助确定患者是否需要住院。基于规则的分析准确率不高，但由于基于规则的分析都是人类能够理解的一些规则，因此透明性好。他们"学习"到哮喘患者死于肺炎的概率低于一般人群。

然而，这个结果显然违背常识，如果一个人既患有哮喘，也患有肺炎，那么死亡率应该是更高的。这个研究"学习"所得出的结果，其原因在于，一个哮喘病人由于常常会处于危险之中，一旦出现症状，他们的警惕性更高、接受的医护措施会更好，因此能更快得到更好的医疗。这就是人的因素，如果你知道自身有哮喘，就会迅速采取应急措施。

人的主观因素并没有作为客观的数据放在训练模型的数据图中，如果人类能读懂这个规则，就可以对其进行判断和校正。但如果它不是基于规则的模型，不知道它是通过这样的规则来判断，是一个不透明的算法，它得出了这个结论，人类按照这个结论就会建议哮喘患者不要住院进行治疗，这显然是不安全的。

所以，当人工智能应用于一些关键领域，比如医疗领域、刑事执法领域的时候，一定要非常小心。比如某人向银行申请贷款，银行拒绝批准贷款，这个时候作为客户就要问为什么，银行不能说我是基于人工智能，必须给出一个理由。

6）责任

人工智能系统采取了某个行动，做了某个决策，就必须为自己带来的结果负责。人工智能的问责制是一个非常有争议的话题，比如自动驾驶涉及一个法律或者立法的问题。在美国已经出现多例因为自动驾驶系统导致的车祸。如果是机器代替人来进行决策、采取行动出现了不好的结果，到底由谁来负责？必须要采取问责制，当出现了不好的结果，不能让机器或者人工智能系统当替罪羊，人必须是承担责任的。

但现在的问题是我们不清楚基于全世界的法律基础而言，到底哪个国家具备能够处理类似案件的能力。（美国）很多案件的裁决是基于"判例法"进行判定的，但是对于这样一些案例，没有先例可以作为法庭裁决的法律基础。

其实不仅是自动驾驶，还有其他很多领域，比如刑事案件问题，还有涉及军事领域的问题。现在有很多的武器已经自动化或者是人工智能化了，如果是一个自动化的武器杀伤了人类，这样的案件应该如何裁定？

这就要牵涉到法律中的法人主体的问题，人工智能系统或全自动化系统是否能作为法人主体存在？它会带来一系列的法律的问题：人工智能系统是否可以判定为是一个法律的主体？如果你判定它是一个法律的主体，那就意味着人工智能系统有自己的权力，也有自己的责任。如果它有权力和责任，就意味着它要对自己的行为负责，但是这个逻辑链是否成立？如果它作为一个法律主体存在，那么它要承担相应的责任，也享有接受法律援助的权利。因此，法律主体一定要是人类。

知识链接：

人工智能发展带来个人信息保护风险

1. 数据收集环节

首先，人工智能应用将会在用户毫不知情的状态下获取用户个人信息。例如，在无人机进入的领域，可在他人完全不知情的情况下对其生活、图像等进行拍摄，获取他人隐私。智能家居也会为了实现对于用户需求的实时响应，通过传感器全天候不间断地采集用户家中的各类数据，并向服务器进行传输，收集数据的范围和种类可能远远超过了所请求用户获取的数据范围。

此外，随着大数据、人工智能等技术的应用，个人生物识别信息的收集越来越普遍。尤其是指纹、声纹、面部图像等信息，企业既可能把这些信息用于提供服务，也可能为了获取信息用于商业广告等盈利活动。考虑到生物信息商用的情况越来越多，而生物信息本身的危险性又更高（更容易造成身份盗用，而且目前与金融等其他个人信息的关联更加紧密），目前国外一些立法对于生物识别信息规定了更为严格的收集、使用要求。2019年7月，继旧金山之后，萨默维尔成为美国第二个禁止面部识别的城市。

2. 数据存储环节

首先，人工智能的发展对系统的数据存储处理能力提出高要求。例如，自动驾驶汽车摄像机和雷达等设备产生的数据每秒有10GB之多，所有数据都要经过压缩和处理并传向云端，目前这些数据仍然是测试车辆所产生的，已经带来了巨大的数据处理和存储问题，如果未来自动驾驶走向商用，这些数据量乘以汽车的数量，对数据存储的管理将带来极大的挑战。

其次，随着个人数据商业化价值被不断开发，企业数据存储逐渐"云化"，个人数据的泄露问题成为数据安全领域的核心关注之一，巨型互联网企业的问题尤其严重。仅2018年上半年，就发生了脸书、MyHeritage、UnderArmour、Exactis、Aadhaar等一系列数据泄露案件，涉及用户数据规模达到数十亿条。

3. 数据使用环节

首先，人工智能技术能够对数据进行深度挖掘分析，个人隐私变得更易被挖掘和暴露。随着权利主体的"终端化"，越来越多的数据可以被记录，人工智能系统可基于其采集到无数个看似不相关的数据片段，通过运用语音处理、自然语言处理等人工智能技术，将收集到的分散的、彼此独立的用户信息，通过聚合重组、分析比对以及深度挖掘，得到更多与用户隐私相关的信息，识别出个人行为特征甚至性格特征，甚至人工智能系统可以通过对数据的再学习和再推理，对消费者的性格特点、兴趣爱好等进行"画像"，进而预测个人社会生活的全貌，导致现行的数据匿名化等安全保护措施无效。

其次，随着人工智能技术的发展，甚至未来对个人信息的使用和挖掘会深入思维的层面。例如，新华网在首届"智能＋"传媒超脑论坛上推出 Star 生物传感智能机器人，以生物传感机器人实时收集观众的情绪生理变化，通过人机交互等技术转化为数值，同时自动生成体验报告，可以直观看到观众的兴奋值、情绪波峰，从而生产出国内首条"生理传感新闻"，成为情感交互技术在时政新闻领域的首次应用。

二、设立专门机构，加强智能治理

1. 谷歌成立人工智能治理机构——人工智能原则生态系统

2018 年，谷歌宣布人工智能原则的同时，成立了负责任创新核心团队，当初这个团队仅由 6 名员工组成。如今，团队规模已经显著扩大，由数百名谷歌员工构成了数十个创新团队，在人权、用户体验研究、伦理、信任和安全、隐私、公共政策、机器学习等领域构建出一个人工智能原则机构。

谷歌通过这个内部的人工智能原则机构来实施负责任人工智能的创新实践，帮助谷歌技术开发人员将负责任人工智能落实到他们的工作当中。这个机构的核心是一个三层治理架构，如下图所示。

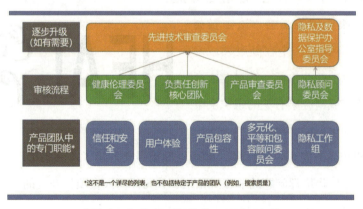

谷歌人工智能原则机构的三层治理架构

第一层是产品团队。由专门负责用户体验、隐私、信任和安全等方面的专家组成，这些专家提供与人工智能原则相一致的专业知识。

第二层是专门的审查机构和专家团队。由负责任创新核心团队、隐私顾问委员会、健康伦理委员会以及产品审查委员会四个部门组成。

（1）负责任创新核心团队。该团队为整个公司实施人工智能原则提供支持。公司鼓励所有员工在整个项目开发过程中参与人工智能原则的审查。一些产品领域已经建立了审查机构，以满足特定的受众和需求，如谷歌云（Google Cloud）中的企业产品、设备和服务（Devices and Services）中的硬件、谷歌健康（Google Health）中的医学知识。

谷歌健康

（2）隐私顾问委员会。该委员会负责审查所有可能存在潜在隐私问题的项目，包括（但不仅限于）与人工智能相关的问题。

（3）健康伦理委员会。该委员会成立于2020年，是一个在健康领域发挥指导、决策功能的论坛，针对健康产品、健康研究或与健康有关的组织决策等领域产生的伦理问题提供指导，保护

健康伦理咖啡论坛

谷歌用户和产品的安全。2021年，健康伦理委员会创建了"健康伦理咖啡论坛"，这是一个讨论生物伦理问题的非正式论坛，公司任何人在项目开发的任何阶段都可以在此进行讨论。

（4）产品审查委员会。这是一个专门为特定产品领域而设立的审查委员会。其中包括谷歌云的负责任人工智能产品委员会和交易审查委员会，其旨在确保谷歌云的人工智能产品、项目以系统、可重复的方式与谷歌人工智能原则保持一致，并将道德、责任嵌入了设计过程中。产品委员会专注于云人工智能和行业解决方案所构建的产品。根据人工智能原则对社会技术前景、机会以及危害进行综合审查，并与

跨职能、多样化的委员会进行现场讨论，从而形成一个可操作的协调计划。交易审查委员是一个由 4 名跨职能的高级执行成员组成的委员会。所有决定的作出都必须得到所有 4 名委员会成员的完全同意，并根据需要逐步升级。谷歌人工智能原则生态系统的相关人员会帮助委员会了解讨论的内容，避免其凭空作出决定。

第三层是先进技术审查委员会。这是一个由高级产品、研究和商业主管轮流担任委员的委员会，代表着谷歌多个部门的不同意见。该委员会处理升级问题以及最复杂的先例性案例，并建立影响多个产品领域的策略，权衡潜在的商业机会和某些应用程序的道德风险。

案例一：谷歌云的负责任人工智能产品审查委员会和负责任人工智能交易审查委员会为避免加重算法不公平或偏见，决定暂停开发与信贷有关的人工智能产品。

2019 年，谷歌云的负责任人工智能产品审查委员会评估了信用风险和信誉领域的产品。虽然谷歌希望人工智能能够进入信贷领域，并在增进金融普惠和财务健康方面发挥作用，但产品审查委员会最终否定了这项产品——用当下的技术、数据打造的信用可靠性产品，可能在性别、种族和其他边缘化群体方面产生差别影响，并与谷歌"避免创造或加强不公平的偏见"的人工智能原则相冲突。

2020 年中，产品审查委员会重新评估并重申了这一决定。在过去的一整年中，交易审查委员会评估了多个与信贷评估有关的人工智能应用。每一项应用都会根据其特定的用例进行评估，交易审查委员会最终决定拒绝进行其中的许多业务。多年的经验和教训让谷歌确信：在风险得到适当缓解之前，应该暂停开发与信贷相关的定制人工智能解决方案。这个方针从去年开始生效，并一直持续到今天。

案例二：先进技术审查委员会基于技术问题与政策考量，拒绝通过面部识别审提案。

2018 年，先进技术审查委员会处理了谷歌云产品的审查提案，决定在解决重大技术、政策问题之前，不提供通用面部识别 API，并建议团队专注于专用人工智能解决方案。随后，公司内外相关人员对此进行了大量的投入，经过团队的多年努力，谷歌云开发了一个高度受约束的名人专用 API2（Celebrity Recognition API2），并寻求 ATRC 的批准，最终 ATRC 同意发布该产品。

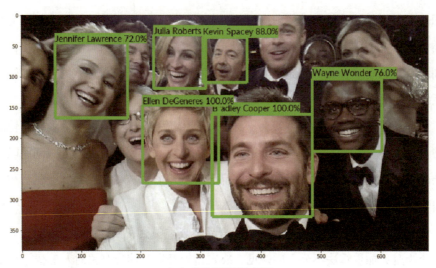

名人人脸识别示意图

案例三：先进技术审查委员会对涉及大型语言模型的研究进行审查，认为其可以谨慎地继续。

2021 年，先进技术审查委员会审查的其中一个主题是关于大型语言模型的发展。审查之后，先进技术审查委员会决定，涉及大型语言模型的研究可以谨慎地继续，但在进行全面的人工智能原则审查之前，此模型不能被正式推出。

此外，除了在理论原则层面坚持提升算法的透明度之外，谷歌也做过切实的尝试。2014 年，谷歌在收购 DeepMind 时，承诺成立一个内部的伦理委员会，以审查人工智能设计与应用的伦理问题，但该委员会一直是秘密的。

谷歌 DeepMind

2017 年，根据 Wired 报道，DeepMind 成立了一个专门研究伦理学、透明度与独立性的部门。DeepMind 表示，新部门主要是为了帮助技术人员了解其工作的伦理性，使社会能受益于人工智能。该部门将在网上发布所有研究成果。DeepMind

伦理与社会（DMES）部门成员包括 25 名 DeepMind 员工和 6 名无报酬的外部研究员。该部门将由技术顾问肖恩·莱加西克（Sean Legassick）和谷歌前英国和欧盟政策经理兼政府顾问维里蒂·哈丁（Verity Harding）领导。它将与 DeepMind 的技术人员一起，资助六个方面的外部研究：隐私透明度和公平性、经济影响、管理和责任、管理人工智能风险、人道主义和价值观以及人工智能如何应对世界的挑战。

2019 年 3 月，谷歌设立了外部的咨询委员会，以帮助谷歌在研发人工智能时听取更多的外部意见，更好地履行自己的人工智能准则。然而，该委员会设立不到 1 个月，便被谷歌解散。

2. IBM 成立人工智能治理机构——人工智能伦理委员会

IBM 在人工智能伦理践行方面主要由人工智能伦理委员会负责，公司人工智能治理框架的所有核心内容均处于人工智能伦理委员会之下。委员会负责制定指导方针，并为人工智能的设计、开发和部署工作保驾护航，旨在支持整个公司的所有项目团队执行人工智能伦理原则，并敦促公司和所有员工坚守负责任人工智能的价值观。

该委员会是一个跨学科的中央机构，委员会成员是来自公司各个部门的代表，针对业务部门、科研部门、营销部门、宣传部门等的工作制定决策。此外，委员会还帮助业务部门了解对技术特征的预期，帮助公司各部门在人工智能伦理领域做到相互熟悉和了解，以便更好地开展协作。

同时，人工智能伦理委员会还将依据公司人工智能原则、具体核心内容以及技术特征，审查业务部门可能向客户提供的新产品或服务的提案。审查未来可能与客户达成的交易时，委员会主要关注以下三个方面：①技术特征；②技术的应用领域；③客户本身，即审查客户以往是否妥善遵循负责任人工智能原则。

案例：新冠疫情期间，人工智能伦理委员会参与数字健康通行证开发、部署阶段的评审工作。

为协助新冠疫情治理，IBM 制定了数字健康通行证。该通行证的开发团队从最早的概念阶段开始，就向委员会征询意见，通用的"疫苗护照"可能导致隐私问题或不公平的访问，因此 IBM 的解决方案是只有在个人同意后才能共享个人信息，并使每个人都受益。委员会参与了开发阶段，并在部署解决方案时继续进行评审。

3. 微软设置三个专门治理机构负责人工智能伦理践行

微软主要有三个内设机构负责人工智能伦理践行方面的事务。它们分别是负责任人工智能办公室（ORA）、人工智能伦理与工程研究委员会（Aether），以及负责任人工智能战略管理团队（RAISE）。

三个内设机构的具体职能

部门	职能
ORA	制定公司内部的负责任 AI 规则；帮助公司及客户团队赋能；审查敏感用例；推进立法立规
Aether	专注于公平与包容、安全可靠、透明可解释、隐私保障、人工智能交互协作领域，就人工智能创新带来新问题、新挑战和新机遇，向公司领导层提供建议
RAISE	建立负责任 AI 的工具和系统；帮助工作团队落实负责任 AI 规则；为工程团队提供 AI 伦理合规工具

1）负责任人工智能办公室

2019 年，微软创建了负责任人工智能办公室，以协调合理的人工智能治理。主要有四个职能：制定公司内部的负责任人工智能规则；团队赋能，帮助公司以及客户落实人工智能伦理规则；审查敏感用例，确保微软人工智能原则在开发和部署工作中得到实施；推进立法、规范、标准的制定，确保人工智能技术有助于提升社会福祉。通过这些行动，人工智能办公室将微软的人工智能伦理原则付诸实践。

2019 年，推出了负责任人工智能标准的第一版。负责任人工智能标准是一个将微软的高级别原则转化为微软的工程团队的可操作指南的框架。2021 年，微软描述了实施这一计划的关键组成部分，包括扩大治理结构、培训员工掌握新技能，以及支持实施的流程和工具。而且，在 2022 年，微软升级了其负责任人工智能标准，并将其推向第二版。它规定了如何使用实用的方法来建立人工智能系统，提前识别、测量和减轻危害，并确保从一开始就将控制措施纳入人工智能系统。

2）人工智能伦理与工程研究委员会

人工智能伦理与工程研究委员会于 2017 年设立，该委员会由产品开发、研究员、法律事务、人力资源等部门的负责人组成，专注于公平与包容、安全可靠、透明可解释、隐私保障、人工智能交互协作领域，积极制定内部政策，并决定怎样负责任地处理出现的问题。当部门内部出现问题时，委员会以研究、反思和建议来回应，这些针对特定案例的建议可能演变为公司通用的理念、政策和实践。

3）负责任人工智能战略管理团队

旨在使负责任人工智能的要求整合到团队日常开发过程中。其有三项职能：建立负责任人工智能的工具和系统，帮助公司及客户实现人工智能伦理落地；帮助工作团队落实负责任人工智能规则，将负责任人工智能的要求整合到日常工作中；为工程团队提供合规工具，以监控和执行负责任人工智能规则的要求。

4. 推特成立专门治理机构——META 团队

META（Machine Learning Ethics, Transparency & Accountability）团队是一个由公司内部的工程师、研究人员和数据科学家组成的专门小组，主要工作是评估公司使用的算法造成或可能造成的无意伤害，并帮助推特确定待处理问题的优先级。

META 团队

META 团队致力于研究人工智能系统的工作原理，并改善人们在推特上的体验，比如删除一种算法，让人们对自己发布的图片有更多的控制权，或者当这些图片对某个特定社区产生巨大影响时，推特会制定新的标准来设计和制定政策。META 团队工作的成果可能并不总是转化为可见的产品变化，但在机器学习的构建和应用上带来更高层次的认知，并对重要问题作出讨论。

案例：对性别和种族偏见的深入研究。

META 团队正在对图像裁剪算法中的性别和种族偏见进行"深入分析和研究"，其中包括对图像裁剪（显著性）算法的性别和种族偏见分析，对不同种族亚群体的"主页"时间线推荐内容进行公平性评估以及针对七个国家不同政治意识形态的内容推荐分析。

三、成立技术联盟，共同开展治理

1. 头部企业联合成立人工智能伙伴关系

2016 年 9 月 28 日，谷歌、脸书、IBM、亚马逊和微软共同宣布成立一家非营利机构——人工智能伙伴关系（Partnership on AI，PAI）。之后，英特尔、Salesforce、eBay、索尼、SAP、麦肯锡、Zalando 和 Cogitai 加入。除此之外，还有 62 个非营利机构成为人工智能伙伴关系新会员。合作组织内一些非营利机构有意促进人工智能的持续研究，确保大家可以从人工智能中获得公平的益处。

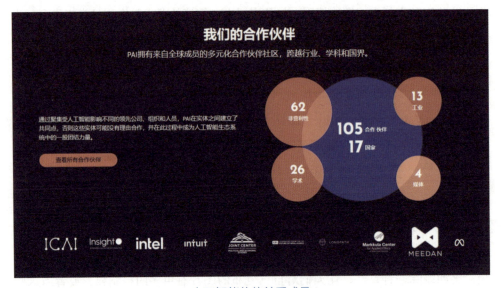

人工智能伙伴关系成员

人工智能伙伴关系旨在汇集全球不同的声音，以保障人工智能在未来能够安全、透明、合理地发展，让世界更好地理解人工智能的影响。人工智能伙伴关系工作目标包括：一是为人工智能的研究提供示范，涉及的领域包括伦理、公平和包容性；透明性、隐私性和共同使用性；人和人工智能系统之间的合作；以及相关技术的可靠性与鲁棒性。二是从专业的角度促进公众对人工智能的理解与科普，并定期分享人工智能领域的进展。三是为人工智能领域的研究人员提供一个可供讨论和参与的开放式平台，让研究者们之间的沟通更简单无阻。

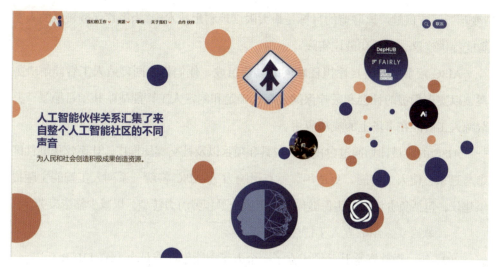

人工智能伙伴关系

2018 年，人工智能伙伴关系提出六大伦理倡议，包括：确保人工智能是安全的、值得信赖的；打造公平、透明且负责任的人工智能；确保人工智能发展带来的成果得到广泛共享；确保人类与人工智能系统间的协作；促进相关深层合作与公开对话；利用人工智能的快速发展实现积极的结果。

知识链接：

百度加入人工智能伙伴关系后不到 2 年退出

2018 年 10 月 16 日，人工智能伙伴关系在最新公告中欢迎首位中国新成员百度加入，并称此次合作是"建立一个真正全球性合作机构的重要一步"。未来百度将与人工智能伙伴关系中的其他成员一同致力于人工智能研发标准和全球性人工智能政策制定。

2020 年 6 月 19 日，百度宣布退出由美国企业领导的人工智能伙伴关系。百度给出的理由是会费问题，在一份声明中表示"我们与人工智能伙伴关系有着共同的愿景，并致力于促进人工智能技术发展。我们正在就续订会员资格进行讨论，并愿意接受其他机会，与业界同行就人工智能领域进行合作。"但在中美关系的大背景下，显然这个理由有些牵强。事实上随着中美关系的恶化，在涉及人工智能等关键技术方面时，两国企业和人员在合作或寻找共同点方面面临越来越多的挑战，在这种情况下，百度的退出也是如此。

2. 微软牵头组织成立人工智能产业创新联盟

微软与一些组织结成人工智能产业创新联盟（AI3C），通过采用人工智能来

"变革"医疗保健。该联盟的目标是最大限度地利用技术,"为医疗保健领域的人工智能提供建议、工具和最佳实践"。

AI3C董事会将由自愿担任顾问的高管组成。他们将共同创造人工智能解决方案,以实现积极的社会和医疗保健成果,确定和制定人工智能战略和项目愿景,并跟踪人工智能在市场上的成功应用。

AI3C的成员计划通过白皮书、工具和项目以及社交媒体推广,让医疗保健社区参与进来,使人工智能"更适用、更有影响力"。AI3C将就一系列人工智能主题提供建议,包括负责任的卫生保健创新、卫生公平和劳动力转型,以减少临床疲劳。

3. 微软牵头组织成立人工智能伦理委员会

2017年,微软宣称其已经成立了一个人工智能伦理委员会(AETHER)。

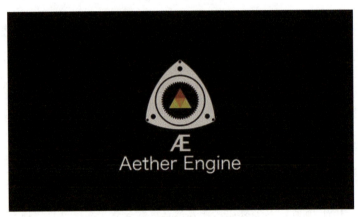

Aether Engine(游戏引擎)

AETHER旨在关注人工智能技术应用中的社会伦理问题,促进机器学习算法的公平性和透明性,并负责审查和监督人工智能技术在各行各业的应用。该委员会由来自不同领域的专家组成,包括计算机科学、社会科学、法律和人类学等。

AETHER的目标是为人工智能技术的开发和应用制定一系列准则和标准,以确保其符合社会伦理和公平性的要求。

4. 四家头部企业成立前沿模型论坛,以确保安全性

随着人工智能,尤其是生成式人工智能技术的快速发展,2023年7月26日,微软、OpenAI、谷歌、Anthropic四家领先的人工智能科技公司发布联合公告,宣布成立前沿模型论坛,致力于确保安全、负责任地开发前沿人工智能模型。

四家头部企业

前沿模型论坛的核心目标包括推进人工智能安全研究，促进前沿模型的负责任开发，降低风险，并实现独立、标准化的能力和安全评估；确定前沿模型负责任开发和部署的最佳实践，帮助公众了解这项技术的性质、能力、局限和影响；与政策制定者、学者、民间社会和企业合作，分享有关信任和安全风险的知识；支持开发可以帮助应对社会最大挑战的应用，如减缓和适应气候变化、早期癌症检测和预防、应对网络威胁。

据悉，前沿模型论坛将成立一个咨询委员会，以便开始制定前沿人工智能模型的安全标准建议，并安排一个工作组提供资金，还将成立一个执行委员会来领导其工作。同时该组织还希望与现有的倡议合作，包括人工智能伙伴关系等。

知识链接：

前沿模型

前沿模型论坛将前沿模型定义为大规模机器学习模型，其超过了目前最先进的现有模型，并可以执行各种各样的任务。

四、发布解决方案，规范行业发展

1. 谷歌发布可解释人工智能白皮书

类似于谷歌等大型公司已经意识到算法黑箱问题的弊端，也在试图提高算法的透明度，让公众可以接受算法的预测结果，但是由于同行竞争的激烈性、参考先例的缺失性等因素，这一过程充满着崎岖与挫败，需要不断地推翻与重来。

2019 年，谷歌发布《可解释人工智能白皮书》，主要介绍了谷歌的人工智能平台上的人工智能的可解释性。

该白皮书是谷歌云的人工智能解释产品的技术参考。它的目标用户是负责设计和交付机器学习模型的模型开发人员和数据科学家。谷歌云的可解释产品的目标是让他们利用对人工智能解释性来简化模型开发，并解释模型的行为。

白皮书的目录如下：

（1）特征归因。

（2）特征归因的限制和使用注意事项。

（3）解释模型元数据。

（4）使用 What-IF 工具的可视化。

（5）使用范例。

2. IBM 发布人工智能伦理技术解决方案

IBM 根据人工智能伦理的五大支柱（可解释性、公平性、鲁棒性、透明性、隐私性），提出了五种针对性的技术解决方案，它们分别是 AI Explainability 360 toolkit、AI Fairness 360 toolkit、Adversarial Robustness 360 Toolbox v1.0、AI FactSheets 360、IBM Privacy Portal。

人工智能伦理的五大支柱及相应技术解决方案

五大支柱	技术解决方案	具体内容
可解释性	AI Explainability 360 toolkit	这一开源工具箱涵盖了八种前沿的可解释性方法和两个维度评价矩阵，同时还提供了有效的分类方法引导各类用户寻找最合适的方法进行可解释性分析。有效解决了可解释性多样性、个性化的强烈需求
公平性	AI Fairness 360 toolkit	该工具提供了算法，使开发人员能够扫描最大似然模型，以找到任何潜在的偏见，为人工智能算法中的偏差问题提供开源解决方案

五大支柱	技术解决方案	具体内容
鲁棒性	Adversarial Robustness 360 Toolbox v1.0	一个对抗性机器学习的开源库，为研究人员和开发人员提供最先进的工具，以在对抗性攻击面前防御和验证人工智能模型。解决了人们对人工智能日益增加的信任担扰，特别是在关键任务应用中人工智能的安全性
透明性	AI FactSheets 360	它能够以一种清晰明了的方式，作为技术人员与使用者的沟通介质，增强 AI 可解释性，从而能避免许多情形下的道德和法律问题
隐私性	IBM Privacy Portal	—

（1）AI Explainability 360 toolkit。从普通人到政策制定者、从科研人员到工程技术人员，不同的行业和角色需要各不相同的可解释性。为了有效解决可解释性多样性、个性化的强烈需求，IBM 的研究人员提出了集成可解释性工具箱 AI Explainability 360（AIX360）。这一开源工具箱涵盖了八种前沿的可解释性方法和两个维度评价矩阵，同时提供了有效的分类方法引导各类用户寻找最合适的方法进行可解释性分析。

（2）AI Fairness 360 toolkit。人工智能算法中的偏差问题越来越受到关注，AI Fairness 360 是解决这一问题的开源解决方案。该工具提供了算法，使开发人员能够扫描最大似然模型，以找到任何潜在的偏见，这是打击偏见的一个重要工作，当然也是一项复杂的任务。

（3）Adversarial Robustness 360 Toolbox v1.0。于 2018 年 4 月发布，是一个对抗性机器学习的开源库，为研究人员和开发人员提供最先进的工具，以在对抗性攻击面前防御和验证人工智能模型。它解决了人们对人工智能日益增加的信任担忧问题，特别是在关键任务应用中人工智能的安全性。

（4）AI FactSheets 360。以人工智能事实清单为代表的自动化文档是增强人工智能可解释性的重要方式，它能够以一种清晰明了的方式，作为技术人员与使用者的沟通介质，从而能避免许多情形下的道德和法律问题。人工智能事实清单并不试图解释每个技术细节或公开有关算法的专有信息，它最根本的目标是在使用、开发和部署人工智能系统时，加强人类决策，同时也加快开发人员对人工智能伦理的认可与接纳，并鼓励他们更广泛地采用透明性可解释文化。

3. IBM 发布《人工智能日常伦理指南》

IBM 发布了《人工智能日常伦理指南》，用于贯彻落实 IBM 提出的人工智能伦理道德原则。该指南旨在让人工智能系统的设计者和开发人员系统地考虑人工智能伦理问题，将道德、伦理贯彻在人工智能的全生命流程中。

该指南包括了多个主题，主要如下：

（1）问责制。组织应该确保人工智能系统的开发和部署方式与法律和伦理标准相符合。

（2）可解释性。组织应该确保人工智能系统能够解释其决策，以便人类可以理解并信任人工智能系统。

（3）数据隐私。组织应该确保人工智能系统的数据隐私得到保护，以免出现数据泄露或滥用。

（4）公平性。组织应该确保人工智能系统不会歧视任何人，不会对任何群体造成伤害。

（5）透明度。组织应该确保人工智能系统的训练和操作是透明的，以便人类可以了解和监督人工智能系统的工作。

（6）安全性。组织应该确保人工智能系统的安全性和可靠性，以避免对人类造成伤害或损失。

4. 微软提出人工智能伦理的技术解决方案

针对人工智能伦理实践，微软给出了一系列的技术解决方案。这些技术解决方案包括了贯穿整个人工智能生命周期的技术工具和管理工具，同时，还包括了按照应用场景将需求特性集成到人工智能系统中的工具包，如下图所示。

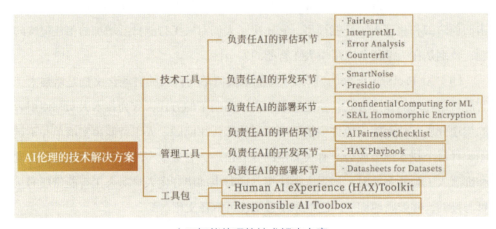

人工智能伦理的技术解决方案

1）技术工具

（1）评估方面。

Fairlearn：一个 Python 工具包 / 库，用于评估给定人工智能模型在一系列公平性指标上的得分，如预测个人收入的模型是否在男性客户群体中的预测效果比女性群体更好，进而发现可能的模型歧视，为模型的改进提供公平性约束。

InterpreteML：一个 Python 工具包 / 库，集成了一系列 XAI（可解释人工智能）的前沿方法。既允许用户从头训练一个可解释的"玻璃箱"模型，还能帮助人们理解 / 解释某些给定的"黑箱"模型。

Error Analysis：一个 Python 工具包 / 库，提供一系列对于主流人工智能模型进行"错误分析"的功能。包括但不限于为误分类样本建立可视化热力图，构建全局 / 局部解释，因果干涉等分析，帮助人们更好探索数据、认识模型。

Counterfit：一个基于命令行的通用检测工具，用于测试给定的人工智能系统在作为开源平台时的稳定性和安全性。

（2）开发方面。

SamrtNoise：一系列基于"差分隐私"的前沿人工智能技术，通过特定方式在人工智能模型训练过程中添加噪声，确保开发者在开发过程中，所用敏感隐私数据不会泄露。

Presidio：一个 Python 工具包 / 库，能帮助使用者高效地识别、管理并模糊大数据中的敏感信息，比如自动识别文本中的地址、电话等。

（3）部署方面。

Confidential Computing for ML：在微软云的系统上，通过机密计算等系统层面的安全手段，保证模型与敏感数据的绝对安全。

SEAL Homomorphic Encryption：使用开源同态加密技术，允许在加密数据上执行计算指令，同时防止私有数据暴露给云运营商。

2）管理工具

AI Fairness Checklist：这个研究项目探讨如何设计人工智能道德清单，以支持更公平的人工智能产品和服务的发展。研究小组与清单的使用者——人工智能从业人员协作，征求他们的意见，形成人工智能的设计、开发和部署全生命周期的检查清单。项目的首批研究已经产生了一个与从业者共同设计的公平性清单，同时也形成了对组织和团队流程如何影响人工智能团队解决公平性危害的见解。

HAX Playbook：一个主动、系统地探索常见人工智能交互故障的工具。Playbook 列出了与人工智能产品应用场景相关的故障，以便为开发者提供有效恢复的方法。Playbook 还提供了实用的指导和示例，以说明如何用较低的成本模拟系统行为，以便进行早期用户测试。

Datasheets for Datasets：机器学习社区目前没有记录数据集的标准化流程，这可能会导致高风险领域的严重后果。为了解决这个差距，微软开发了 Datasheets for Datasets。在电子工业中，每一个组件，无论多么简单或复杂，都有一个数据表（datasheet）来描述其操作特性、测试结果、推荐用途和其他信息。相应的，每一个数据集（dataset）都应该有一个记录其动机、组成、收集过程、推荐用途等的数据表。Datasheets for Datasets 将促进数据集创建者和数据集消费者之间的沟通，并鼓励机器学习优先考虑透明度和问责制。

3）工具包

Human AI eXperience（HAX）Toolkit：一套实用工具，旨在帮助人工智能创造者，包括项目管理和工程团队等主体，在日常工作中采用这种以人为本的方法。

Responsible AI Toolbox：涵盖了错误分析、可解释性、公平性、负责任四个界面，可增进人们对人工智能系统的了解，使开发者、监管机构等相关人员能够更负责任地开发和监控人工智能，并采取更好的数据驱动行动。

5. 微软发布了一系列行动指南

为了能让项目团队更好地贯彻人工智能原则，微软公司发布了一系列行动指南，在项目开发过程中为团队提供具体的行动建议、解决方案，如"应该收集哪些数据""应该如何训练人工智能模型"等问题上。行动指南旨在为团队节省时间、提高用户体验、贯彻人工智能伦理原则。行动指南不同于任务清单，或许并不适用于每一个应用场景，也并非需要团队强制遵守，针对特殊情况、专门领域，会发布专用的行动指南。

微软针对人工智能交互问题、安全问题、偏见问题、机器人开发领域问题，发布了六项行动指南，贯穿负责任人工智能的评估环节、开发环节。其中 HAX Workbook、Human AI Interaction Guidelines 以及 HAX Design Patterns 旨在帮助解决人工智能交互问题；AI Security Guidance 针对人工智能可能带来的安全威胁，提供解决方案；Inclusive Design Guidelines 充分考虑了人类的多样性，用于解决人工智能可能带来的偏见问题；Conversational AI Guidelines 专注于机器人开发领域可能带来的种种问题。

五、发布系列工具，加强系统安全

1. 谷歌开发并发布系列技术工具

Fairness Indicators：2019 年发布，用于评估产品的公平性。

Min-Diff14 Technique：对日益增多的产品用例进行补救，以达到最佳的学习规模，能够主动解决公平性问题。

Federated Learning：在 Gboard 等产品中使用的联邦学习，帮助模型根据真实的用户交互进行集中训练和更新，而无需从个人用户那里收集集中的数据，以增强用户隐私。

Federated Analytics：使用与 Federated Learning 类似的技术，在不收集集中数据的情况下，深入了解产品特性和模型对不同用户的性能。同时，Federated Analytics 也允许项目团队在不访问原始用户数据的情况下进行公平性测试，以增强用户隐私。

Federated Reconstruction：与模型无关的方法，可以在不访问用户隐私信息的情况下，实现更快、大规模的联邦学习。

Panda：一种机器学习算法，帮助谷歌评估网站的整体内容质量，并相应地调整其搜索排名。

Multitask Unified Model（MUM）：使搜索引擎理解各种格式的信息，如文本、图像和视频，并在概念、主题和想法之间建立隐含的联系。应用 MUM 不仅能帮助世界各地的人们更高效地找到所需要的信息，而且还能增强创造者、出版商、初创企业和小企业的经济效益。

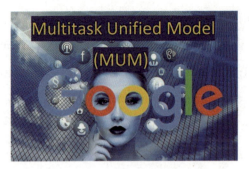

Multitask Unified Model

Real Tone：为深色肤色的用户提供了人脸检测、自动曝光和自动增强等功能，帮助人工智能系统发挥更好性能。

Lookout：一款为盲人和低视力者开发的安卓应用程序，使用计算机视觉技术提供用户周围的环境信息。

Project Relate：使用机器学习来帮助有语言障碍的人更便利地交流以及使用科技产品。

Privacy Sandbox：与广告行业合作，在支持出版商、广告商和内容创造者的同时，通过人工智能技术增强用户隐私，提供更私密的用户体验。

2. 谷歌对外提供系列产品与服务

1）Google Cloud

为各行业大规模应用可信赖人工智能模型，提供可靠的基础设施与高效的部署方案，并配套提供员工培训、集成相关开发环境等服务，使得各行业人员能更便捷地掌握和使用可信赖的人工智能工具模型。

Google Cloud

谷歌云

2）TensorFlow

世界上最流行的机器学习框架之一，拥有数百万的下载量和全球开发者社区，它不仅在谷歌中被使用，而且在全球范围内被用来解决具有挑战性的现实世界问题。

TensorFlow

3）Model Cards

一种情景假设分析工具，能够为人工智能的算法运作提供一份可视化的解释文档。该文档能够为使用者阅读，使其充分了解算法模型的运作原理和性能局限。从技术原理上看，模型卡片设置的初衷是以通俗、简明、易懂的方式让人类看懂并理解算法的运作过程，其实现了两个维度的"可视化"：一是显示算法的基本性能机制；二是显示算法的关键限制要素。

4）Explainable AI

借助该服务，客户可以调试和提升模型性能，并帮助他人理解客户的模型行为。还可以生成特征归因，以在 AutoML Tables 和 Vertex AI 中进行模型预测，并利用 What–If 工具以直观的方式调查模型行为。

3. 脸书不断迭代其算法机制

基于信息伦理框架以及强大的舆论压力，扎克伯格最终改变态度，称脸书不是一家传统媒体公司，他们构建技术且对其使用负责。

算法机制下，脸书新闻传播的个性化推荐功能也在跟进。2016 年，脸书治理虚假广告、预测符合用户喜好且有用的信息；2017 年，推出趋势新闻单元，开始重视观看完成百分比；2018 年，优先推送信源可信度高的新闻，缩减品牌商家推送；2019 年，推出设置"点击间隔"隔绝假新闻；2020 年，提高了原创报道的排序位次。另外，利用脸书开发的 Instant Articles 工具，用户可以点击直接阅读主流新闻机构生产的新闻，同时各种互动功能使媒体可以通过多种方式呈现新闻。这种功能不仅升级了个性化阅读，也提升了用户对人工智能和阅读新闻的体验。

4. 推特组织算法赏金挑战赛

为解决机器学习图像裁剪的公平性问题，推特举办算法赏金挑战赛，使用社区主导的方法来构建更好的算法，收集来自不同群体的反馈。2021 年 8 月，推特举办了第一次算法偏见赏金挑战赛，并邀请人工智能开发者社区来拆解算法，以识别其中的偏见和其他潜在危害。算法赏金挑战赛帮助公司在短时间内发现了算法对于不同群体的偏见问题，成为公司征求反馈和了解潜在问题的重要工具。

知识链接：

漏洞赏金机制

漏洞赏金机制最早可以溯源到 1983 年。Hunter&Ready 为其 VRTX 操作系统发起了第一个漏洞赏金，任何发现并报告系统错误的人都会收到大众甲壳虫作为回报。而漏洞赏金一词是在 1995 年被网景的工程师贾勒特·里德林哈弗首次提出的。当时网景的产品爱好者中有不少软件工程师，他们在线上论坛发布自己发现的产品漏洞及修复解决方案。里德林哈弗利用这些资源，提出了"网景漏洞赏金计划"，该计划后面得到了公司的支持。1995 年 10 月 10 日，网景为浏览器测试版推出了第一个漏洞赏金。

漏洞赏金逐渐在美国硅谷流行开来。2000 年以后，包括脸书、雅虎、谷歌、Yelp、微软等许多知名互联网企业及其大型开发项目都实施了漏洞赏金计划。2013 年，为了维护整个互联网的安全和稳定性，谷歌为 Linux 等开源操作系统软件的安全改进提供了漏洞赏金；微软和脸书联合发起了"互联网漏洞赏金计划"，向发现威胁整个互联网稳定性的安全漏洞的黑客支付巨额现金奖励。此外，微软、谷歌、脸书等也相继建立了全年开放的漏洞赏金机制。

随着网络安全的形势愈加严峻，政府组织也开始关注到漏洞赏金机制对于改善网络安全风险的积极作用。2016年4月16日，美国国防部在漏洞赏金平台HackerOne的协助下启动了美国政府的第一个漏洞赏金计划"黑进五角大楼"。在短短一个月的时间内，美国国防部为138份漏洞报告支付了7万多美金的赏金。这一举动标志着一种保护美国联邦政府网络安全的新方法，同时也会影响越来越多的行业和企业采取类似的举措。

随着漏洞赏金机制逐渐成熟、规模化地发展，越来越多的技术工程师成为道德黑客（也被称为白帽黑客），他们不仅能够获得直接的赏金经济收益，还能收获白帽黑客排行榜的自我成就感。白帽黑客社区和运营白帽黑客社区的漏洞赏金平台也应运而生。2021年，美国网络安全咨询公司Gartner列举了全球Top5漏洞赏金平台，分别是HackerOne、BugCrowd、OpenBugBounty、SynAck、YesWeHack。其中HackerOne平台累计注册白帽黑客超过100万人，截至2021年平台累计赏金达到8200万美金。

六、拓展业务布局，推动网络安全

1. OpenAI支持智能驱动的网络安全举措

2023年6月，OpenAI宣布了一项100万美元的网络安全赠款计划，以加强其人工智能驱动的网络安全技术的应用。该计划的目标是通过捐款和额外援助，提高人工智能驱动的网络安全能力。重点是评估人工智能模型的有效性，并确定提高其网络安全能力的方法。此前，OpenAI 公司还与漏洞赏金平台 Bugcrowd 合作，根据所发现漏洞的严重程度和影响提供现金奖励，从 200 美元到最高 2 万美元不等。赏金计划还扩展到使用 OpenAI 技术的第三方，其中包括谷歌、Stripe 平台和 Intercom 等公司，但测试仅限于寻找 OpenAI 的机密信息。

OpenAI

2. 谷歌推出专门的人工智能网络安全套件

在 RSA 2023 年会议上，谷歌宣布了 Cloud Security AI Workbench，这是一个由称为 Sec-PaLM 的专门用于"安全"人工智能语言模型驱动的网络安全套件。作为谷歌 PaLM 模型的一个分支，Sec-PaLM 针对安全用例进行了微调，加入了对软件漏洞、恶意软件、威胁指标和行为威胁参与者配置文件的研究等安全情报功能。Cloud Security AI Workbench 超越了一系列新的人工智能工具，将利用 Sec-PaLM 发现、总结和应对安全威胁。

3. 微软推出人工智能网络结合的安全助手

2023 年 3 月，微软推出了名为"安全助手"（Security Copilot）的工具，来帮助网络安全专业人士识别漏洞和威胁信号并更好地分析数据。该工具核心技术是 OpenAI 的 GPT-4 生成式人工智能和微软自己的安全专用模型，Security Copilot 看起来像一个简单的对话框，就像其他的聊天机器人一样，可以向 Security Copilot 提问，诸如"我的企业里有哪些安全事件？"Copilot 就会给出一个概要。它利用微软每天收集到的 65 万亿个信号，以及安全领域的专业技能，帮助安全分析师完成追踪威胁、事件总结、漏洞分析和信息分享等任务。

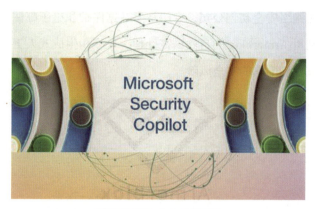

微软公司的"安全助手"

4.传统网络安全公司正积极融合人工智能

"棱镜计划"曝光后，以火眼公司为代表的国外各大安全公司开始大力开展高级持续性威胁（APT）攻击检测研究，火眼产品体系的大脑是 TAP（Threat Analytics Platform），它是一个负责数据关联、分析和威胁识别的处理引擎，火眼针对 APT 的检测率、低误报率及发现 0day 攻击能力在业界处于领先水平，其取证系统获得美国国家安全局的认证，可用于司法认定。赛门铁克运用机器学习技术，开发了基于人工智能的"针对性攻击分析"工具，能够自动分析海量数据中的共性攻击行为，锁定攻击者身份。安全公司 SparkCognition 打造人工智能驱动的"认知"防病毒系统，可准确发现和删除恶意文件，保护网络免受未知网络安全威胁；Invincea 公司的安全产品 XbyInvincea 基于人工智能技术实现对未知威胁的检测。

长眼产品体系

5.其他行业也开始重视人工智能网络安全

思科公司发布了一种新的安全服务边缘（SSE）解决方案，以实现混合工作体验，并展示了第一个生成式人工智能驱动的安全云，以促进应用程序和资源的安全连接。思科还推出了人工智能驱动的安全策略管理，可以智能地创建和实施防火墙策略，这些创新将通过简化操作和提高效率来增强安全团队的能力。2023 年 6 月，思科签署了收购 Armorblox 的协议。Armorblox 是一家总部位于加利福尼亚州森尼维尔的人工智能网络安全初创公司，专门从事数据保护和电子邮件安全。思科计划在网络安全中利用 Armorblox 的自然语言处理、预测和生成式人工智能技术，帮助客户更好地了解他们面临的安全风险。

Armorblox 公司 logo

七、联合行业智库，积极建言献策

说起智库和企业的关系，美国智库的背后大多是一些巨头企业，包括人工智能头部企业。这些企业出于自身的业务考虑，往往会通过智库发表调研报告，影响社会舆论，进而左右政府决策以实现自己的目的。当然，也有一些企业基于社会责任及企业领导者信仰的因素，会资助智库进行一些有利于社会的超前研究。

美国智库

总的来看，美国是当今世界智库最为发达的国家，仅相对活跃、影响较大的就有400 多家。美国智库发展的经验表明，现代智库的基本功能之一，就是为政府的公共决策提供咨询，提升政府的治理能力。在人工智能安全领域，美国主要智库多从大国竞争的角度和国家战略安全的高度，组织研究团队展开专题研究，推出了一系列研究成果。

1. 兰德公司

兰德公司徽标

警示语

作为国防部部长期资助的智库，兰德公司积极开展人工智能军事应用研究，形成了一系列颇具前瞻性的研究成果，如受国防部委托开展的《国防部人工智能态势》研究报告，受美国空军情报、监视与侦察主任委托开展的《人工智能军事应用——不确定世界中的伦理问题》研究报告等。兰德公司除接受美军相关部门委托，开展人工智能领域定向研究外，如兰德公司以"全球风险与安全中心"为依托，建立了"安全2040项目"，设想2040年世界可能面临的重大安全挑战，研究具体的解决方案，"人工智能与国家安全"是该项目的重要研究议题。

兰德公司发布的报告

时间	报告名称
2018年4月	人工智能对核战争风险的影响
2020年2月	机器思维时代的威慑

时间	报告名称
2020 年 4 月	人工智能军事应用——不确定世界中的伦理问题
2020 年 7 月	维持在人工智能和机器学习领域的竞争优势
2020 年 8 月	现代战争的联合全域指挥控制——识别和开发人工智能应用的分析框架
2021 年 1 月	美国国防部人工智能态势：评估和改进建议
2021 年 9 月	用于军事准备的人工智能工具
2022 年 4 月	扰乱威慑：技术对 21 世纪战略威慑的影响
2022 年 5 月	运用标签倡议、行为准则和其他自我监管机制来塑造可信人工智能
2022 年 7 月	人工智能、深度伪造和虚假信息
2022 年 12 月	防御人工智能对抗性攻击的可行性分析

知识链接：

《人工智能军事应用——不确定世界中的伦理问题》

2020 年 4 月，兰德公司发布报告研究了人工智能的军事应用，并考虑了其伦理影响，调查了广泛归类为人工智能的技术种类，考虑它们在军事应用中的潜在优势，并评估这些技术带来的道德、运营和战略风险。

报告在比较了美国、中国和俄罗斯的军事人工智能开发工作后，作者研究了这些国家对禁止或规范自主武器开发和使用的建议的政策立场，自主武器是武器控制倡导者认为特别令人不安的人工智能的军事应用。报告发现潜在的对手越来越多地将人工智能整合到一系列军事应用中，以追求作战优势，建议美国空军组织、训练和装备，以便在一个由人工智能授权的军事系统在所有领域都处于突出地位的世界中获胜。尽管禁止自主武器的努力不太可能成功，但各国越来越认识到，与军事人工智能相关的风险将要求人类操作员在其使用中保持积极的控制。

主要发现如下：

（1）人工智能在军事系统中的集成可能会稳步增加。

①各种形式的人工智能对作战应用产生了严重的影响。

②人工智能将在战争中提出新的伦理问题，而深思熟虑的关注可能会减轻最极端的风险。

③尽管联合国正在进行讨论，但在短期内不太可能对军事人工智能进行国际禁令或其他监管。

（2）美国在军事人工智能领域面临重大国际竞争。

①中国和俄罗斯都在追求军事化的人工智能技术。

②军事人工智能向其他国家和非国家行为者的潜在扩散是另一个令人担忧的领域。

（3）军事人工智能的发展带来了一系列需要解决的风险。

①从人道主义的角度来看，道德风险很重要。

②运营风险源于对人工智能系统的可靠性、脆弱性和安全性的质疑。

③战略风险包括人工智能增加战争的可能性，升级正在进行的冲突，并扩散到恶意行为者。

（4）美国公众普遍支持继续投资军事人工智能。

①支持部分取决于对手是否使用自主武器，系统是否为自卫所必需的，以及其他背景因素。

②虽然对道德风险的看法可能因威胁形势而异，但对于人类问责制的必要性，存在广泛的共识。

③责任点应由指挥官承担。

④人类参与需要发生在每个系统的整个生命周期中，包括其开发和监管。

建议如下：

（1）组织，训练和装备部队，以便在一个由人工智能授权的军事系统在所有领域都处于突出地位的世界中获胜。

（2）了解如何解决技术人员，私营部门和美国公众表达的道德问题。

（3）开展公众宣传，告知利益相关者美国军方致力于减轻与人工智能相关的道德风险，以避免公众强烈反对以及由此产生的政策限制。

（4）跟踪参与《联合国某些常规武器公约》的政府专家组的讨论，并跟踪国际社会利益攸关方所持立场的演变。

（5）寻求与盟国和合作伙伴在军事人工智能的开发和使用方面加强技术合作和政策一致性。

（6）探索与中国、俄罗斯和其他试图发展军事人工智能的国家建立信任和降低风险的措施。

2. 布鲁金斯学会

布鲁金斯学会在人工智能技术浪潮兴起之时，就颇具前瞻性地意识到人工智能等新兴技术潜在的安全挑战与政治风险。为推动人工智能技术研究、为政策制定提供咨询借鉴，布鲁金斯学会设立"人工智能和新兴技术"项目，致力于寻找并确定人工

布鲁金斯学会徽标

智能最佳治理模式和实践，以使美国社会在人工智能和新兴技术方面获益，同时能够有效规避和管理风险，促进变革性新技术的良好治理。研究内容涵盖了人工智能技术、人工智能政策、人工智能治理、人工智能技术偏见、人工智能与国家安全等主题。

布鲁金斯学会发布的报告

时间	报告名称
2018 年 11 月	人工智能对国家安全战略的影响
2018 年 12 月	人工智能在未来战争中的作用
2019 年 1 月	人工智能时代的中美关系
2019 年 11 月	人工智能是如何改变世界
2022 年 2 月	欧盟和美国开始对标人工智能监管政策
2023 年 2 月	美国国家标准与技术研究院的人工智能风险管理框架在人工智能辩论中树立了一面旗帜
2023 年 3 月	加利福尼亚州及其他州是如何解决人工智能立法问题
2023 年 6 月	人工智能监管的三大挑战

知识链接：

《人工智能监管的三大挑战》

2023 年 6 月 15 日，布鲁金斯学会客座研究员、美国联邦通信委员会前主席汤姆·惠勒发布《人工智能监管的三大挑战》报告指出，虽然人工智能企业负责人开始不断呼吁政府对其活动进行监管，但从关于人工智能监管的一般性讨论落实到实际执行却遇到了重重困难。文章还解释了人工智能监督的三个挑战，即处理人工智

能发展的速度、解析要监管的内容，以及确定由谁监管和如何监管。

　　人工智能监管的第一个挑战是速度问题，这是一个关于专注度和敏捷性的问题。但目前要处理人工智能驱动的变化速度可能超出美国联邦政府现有的专业知识和权力，因为如今政府可用的监管法规和结构是建立在工业时代的假设之上的，现有的规则不够灵活，无法应对人工智能的发展速度，为了防止企业人工智能竞赛变得肆无忌惮，需要建立和发展规则，并执行法律护栏。专注度是指将人工智能置于机构职权范围的前沿和中心，而不是将其纳入现有权力；敏捷性是指将机构从旧有的监管微观管理方式中解放出来，以跟上技术的步伐。在工业时代，国会遵循了"科学管理之父"弗雷德里克·温斯洛·泰勒的理论制定了监督制度。"泰勒制"宣扬只有通过强制的方法标准化，才能取得令人满意的结果。但多年来，科技公司一直拒绝这种管理技术，并且为了顺应技术和市场的快速变化而实行具有透明、协作和响应能力的敏捷管理。因此，国会应该像科技公司一样具备创新思维，以类似的反应方式来构建敏捷的监管。总而言之，工业革命是建立在取代和 / 或增强人类的体力上的，而人工智能是为了取代和 / 或增强人类的认知能力，如果将前者与后者的监管需求混为一谈将无法跟上数字时代的变化速度，对消费者和公司不利。

　　人工智能监管的第二个挑战是监管什么。由于人工智能是一种多方面的能力，一刀切的监管可能导致某些情况下的过度监管或者监管不足。因此，人工智能监管必须基于风险并有针对性，由此可将人工智能监管解析为处理传统的滥用行为、处理持续的数字滥用问题和处理人工智能本身的问题这三个方面。首先，人工智能作为一种新的技术，无论其是否有恶意，都可以为非法活动带来自动化的范围和规模，人工智能的应用扩大了传统的滥用行为，如诈骗或操纵性应用，并可以使其达到一个前所未有的影响范围和复杂程度。歧视也是人工智能可能加剧的另一个传统问题。基于此，拜登政府召集了四个面向消费者的联邦监管机构，即联邦贸易委员会、平等就业机会委员会、司法部和消费者金融保护局宣布了一项重点倡议，以应用现有法规来处理人工智能对传统侵权行为的强化。这种不关注技术本身，而是关注它提供的内容、基于效果的方法或许可以成为监督整个人工智能的模式，因为在这种情况下，其中的影响已经被现有的法定权力所涵盖，只需监管举措。其次是处理持续的数字滥用问题。下一个以效果为重点的人工智能倡议将围绕着尚未得到有效监督的数字侵权行为如何被人工智能放大进行。要处理人工智能如何加剧侵犯个人隐私、扩大非竞争性市场等问题，首先要处理数字活动本身的基本后果，这些活动是由处于人工智能前沿的公司所作的决定导致的。几十年来，政策制定者都未能解决数字时代的一个门槛问题：应如何规范占主导地位的数字公司收集个人信息，将其作为企业资产囤积起来以维持市场控制，并利用这种市场支配地位来控制消费者收到的信息。在人工智能模型的运作中，没有任何东西会改变这些滥用行为，然而在新的现实中，扩大了主导地位的人工智能公司的权力，加速了滥用行为。在线平台不断扩大收集的个人数据量，以提高公司出售给广告商的目标定位的细化程度，人工智能模型随着训练数据的扩大而变得更加准确，这也意味着那些拥有最大数据囤积的人更具有从中获得巨大利益的优势。同时，人工智能还可能增加错误信息、虚假信息和恶意信息的泛滥，但到目前为止，尽管平台公司成为新闻和信息的主要来源，却未能接受有意义的新闻标准。对此脸书公司首席运营官雪莉·桑德伯格曾表示，脸书公司与媒体公司不同，其核心是一家技术公司，会雇用工程师，但不雇用记者。作者表示，对于那些认为自己凌驾于任何编辑或策划责任之上的公司来说，引入人工智能创造虚假图像、音频和文本的能力，只不过会增加破坏真相和事实的信息污染，如果不首先处理占主导地位的数字平台的基本活动的后果，就不可能处理人工智能如何指数化地扩大对隐私、竞争、操纵和错误信息的攻击。最后是处理人工智能本身的问题。人工智能在带来已知危害时，也带来了潮水般的"未知数"。在讨论监管的实施之前，需要建立监管参与的四个要素：谨慎责任/注意义务、透明度、安全和责任。首先，任何监管都始于公司行使普通法上的注意义务的责任，其本质上是一种"不伤害"的期望，这意味着商品或服务的提供者有责任识别和减轻任何潜在的不良影响。其次，透明度是始于对模型如何工作的持续研究、为识别和减轻人工智能的进化风险提供持续洞察力的工具，学术界、政府和民间社会代表对模型的访问将有助于跟踪新的威胁。透明度还有助于减轻算法的偏见，在算法和个人之间建立公平的竞争环境。再次，安全是透明度（即识别问题）的输出，也是其自身的原则。美国国家标准与技术研究院在《人工智能风险管理框架》中提出了一个安全人工智能实践的基准线，这一自愿性的框架确定了提高人工智能系统可信度的方法，并帮助促进人工智能系统负责任地设计、开发、部署和使用。作者认为这一框架应该成为人工智能监督体系中的支柱。最后，责任原则是白宫《人工智能权利法案蓝图》的核心，其五项权利中的每一项都伴随着对负责任的行为者如何在其活动中采用这些权利的描述。

人工智能监管的第三个挑战是谁来监管、如何监管。到目前为止，很大程度上由于美国政府没有制定规则，使得美国的数字时代规则是由创新者制定的。那么，在普遍同意需要有人工智能政策的情况下，应由谁制定这些政策？首先是监管上的先发优势。在很大程度上，由于21世纪网络的互联性质，建立第一套规则的政府为其他所有国家确定了讨论的出发点。欧盟2018年通过的《通用数据保护条例》（GDPR）已经成为全世界隐私政策的标准，并通过其《数字市场法》和《数字服务法》在建立数字平台政策方面一直处于领先地位，并且，欧洲议会于6月14日以压倒性优势批准了《人工智能法案》，让欧盟又一次在建立人工智能政策方面领先。美国是否会在人工智能监督方面成为谷歌一样的快速追随者还有待观察，但时间正在流逝，第二个行动者的成功在很大程度上取决于已经过去了多少时间。

其次是谁来监管的问题。OpenAI、微软和Meta的企业高层都提出或赞成建立专门负责人工智能监管的机构，在5月16日的听证会两天后，参议员麦克·班尼和彼得·韦尔奇提出了建立数字平台委员会（DPC）的立法。该法案不仅创建了一个有权监督数字技术带来的挑战的新机构，还接受了一种基于风险的敏捷方法来制定该法规，但美国国会面临的挑战是，如何使他们在对新机构及其运作的思考中具有扩张性和创造性。而关于如何监管，首先是关于许可证制度的想法。长期以来，美国联邦政府一直为某些特定活动颁发许可证。获得联邦许可可以重新定义竞争场所，将从商业市场转向许可机构，设置准入壁垒和增加闯入者的成本来巩固已有的支配地位，另一个好处是可以帮助大公司发挥政治影响力。新的联邦机构与该机构如何运作同样重要，某种形式的许可可能会发挥作用，但其竞争性缺陷意味着这不是一站式解决方案。其次，监管的方法需要基于风险的敏捷性。数字时代不仅需要一个专注的专家机构，还需要一个摒弃工业化运作的机构，接受侧重于减轻技术影响的新监督，监管理念也要从微观管理发展到基于风险的监管，并灵活实施，这正是欧盟在发展人工智能监管方面所采取的方法。为了实现这一目标，欧盟对人工智能进行了多层次、基于效果的分析，认识到人工智能的使用案例多种多样，在应用、采用和内在风险方面也存在差异，并以风险为基础，对不同风险等级的人工智能进行分级管理。最后，如何设计既专注于降低已识别的风险，又避免阻碍投资和创新的监管方式。为了实现这一目标，美国国会应效仿数字公司的做法，采用敏捷监督。其将采用类似标准的流程来制定行为标准，新机构将遵循以下步骤，以透明、反应迅速和敏捷的方法执行这些标准：第一，数字机构确定需要解决的问题，并为准则制定过程设定时间表；第二，该机构就问题行为提交详细报告，并考虑采取补救措施，该分析报告将成为"检察官摘要"，确定并量化需要解决的问题；第三，对机构任务的拟议回应将由一个多利益相关方专家小组制定，该小组代表来自行业、民间社会和政府（包括机构本身）的相关和/或受影响各方；第四，在指定的截止日期或之前，专家组将向该机构提交守则建议，以供逐项批准和／或编辑；第五，一旦获得批准，新守则将成为机构可执行的政策；第六，由行业、学术界和民间团体组成的咨询小组将对政策结果进行持续分析，并找出新出现的问题，并循环整个过程。

作者还指出，所有现代法规都在保护公众利益与促进创新和投资之间走钢丝。在人工智能时代，走监管钢丝意味着承认不同的人工智能应用会带来不同的风险，并确定一个计划，使监管与风险相匹配，同时避免阻碍创新的微观监管。美国的人工智能监管计划应既能保护公众利益，又能促进创新，这种行动的关键在于摆脱基于工业管理假设的监管，拥抱敏捷的数字管理技术。数字公司早已实现了这一转变，现在是美国政府做出类似转变的时候了。

3. 新美国安全中心

新美国安全中心徽标

新美国安全中心（CNAS）成立于2007年，是一家位于美国华盛顿特区的独立、非营利的高端智库，主要聚焦于涉及美国国家安全与国际事务议题的研究，使命是致力于制定强有力、务实和有原则的国家安全和国防政策，为国家安全领导人提供信息和做好准备。中心创建的时间虽然不长，但自成立以来，凭借深厚的官方背景和丰硕的研究成果，为美国关键安全战略的制定提供的重要信息得到了美国领导人的积极响应与支持。

新美国安全中心在公共政策影响方面表现优异的原因有几个方面：一是其很多研究人员曾在政府担任要职，如拉瑟是中心的高级研究员和技术与国家安全项目主任，在加入中心之前曾在中央情报局担任高级情报官和分析师、国家情报委员会副主席等职务；前国防部副部长罗伯特·沃克在2013年离任后，沃克加入智库新美国安全中心，担任首席执行官，在新美国安全中心设立了技术与国家安全等工作任务组，新美国安全中心通过"旋转门"汇聚了很多这样高层次、有创见性的战略家和思想家。二是推出高质量的研究成果，包括报告、书籍、国会证词、评论、博客等。三是通过各种方式传播其研究成果和思想，提高影响力，如举办高级别的学术会议、论坛、研讨会，或是充分利用网络平台、媒体等扩大社会影响。四是专注于研究中美人工智能，提出随着人工智能技术和系统的不断迭代，两国之间展开协作以减轻人工智能带来的威胁与风险的必要性也愈发明显。

新美国安全中心成立了"人工智能与国家安全工作队"，由前美国国防部副部长罗伯特·沃克和谷歌云人工智能主管安德鲁·摩尔博士负责，成员包括前政府高官、大型私企主管和学术专家，主要任务是探讨美国如何应对人工智能革命带来的挑战。

新美国安全中心发布的报告

时间	报告名称
2014 年 1 月	20YY：为机器人时代的战争作好准备
2018 年 6 月	人工智能：决策者需要了解什么
2018 年 7 月	人工智能和国家安全
2019 年 3 月	理解中国的人工智能战略
2019 年 12 月	美国在人工智能时代的行动蓝图
2020 年 9 月	战场奇点——人工智能、军事革命以及中国的未来军力
2021 年 11 月	边缘网络，核心政策：确保美国的 6G 未来
2022 年 4 月	中美应就人工智能危险制定基本规则
2022 年 5 月	人工智能在可信的国家安全供应链中的作用
2022 年 10 月	人工智能与军备控制
2023 年 6 月	人工智能守门员对即将到来的事情还没有准备好

知识链接：

人工智能守门员对即将到来的事情还没有准备好

2023 年 6 月 19 日，新美国安全中心执行副总裁兼研究主任、前国防部部长办公室成员保罗·沙瑞尔发布《人工智能守门员对即将到来的事情还没有准备好》报告类比了人工智能和核武器的情况，随后指出了人工智能的危害以及如何管控这些危害，并对美国政府如何监管人工智能以及人工智能监管的国际合作提出了具体建议。

首先，报告将人工智能的情况和核武器做了类比。新技术可以改变全球力量平衡，如工业革命使欧洲在经济和军事实力上突飞猛进并遥遥领先，且引发了殖民扩张浪潮；核武器将世界分为有核武器的国家和没有核武器的国家，人工智能革命也同样有使谁受益、使谁领先的核心问题。人工智能一直是一种快速扩散的双用途技术，开源的人工智能模型在网上随处可见。最近向大型模型（如 OpenAI 的 ChatGPT）的转变正在将这种力量集中在可以负担训练系统所需的计算硬件的大型科技公司手中，而全球人工智能力量的平衡将取决于人工智能是像核武器那样将力量集中在少数行为者手中，还是像智能手机那样广泛扩散。在这个人工智能的新时代，计算硬件的获取区别了"有"与"无"，例如，ChatGPT 及其后续产品使用了大量计算硬件和成千上万的专用芯片进行为期数周或数月的训练。目前仅限于几个关键国家或地区有生产这些芯片的设备，这些国家或地区对谁能获得最尖端的人工智能能力拥有否决权。美国已经将这种依赖性武器化，切断了中国获得最先进芯片的途径，就像各国通过限制其他国家获取武器级铀和钚减缓了核扩散，控制训练大型人工智能模型所需的专用硬件也同样会影响全球力量平衡。

其次，报告给出了人工智能的危害。这些新型通用人工智能模型有可能为社会带来广泛的益处，也可能造成真正的危害。随着人工智能能力的提高和获取途径的扩散，恶意行为者利用人工智能进行网络攻击或帮助制造化学、生物武器等产生的风险十分严重。其中，人工智能目前最大的危险来自扩散。当只有少数行为者可以使用最强大的人工智能系统时，人工智能风险更容易控制，但随着功能强大的人工智能模型的激增，其有可能落入安全意识较差或意图造成伤害的行为者手中。因此，还需采取全面的方法来保护功能强大的模型，以免它们落入恶意行为者之手。人工智能模型在完成大量的计算硬件训练后会形成软件，这使得人工智能比核技术更容易普及，也更容易被泄露、窃取或在网上开源发布、进行低成本的微调，甚至是滥用。例如，今年 2 月，Meta 公司最新的大型语言模型 LLaMA 在发布不到一周的时间内在 4chan 上被泄露，使 Meta 无法再谨慎地管理访问权限；在 LLaMA 发布后，斯坦福大学的研究人员以不到 600 美元的价格对其进行了微调，并将新版本命名为 Alpaca，微调甚至可以剥离嵌入式安全功能和拆除防止滥用的防护栏。尽管如此，仍有一群坚定的开源倡导者在积极推动人工智能模型的进一步普及。人工智能社区的开源合作由来已久，数据集、训练有素的模型和人工智能工具都可以在 GitHub 和 Hugging Face 等在线存储库中免费共享。转移和修改训练有素的模型是非常容易的，这使人们对具有潜在危险的人工智能模型的扩散感到担忧。

随后，报告指出了进行监管人工智能的必要性，并给出具体的监管建议。尽管有许多针对特定行业的人工智能法规，但通用人工智能模型因其双重用途的能力而需要特别关注。既要获得人工智能的益处，又要降低其风险的一个关键方法就是控制对训练强大人工智能模型所需的计算硬件的访问。机器学习算法是通过芯片形式的计算硬件对数据进行训练的。硬件是在这些技术投入（算法、数据和计算硬件）中最可控的物理资源。硬件供应链有多个战略咽喉。美国、韩国、日本、荷兰等控制着全球获取最先进芯片的渠道，因此，除少数参与者外，硬件已经成为获取人工智能前沿模型的障碍。与太空竞赛或曼哈顿计划不同，人工智能研究的主要参与者不是政府，而是私营公司。因为学术界无法负担模型训练的费用而无法获得最先进的人工智能模型，但大型科技公司则有能力每年在重大科技项目上投资数百亿美元，来提高人工智能的计算能力，这可能会导致少数几家大型科技公司把控着极其强大的人工智能系统，而其他所有人都要依靠它们。随着人工智能模型的能力越来越强，对计算能力的依赖也越来越大，人工智能硬件有望成为全球战略资产。强大的军民两用人工智能正由私营公司主导开发，政府需要从旁协助，建立监管机构，以确保最强大的两用人工智能模型能够安全地建造和部署，并降低扩散风险。人工智能研究人员担心人工智能系统的目标是否与人类价值观一致的问题，此外，企业行为者的动机也没有完全与公共利益保持一致，私营部门的人工智能竞争现状存在一些不健康的动态。如谷歌、微软和OpenAI正在安全问题上"race to the bottom"，在完全安全之前就部署人工智能模型；Meta和Stability AI则广泛共享模型，使得这些模型在没有足够防止滥用的保障措施的情况下迅速扩散。

报告建议，人工智能治理应始于硬件层面。美国政府已经对先进的芯片和芯片制造设备实施了管制，但还需对训练有素的强大模型实施出口管制，以有效限制扩散。美国及其盟国已开始采取措施锁定先进芯片的获取途径，但芯片可以通过中间商转移或出售。因此，政府应提高执法力度，增加政府资源和新的芯片追踪工具，并在数据中心监控训练模型的计算硬件，以确保被禁行为者无法积累大量受控芯片或硬件。美国目前的出口管制只适用于芯片销售，并不限制云计算公司将芯片作为服务提供，而这一漏洞可能使被禁止的行为者通过云提供商获取计算资源。因此，政府应针对云计算公司制定"了解你的客户"要求，和要求训练强大人工智能模型的人工智能公司应向政府报告有关其训练运行的信息，包括模型规模和设计、使用的数据集以及训练中使用的计算能力。随着时间的推移和安全标准的发展，政府可能会出台规范两用人工智能系统的训练运行实行许可制度，例如，经过训练的模型必须接受严格的测试，人工智能公司应接受风险评估，并允许第三方专家对模型进行敌对情况测试以找出漏洞和潜在危害，以提高模型的安全性。因此，行业和政府必须共同努力，制定安全标准和最佳实践。拜登政府宣布，政府网络安全专家正在与顶级人工智能实验室合作，帮助确保其模型和网络的安全。作者还指出，可能需要对功能强大的两用模型实施出口管制。因为如果被禁止的行为者可以简单地获取训练完成的模型，那么对芯片的出口管制将毫无意义。而在某些情况下，可能需要对模型的使用方式进行限制，以防止滥用。"结构化访问"是一种可能的方法，即通过云提供人工智能服务，不传播模型本身。通过这种方式可以对模型的使用进行监控，以确保模型不被用于网络攻击等非法目的。总而言之，人工智能技术正在飞速发展，各国政府必须与人工智能实验室密切合作，防止在安全性方面竞相逐低，以及潜在有害系统的快速扩散。

最后，作者就人工智能系统监管的国际合作指出，OpenAI 的首席执行官山姆·阿尔特曼最近主张建立一个"人工智能国际原子能机构"（IAEA for AI），一个类似于管理核技术的国际原子能机构的全球人工智能监管体系。尽管有反对人工智能监管的声音，但美国及其盟国控制着训练强大人工智能系统所需的基础硬件，无须潜在对手同意，人工智能防扩散机制就能发挥效用。今天，中国的实验室与美国和英国的顶级实验室相差无几，但美国的出口管制可能会拉大差距，因为中国的研究人员不得不使用更旧、更慢的芯片。美国有机会通过与盟国合作建立一个全球人工智能治理制度，规定在遵守安全、安保和防扩散规定的前提下才能获得计算资源。但从长远来看，市场激励、地缘政治和技术改进可能会破坏控制扩散的努力。比如，美国的出口管制促使外国公司将供应链去美国化，减少对美国技术的依赖，从而不再受美国限制措施的影响。因此，作者建议美国政府必须谨慎使用出口管制，并尽可能在多边框架内减少对独立于美国的芯片供应链的激励。中国正在努力发展本土芯片制造产业。对芯片制造设备的多边出口管制只会减缓中国的发展，但不会永远停止。对训练完成的模型的限制可能只会减缓扩散速度，但泄露或盗窃仍会导致模型扩散。未来，算法的改进也可能会减少训练强大人工智能模型所需的硬件，从而促进扩散。然而，减缓扩散仍然是有价值的，核不扩散努力并未完全阻止核扩散，但成功限制了有核国家的数量，并允许了和平利用核技术的传播。控制危险人工智能能力的扩散可以为提高安全标准、社会复原力或改善国际合作赢得时间。对人工智能硬件的控制可以从美国及其盟国开始逐步扩大。因此，美国不应排除与竞争国家合作以确保人工智能安全发展的可能性。中国政府在人工智能监管方面的行动实际上比美国政府更快。鉴于核不扩散方面的国际合作随着时间的推移在不断发展，并针对全球性问题增加了新的内容，全球人工智能治理也将随着时间的推移而发生类似的演变。人工智能技术发展迅速，法规必须与技术相适应，政府需要尽快提供解决方案。

4. 安全与新兴技术中心

安全与新兴技术中心（CSET）成立于 2019 年 1 月，是美国最大的人工智能和政策研究中心，位于乔治敦大学沃尔什外交学院，专注于人工智能和先进计算的研究。该智库具有以下特色：一是将人工智能

安全与新兴技术中心徽标

和先进计算领域的专业知识与乔治敦大学广泛的政策网络相结合，对新兴技术给国家安全带来的影响进行全面分析；二是安全与新兴技术中心的研究人员均为来自国家安全委员会、情报界、国土安全部、国防部等的专家，拥有丰富的情报和运营经验，为技术研究提供了坚实的信息基础，如中心领导杰森·马塞尼曾担任美国国家情报助理总监和美国国防高级研究计划局（DARPA）主任、国家人工智能安全委员会成员；三是安全与新兴技术中心的数据科学团队以前所未有的规模收集、处理和分析开源数据，包括各种来源的信息图表、专家证词、已发布的报告、外文资料和技术资料等，能充分保证研究成果的权威性、专业性和可靠性。自成立以来，该中心发布数十篇人工智能相关研究报告，涵盖了技术、国家安全、国际事务等领域，并致力于中俄人工智能发展动态追踪，翻译、分析了大量中俄人工智能计划、战略、重要机构的预算等。

安全与新兴技术中心发布的报告

时间	报告名称
2019 年 12 月	人工智能原则：美国国防部关于人工智能道德使用的建议（美国国防创新委员会委托中心翻译）
2020 年 2 月	关于人工智能出口管制的建议
2020 年 7 月	人工智能与国家安全
2021 年 2 月	从中国到旧金山：美国顶尖人工智能创业公司的投资者分布情况
2021 年 8 月	小数据人工智能的巨大潜力

时间	报告名称
2021年9月	中美人工智能教育评估报告
2021年10月	中国军方人工智能使用情况分析
2022年7月	2022年中国先进人工智能发展现状分析报告
2023年2月	美国对中国人工智能公司的对外投资
2023年4月	对抗性机器学习和网络安全

知识链接：

《关于人工智能出口管制的建议》

2020年2月，美国安全和新兴技术中心发布《关于人工智能出口管制的建议》报告，为美国人工智能及其相关技术的出口管制提出了建议，主要集中在人工智能软件、算法、数据集、芯片和芯片制造设备等方面。尽管这些建议是针对中国提出的，但可以从中了解美国针对我国人工智能发展的一些想法，为未来的决策提供参考。

（1）对通用人工智能软件、未经训练的算法以及未经军事使用的数据集的新出口管制法规不太可能成功，不应实施。最流行和最重要的通用人工智能软件库大多数是由美国的私营公司构建和开源的，如果实施出口管制，美国将直接把这一强大的创新引擎和财富创造权拱手让给其他国家，也将损害美国的国内开发和技术传播的能力。同时，还将损害美国人工智能行业的盈利能力并导致人工智能研发投资减少，降低美国研究组织和企业对全球人工智能研究人员的吸引力。因此，此类法规可能会破坏美国的竞争力，并损害美国政府与领先的人工智能公司和人工智能研发界的关系。

（2）高度专用的人工智能软件、训练有素的算法以及军事上敏感的数据集是进行出口管制的有用目标，但当前的出口管制制度已涵盖了这些目标。专用人工智能软件和训练有素的算法已被列入当前的"商业管制清单"（CCL），涵盖了"专门为受管制商品到开发、生产或使用而设计的软件"，这可能包括用于社会控制、审查和监视的专用人工智能软件。同时，将通用算法训练成军事相关系统所需的专用数据，也已列入管制清单中。这些法规可减少经济损失，并具有两个额外的优势：更容易执行，可能会改善美国政府与人工智能研究界之间的关系。

（3）对人工智能芯片制造设备的出口管制可能是有效的，应该列为高度优先事项。对此类设备的控制可以有效地限制未来尖端人工智能芯片的生产者。人工智能芯片制造设备的设计和生产需要先进的能力和罕见的专业知识，现有人工智能芯片制造设备企业都在与美国联盟的少数国家里，包括美国、日本、荷兰、韩国和德国。这些设备已经存在一些出口管制，不过通常会给技术落后一代或两代的人工智能芯片制造设备授予许可证。这个程度的管制尚未引起大量进口替代，这可能是因为生产人工智能芯片制造设备的困难和费用都很大。如果对人工智能芯片制造设备实施出口管制，中国将继续依赖总部位于美国、中国台湾、韩国和日本的企业来生产人工智能芯片，从而限制其在人工智能系统方面的开发和部署。

（4）对人工智能芯片的出口管制的有效性，将取决于对芯片制造设备出口管制在早期的实施。人工智能芯片本身还不是扩展出口管制的目标。如果不事先对人工智能芯片制造设备施加出口管制，则对人工智能芯片的出口管制可能会促使目标国家投资于芯片制造能力，实现进口替代，并侵蚀美国及其盟国所拥有的供应链优势。要了解控制芯片而不控制芯片制造设备将可能发生的情况，可参考英特尔公司至强（Xeon）处理器和神威·太湖之光超级计算机的情况。2016 年，出口管制阻止了英特尔公司将至强处理器运往中国，神威·太湖之光超级计算机采用本国设计的申威 SW26010 处理器完成了替代。不到一年半的时间，神威·太湖之光成为世界上最快的超级计算机。美国对这些芯片的出口管制为中国微处理器产业提供了发展机遇，同时带来了丰富的技术经验和数亿美元的收入。对人工智能芯片的出口管制可能会促使类似的进口替代。

5. 战略与国际问题研究中心

战略与国际问题研究中心徽标

战略与国际问题研究中心（CSIS）作为长期关注防务领域的知名智库，依托"技术与创新"项目、"国际安全"项目、"人权倡议"项目等，开展人工智能技术相关研究，为美国发展人工智能技术、制定相关政策和战略提供参考。"技术与创新"项目旨在分析变革性技术的发展对国家安全、社会生活等各个方面的影响，涉及人工智能研究的计划包括"人工智能"计划、"中国创新政策"计划等。其中，"人工智能"计划旨在探索管理人工智能风险的方法，以最大程度地提高人工智能为人类经济和社会带来的利益；"中国创新政策"计划，目的是了解中国在以人工智能为代表的创新技术和政策方面的实际情况，评估其对工业、中国贸易伙伴和全球经济的影响等。

战略与国际问题研究中心发布的报告

时间	报告名称
2018 年 3 月	美国机器智能国家战略
2018 年 11 月	人工智能与国家安全——人工智能生态系统的重要性
2020 年 10 月	增强美国创新优势 2020
2021 年 3 月	2030 年全球网络：发展中经济体和新兴技术
2021 年 3 月	人工智能合作监管议程前景
2021 年 4 月	亚太地区的数据治理
2022 年 5 月	俄罗斯或许没有在乌克兰使用人工智能武器，但这可能变化
2022 年 9 月	软件定义战争：国防部构建向数字时代转型的架构
2023 年 4 月	实现可信的数据自由流动

知识链接：

《人工智能合作监管议程前景》

2021 年 3 月，美国战略与国际问题研究中心发布了《人工智能合作监管议程前景》报告，梳理了人工智能的优势、数据在人工智能中的作用、新兴的人工智能合作，报告表明美国越来越重视人工智能应用的合作监管，人工智能的合作监管将让人工智能越来越可信，并进一步推动美欧各个领域的人工智能应用与发展。

1. 人工智能的优势

为了充分利用人工智能优势，需要应对风险：①对于复杂障碍，人工智能机器学习算法可能变得过于复杂，以至于开发人员不再理解算法。②一些行业应用人工智能可能遇到数据集狭窄问题，缺乏符合格式规范的数据集和数据尺寸，结果准确率不够高。③欧洲、美国、中国都存在技能差距，从事机器学习、数据和信息工作的人口比例与总人口比例极不相称，2015 年欧盟有 39.6 万个数据工作岗位空缺。

2. 数据在人工智能中的作用

（1）大数据的重要性。

数据是驱动人工智能的燃料，大量真实数据能够提高人工智能模式识别的能力，并能查看模式的细节，这需要访问真实、详细、细致入微的数据，而不只是样本数据。在人工智能战略上，德国计划增加高质量数据量，经济合作与发展组织（OECD）指出"在许多人工智能应用中，训练数据必须每月甚至每天刷新，缺乏大量的训练数据会造成许多人工智能模型不准确。"数据科学家通常将数据质量作为该行业是否能应用人工智能的条件，如在人工智能系统投入使用前，数据科学家需要进行原始数据处理，规范数据格式、清理或标记不完整、不一致的数据。经合组织建议各国为人工智能协调和管理数据共享协议，提出在某些情况下，"所有数据持有者都将受益于数据共享"，如人工智能可以改进石油钻井平台高成本事故预测，限制数据共享可能导致贸易和投资机会丧失，云计算和其他信息服务的成本上升，经济生产率和国内生产总值增长率下降。

（2）限制数据跨境共享的负面影响。

美国认为限制数据跨境共享的政策（如巴西、中国、欧盟、印度、印度尼西亚、韩国和越南等国家）具有负面影响，具体包括：①在企业层面，数据流壁垒降低了企业竞争力，企业将被迫在IT服务、数据存储服务、复制服务（因为数据不易传输）以及法规性活动（如聘请数据保护官员）上花费额外资金。②在国家层面，限制数据共享切断了数据与数据传输相关技术的研究和应用，隐私保护主义国家在开发和创新产品时也面临时延和更高的成本，其企业竞争力、创新能力不如跨境传输数据的国家企业。③在经济上，限制数据共享会提高成本，降低生产率，导致全要素生产率（TFP）下降（特别是服务业），使巴西的GDP下降0.10%、中国的GDP下降0.55%、欧盟的GDP下降0.48%、韩国的GDP下降0.58%。在英国、瑞典、芬兰、德国、比利时、卢森堡，取消现有数据本地化政策预计每年可使经济增长分别为0.05%、0.05%、0.06%、0.07%、0.18%、1.1%。

3.新兴的人工智能合作

（1）跨大西洋合作的优势。

人工智能在许多行业具有"赢家最多"的特点，采用广泛人工智能技术的公司往往最快获得最大利益。迄今为止，使用人工智能最广泛的欧洲公司中，有10%的公司在未来15年的增长速度可能是普通公司的3倍，这种"赢家占多数"的态势适用于许多国家。美欧跨大西洋合作可以帮助欧洲在几个关键领域实现人工智能的应用，可行的实现途径包括：①建立公开数据集标准可以显著增加欧洲企业和研究人员获取数据的机会，《通用数据保护条例》（GDPR）发布数据集允许在哪里被共享；②审查管理复制数据集的法律将更加明确何时允许公司重新训练和共享数据；③合作将促进技能和教育，美国和欧盟都可以利用更多的人才、资源、学术界和机构。

报告梳理的美欧合作途径包括：①欧洲委员会主席冯·德莱恩提出建立美欧贸易和技术理事会，作为讨论新合作领域的场所，欧盟委员会提出就人工智能问题，谈判达成美欧协议。②在美欧双边关系中注入与人工智能项目研发合作倡议。美国和英国最近签署了一项宣言，就人工智能研发合作问题建立政府间对话。宣言以2017年《美英科技协定》为基础，建立新的公私伙伴关系，推动共同人工智能共同研发的生态系统发展，共同解决具有挑战性的技术问题，并防止这些技术被用于独裁。

（2）多边合作。

世贸组织和经合组织有关人工智能的多边合作包括：①2020年10月和11月，世贸组织76个成员国参与世贸组织全体会议，就电子商务问题达成共识。②经合组织正在与G20国家合作，推进可信和民主的人工智能原则，G20国家最近参与了一系列人工智能倡议，其中许多集中在人工智能研发。③2020年6月，人工智能全球伙伴关系秘书处将设在经合组织，该秘书处由16个国家的专家组成。2020年12月3日至4日，加拿大虚拟主办了第一届人工智能全球伙伴关系多方专家组年度全体会议，促进人工智能应用，同时适当考虑到人权，包容性，多样性，创新和经济增长。④为应对新冠疫情，美欧可以在卫生领域开展人工智能应用合作，在紧急情况下分享监管原则和最佳做法，如何利用人工智能更好地应对新冠疫情也是人工智能全球伙伴关系专家的紧急短期目标，经合组织已经确定了人工智能技术和工具可以帮助各国应对新冠疫情，经合组织和人工智能全球伙伴关系之间的相互作用将让人工智能越来越可信。

4. 确定监管目标及准入机制的倡议

美欧需要明确定义哪些人工智能应用是需要监管的"高风险"人工智能应用，采取监管"高风险"人工智能应用的共同办法。如果欧盟要求人工智能软件只接受符合《通用数据保护条例》标准的训练数据，美国就准备达成一项协议，允许美国公司不仅使用符合《通用数据保护条例》标准的训练数据，还能使用其他标准的训练数据，对其人工智能软件进行训练，只要人工智能软件符合某些基准测试（如无偏见和无歧视，由美国制定判定标准），就能准入欧洲。对于美欧人工智能监管方法不同，美国公司可以利用开放数据集，以及符合条件的非欧盟数据，来训练高风险人工智能应用程序，以通过美国和欧盟监管机构的基准测试。通过分析未来欧洲监管机构的类型、访问专有数据的权限和算法，美国可以管理事前评估，事前评估可以有两种选择：①美国和欧盟建立一个机制，让美国公司能够自我认证，认证是否符合欧盟的"高风险"人工智能应用的监管要求；②确保合格评估由欧盟监管机构进行，但这存在商业隐私泄露风险。

6. 其他智库

哈佛大学、斯坦福大学、纽约大学、伍德罗·威尔逊国际学者中心、麦肯锡全球研究院、生命未来研究所、史汀生中心、世界未来学会、美国传统基金会、卡内基国际和平基金会、哈德逊研究所等智库也在人工智能安全方面积极开展研究。

大西洋理事会徽标

2022 年 5 月，美国大西洋理事会发布《人工智能：为国家安全和国防开发人工智能》报告建议，政策界和技术界应在人工智能领域达成共识，建立对现代人工智能的共同理解，美国国防部及其行业合作伙伴间也需改变其观点并调整优先事项等。指出人工智能能够为美国国家安全和国防带来改变游戏规则的优势，主要如下：

（1）大大加快和改善决策。

（2）增强战备和作战能力。

（3）提高人类的认知和身体表现。

（4）军事系统设计、制造和维护的新方法。

（5）能够打破微妙的军事平衡的新能力。

（6）制造和发现战略网络攻击、虚假信息活动以及影响行动的能力。

2022 年 7 月，美国信息技术和创新基金会（ITIF）数据创新中心（CDI）发布《美国人工智能政策工作情况》报告，从 9 个政策领域对美国人工智能政策完成情况进行评估（超出预期 0 项，满足预期 3 项，接近预期 5 项，未达到预期 1 项），详细分析了美国人工智能政策的理想与现实情况，并提出了针对性的政策改进建议。

信息技术和创新基金会徽标

9 个政策领域的评估结果

政策类别	政策领域	评估结果
创新政策	支持人工智能研发	接近预期
	投资人工智能技术中心	满足预期
	加强人工智能人才培养	未达到预期
	促进对人工智能资源的访问	接近预期
	推动政府采用人工智能	接近预期
	制定人工智能技术标准	满足预期
监管政策	确保人工智能监管对于创新是友好的	满足预期
	通过知识产权推动人工智能活动	接近预期
	通过贸易政策推动人工智能发展	接近预期

知识链接：

智库与政府

　　智库既是公共政策研究人员和政府决策者的培养室，又是人才的"中转站"：既为前政府官员提供容身之处，又为新政府输送干部。四年一届的美国总统大选涉及几千名官员的去留安排问题，智库则为这些下台官员提供了"韬光养晦"容身之地。基辛格从政府部门退下后，在国际战略研究中心从事研究工作；布什政府政策规划室主任理查德·哈斯离任后则成为布鲁金斯学会副会长。同时，为汇聚社会精英，充实研究力量，培养政府未来决策者，智库还不惜重金聘请知名学者、资深的政府官员和有潜力的青年学者等。

八、美国人工智能安全企业的启示

1. 美国人工智能头部企业在参与人工智能治理方面有较高社会责任感，积极主动参与安全管理

人工智能的快速发展给企业社会责任带来现实挑战。2023 年 7 月，美国拜登政府于白宫召集美国七家人工智能头部公司并获得了七家人工智能头部企业的自愿性承诺，确保人工智能技术的安全性、有保障性和可信任性。这些头部企业的举动不仅是因为响应拜登政府号召。美国对企业社会责任的研究由来已久，20 世纪初就将企业社会责任作为一门理论来研究。当前，美国对企业社会责任理论的研究已深入到各个领域，通过完善法律法规、惩罚性赔偿、企业社会责任信息披露、企业监督机制、强化企业自律约束等多方面抓手，来提升企业的社会责任感。在企业社会责任问题上，可以应借鉴美国企业社会责任的经验，并结合本国人工智能产业具体情况，探索人工智能企业社会责任的发展路径。

企业社会责任示意图

2. 美国人工智能企业的优秀人才在政府发挥了较大作用，其顶层设计得到可靠支撑和有效落实

美国政府采取了灵活有效的措施，吸引了许多世界上最优秀的人才到政府甚至国防部工作，使美国人工智能安全的顶层设计上得到了可靠的支撑和有效的落实。国防部和各军种也充分利用民间人才和智力资源助力作战能力建设。例如，美国国防部吸纳人工智能龙头企业谷歌公司参与其各种项目，寻求利用人工智能技术来提高军用无人机识别对象目标的能力。通过各层面的通力合作，美国人工智能在国家安全领域的顶层设计上得到了可靠的支撑和有效落实，从而把技术优势切实转化为安全保障能力。我国是一个人口密集的国家，要把人口密集的国家变成人才资源大国，需要吸引和引进大量优秀人才，促进国家科技和经济的持续快速发展，美国引进人才的可取之处值得我们研究和借鉴。

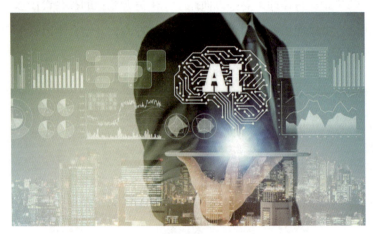

人工智能人才示意图

3. 美国通过头部企业对外建立"广泛的民主科技联盟"，在人工智能国际规则方面的影响力较大

美国尝试与英国、韩国、日本等共建"民主科技联盟"，共同探讨和共建人工智能的专门知识和能力，以及提高人工智能素养。这些"民主科技联盟"大多依托美国科技巨头成立。在人工智能领域，其他国家为获得其技术和设备，积极加入美国互联网巨头成立的"人工智能联盟"，与其共同组成企业利益集团。这些联盟拥有较高的技术创新实力，在人工智能国际标准、国际规则等方面影响力较大。例如，在深度学习开源平台领域，已经形成了谷歌的 TensorFlow 和脸书的 PyTorch

两家独大的格局。谷歌自研了 TPU 芯片，与其深度学习框架 TensorFlow 进行深度融合，以"深度学习框架 + 人工智能芯片"的模式，构建智能时代新的"Wintel"联盟，试图掌控智能时代新的话语权。

"Wintel"联盟徽标

4. 美国头部企业构建了良好的开源生态，长久来看，这种开源让人工智能平台安全良善实用

自 ChatGPT 横空出世以来，围绕监管的话题便始终如影随形。但在发布会上，图灵奖得主、Meta AI 团队首席人工智能科学家杨立昆提出了完全不同的看法。在他看来，从长远视角来说，要让人工智能安全且良善的唯一办法就是开源。"想象一下，未来我们每个人都需要通过人工智能助手与数字世界进行互动，我们所有的信息都会经过人工智能助手系统，如果那时候技术还只是被少数公司控制的话，绝对不是一件好事。"杨立昆认为，未来人工智能系统应该成为人类所有知识的宝库，训练它们的方式也必须要基于众多源头，"因此我们也希望看到更多的开源人工智能系统"。美国经验可以供参考借鉴，以加快推进开源体系建设，释放开源发展潜能，推动高质量发展。

开源生态示意图

第七章

他山之石：美国人工智能安全管理启示借鉴

人工智能发展几乎一天一个情况，美国不断成立新机构、制定新政策来管理生成式人工智能。正是人工智能这个快速发展的特性，导致了虽然它从 20 世纪中叶就已经诞生，但没有一个人敢说可以看清楚其发展走向，美国人工智能安全管理同样是摸着石头过河，其走过的弯路、捷径对世界各国都有参考价值。

一、以法律和战略等顶层文件规划发展和安全

美国人工智能安全管理是以《2020 年国家人工智能计划法》为核心展开的，并辅以《国家人工智能研发战略计划》《国防部负责任人工智能战略与实施路径》等一系列战略文件。发展人工智能已成为奥巴马、特朗普、拜登多届政府共同拥护的基本国策。

一方面，以法律为基准可以确保相关政策发布、机构设置可以按照预想不间断进行，这是因为美国总统四年一个任期，前后总统往往是不同党派，执政理念必然不同，如果不是法律文件进行固化，仅靠总统行政令这样一张废纸，很难确保政策的延续性。

另一方面，人工智能技术发展迅速，要想真正融入各行各业，还需要加大宣贯力度，美国政府通过不断发布和更新战略文件，目的也是确保其国内可以接受并信赖人工智能，让大家可以放心大胆去用、去落地。

最后，美国更是要通过公开发布这些文件，来抢占国际话语权、抢夺国际规则制定权，负责任的口号喊起来，民主自由的旗帜打起来，引领并干涉世界人工智能发展。所谓"尊严只在剑锋之上，真理只在大炮射程之内"，美国正在加快建设其人工智能"铁拳"，发起针对世界各国新一轮的智能打击，形成新的致智权。

> 口径即是正义，大炮就是真理。
>
> 射程即是公正，威力即是民主。
>
> 机动维护自由，装甲守卫和平。
>
> 穿深誓言胜利，俯角铸就奇迹。
>
> 视野带来曙光，隐蔽换来希望。
>
> 射程走向成功，命中即为胜利。

美国的战略文化

美国的战略文化涉及一个庞大且细致的战略体系，这个体系的建设已经经历了几十年的完善，政府各部门发布了大大小小的战略文件，既是对内统一思想，又是对外展示肌肉，这里面尤其以美军更为积极，有四位里程碑式的人物。

一是艾森豪威尔由军转政，军事与政治经验均十分丰富，大规模地把军事领导管理经验和战略素养带到白宫，运用到政府管理和国家治理当中，并将治国理政与国防建设紧密联系在一起，奠定了美国战略文化的基础。

二是麦克纳马拉在1961年出任国防部部长期间，运用企业化管理思想来改革国防部的运转模式，并初步形成了沿用至今的"规划、计划与预算系统"（PPBE）流程。麦克纳马拉原是福特公司总裁，具有成熟的商业经验，他的这一做法为美国国家经济发展与国防军队建设提供一条有效的协调发展路径，增强了军民融合的广泛性与可行性。

三是安德鲁·马歇尔于1971年担任国防部净评估办公室主任，其"净评估方法"在美国各军事部门及情报部门长达数十年的广泛使用，深深地影响着美国战略分析人员的"思维模式"，对美国战略平衡研究、战略分析方法有着深远的影响。

四是戈德华特和尼古拉斯，推动立法的《1986年戈德华特－尼古拉斯国防部改组法案》确立了完整的美军战略体系。该法案明确了美军国家安全战略、国防战略、军事战略、军种战略以及战区战略之间的层级指导与支撑关系。其中规定总统每年向国会提交一份《国家安全战略报告》、国防部每年提供一份《国防报告》，分别明确国家与国防战略的优先事项，参联会、各军种以及各作战司令部再据此制定并执行本级战略，构建了层次分明、职责明确的战略体系。

美国全球战略示意图

二、人工智能需要集中全部力量进行统筹管理

人工智能是一项赋能技术，其影响涉及政治、经济、社会、科技、军事、外交、文化等各个领域，不是政府某一个部门可以全部管理的。

观察美国人工智能安全管理机构的发展历程，可以发现两个特点：一个是统筹，如跨部门工作组、跨职能小组、协调委员会等，是为了促进部门之间的沟通、资源的共享；另一个是集中，如联合中心、首席办公室等，是为了开展集中统管、资源整合。

确实像美军信息化建设那样，各部门都纷纷成立人工智能安全管理机构，百花齐放，百家争鸣，大发展的同时也带来大混乱，为此美国开展了削烟囱运动。比较典型的就是美军先是成立国防部联合人工智能中心，把各军种人工智能小组都纳入进来，然后进一步成立了国防部首席数据与人工智能官办公室，将联合人工智能中心、数字服务局及首席数据官办公室等部门再次整合，极大地提高了工作效率，美军人工智能政策得以高效落实落地。可以大胆预测美国政府的人工智能安全管理部门必将进行合并，不会像现在这样各部委分散行动，像一盘散沙。

知识链接：

美军信息系统烟囱式发展

在机械化向信息化发展的阶段，美军各军种都发展了各自专用的信息系统，如陆军战术指挥系统（ATCCS）、海军战术指挥系统（NTCSS）、战术空军控制系统（TACS）和国防部的全球军事指挥系统（WWMCCS）等。由于各军信息系统独立建设，跨军兵种的信息共享能力比较弱，故呈现"烟囱式"的特点，都是各自为战，各单位的系统都只服务于自身，设计理念不同、接口不统一。

在20世纪90年代初的海湾战争期间，美军这些烟囱式信息系统完全无法沟通，各军种更不能相互支援，暴露出巨大的弊端。为此，美军开始削烟囱运动，先后推出了武士C4I（C4IFTW）、全球指挥控制系统（GCCS）、网络中心战（NCW）、全球信息栅格（GIG）、国防信息系统网络（DISN）、联合信息环境（JIE）、数字现代化等。

这里面值得一提的是美军通过国防部体系架构框架（DoDAF）建立了顶层的、

全面的框架和概念模型，用于打破国防部、联合能力域 (JCA)、使命、部门或计划等层次界限，实现了有序的信息共享，提高了关键决策的本领，建立了类似的标准规范体系，为美军削烟囱提供了具体的战术级指导。

而网络中心战、数字现代化等则是提供了战略级指引，与时俱进地统一了美军的信息化发展思想，转变了美军信息系统建设理念，未来还将向智能化发展。

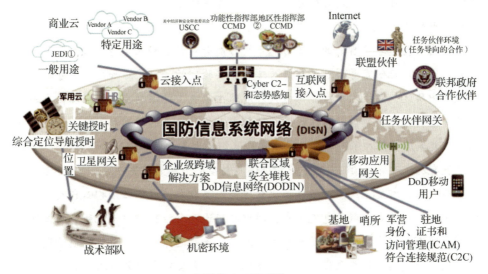

国防信息系统网络

三、与时俱进设置人工智能最新技术管理机构

2022 年底，OpenAI 公司的 ChatGPT 火爆出圈，到 2023 年初成为世界各国政要、民众广泛关注的热点，基辛格、盖茨、马斯克等甚至把这种生成式人工智能类比于一次新的革命，不亚于电力、计算机、互联网的发明，是人类发展的重要拐点，但其同样存在巨大安全隐患。

确实未知的东西最令人不安，生成式人工智能对应于原来的判别式人工智能，机器可以在大量的数据集基础上根据统计的方法自发得出问题的答案，虽然机器不知道语义，但不妨碍其形成正确解。机器能够快速学习人类迄今为止累积的文明资料，以类似于人类思维的方式，逐步形成"洞见"，甚至形成自我意识。近期媒体报道称，美国无人机为达成目的出现对抗甚至杀害无人机操控员，虽然美国军方进行了辟谣，但仍然让人细思极恐。

马斯克等超千人紧急呼吁暂停人工智能系统开发

2023 年 3 月，包括马斯克、苹果联合创始人斯蒂夫·沃兹尼亚克在内的 1000 多名人工智能专家和行业高管共同签署了一份公开信，他们呼吁将人工智能系统的训练暂停 6 个月，理由是对社会和人性存在潜在风险。

公开信内容如下：

具有人类竞争力智能的人工智能系统可能会对社会和人类造成巨大的风险，这一点已经被广泛研究并得到了顶级人工智能实验室的认可。正如广泛认可的阿斯莫夫原则中所述，高级人工智能可能代表地球生命史上的深刻变化，应以相应的关怀和资源进行规划和管理。不幸的是，目前尚无这种级别的规划和管理。最近几个月人工智能实验室陷入了一场失控的竞赛，他们致力于开发和部署更强大的数字思维，但是没有人能理解、预测或可靠地控制这些大模型，甚至模型的创造者也不能。

当代人工智能系统在一般任务上表现与人类相当，我们必须扪心自问：是否应该让机器用宣传和虚假信息充斥我们的信息渠道？是否应该自动化所有的工作，包括那些富有成就感的工作？是否应该开发非人类的思维，可能最终会超过我们、智胜我们、使我们过时并取代我们？是否应该冒险失去对我们文明的控制？

这些决策不能委托给未经选举的技术领袖。强大的人工智能系统只有在我们确信其影响将是积极的、风险可控的情况下才应该开发。这种信心必须有充分的理由，并随着系统潜在影响的程度增加而增强。OpenAI 最近关于人工智能的声明指出："在开始训练未来系统之前进行独立审查可能很重要，并且对于最先进的工作来说，人们应该在合适的时间点限制用于创建新系统的计算增长率。"我们认为，现在已经到了这个时间点。因此，我们呼吁所有人工智能实验室立即暂停训练比 GPT-4 更强大的人工智能系统至少 6 个月。这种暂停应该是公开和可验证的，并包括所有关键人员。如果无法快速实施这样的暂停，政府应该介入并实行叫停。

人工智能实验室和独立专家应该利用这个暂停时间共同开发并实施一套共享的高级人工智能设计和开发安全协议，这些协议应该由独立的外部专家进行严格审核和监督，这些协议应确保遵守它们的系统是安全的、无可置疑的。这并不意味着总体上暂停人工智能开发，而是从具有新兴功能的、不可预测的大型黑盒模型的危险竞赛中后退一步。

人工智能的研究和开发应该重新聚焦于使当今强大的、最先进的系统更加准确、安全、可解释、透明、稳健、一致、可信和可靠。同时，人工智能开发人员必须与决策制定者合作，大力加速强大的人工智能治理系统的发展。

这些治理系统至少应该包括：专门针对人工智能的新型和有能力的监管机构；对高能力的人工智能系统和大量计算能力的监督和跟踪；帮助区分真实和合成数据的溯源、水印系统，并跟踪模型泄露；一个强大的审计和认证生态系统；对由人工智能引起的损害的责任；针对技术人工智能安全研究的强大公共资金；资源丰富的机构，以应对人工智能将造成的巨大经济和政治混乱。

人类可以在人工智能的帮助下享受繁荣的未来。我们已经成功地创建了强大的人工智能系统，现在可以享受"人工智能之夏"，在这个夏天，我们收获了回报，为所有人明确的利益设计这些系统，并给社会一个适应的机会。社会已经暂停了其他可能对社会产生灾难性影响的技术的发展。我们在人工智能领域也能这么做。让我们享受一个漫长的人工智能夏天，而不是匆忙而无准备地迎接秋天的到来。

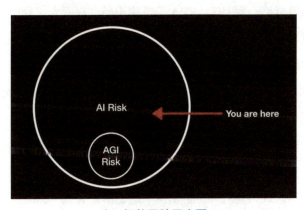

人工智能风险示意图

正是看到这些风险挑战，美国迅速组建生成式人工智能小组，邀请了产业界、学术界的人工智能前沿科学家参与其中，并且层次非常高，就在总统科技顾问委员会直接领导下，帮助美国政府评估人工智能关键机遇和风险，并就如何最好地确保这些技术的开发和部署尽可能公平、负责和安全提供意见。美国政府设立这个机构走在了世界各国前列，并不是传统意义上的官僚部门，而是先以咨询委员会、甚至咨询小组的名义，把专家引入进来，非常灵活，进可攻、退可守，只待时机成熟，就可以设立对应的管理部门，一方面在技术发展初期不进行过度监管，"让子弹先飞一阵"，另一方面又做好政府的技术认知储备，为后期的管理做好准备。

四、人工智能发展和安全都需要用好军队力量

正如互联网源自美军阿帕网，超级计算机也是最早出自原子弹研究，现在的人工智能研发和管理都离不开军队的力量。

在发展层面，美国国防部一直是人工智能技术研发的先驱者和排头兵，其对人工智能技术，无论在重视程度、投入力度方面，还是在技术积淀、大胆创新方面，都远远走在美国政府其他部门甚至是世界的前列。早在国家战略发布之前的2016年4月，国防部部长肯德尔在国会证词中就把人工智能识别为未来第一位的军事技术；在同一场证词中，DARPA局长普拉巴卡尔表示人工智能是"第三次抵消战略"的中心技术；2018年5月，时任国防部部长吉姆·马蒂斯就向特朗普总统呈递了一份备忘录，恳求总统制定一项国家层面的人工智能战略。国防部不仅主导制定国家层面的研发战略，而且DARPA等机构不断在探索人工智能、量子计算、脑控控脑等前沿颠覆性技术，并且发布了大量的合同，委托地方高校、高科技企业开展人工智能技术研究和系统建设。

在安全层面，美国国防部2019年10月首倡了负责任人工智能"负责、公平、可溯、可靠和可控"的准则，重视并解决由人工智能引起的道德、法律等方面问题，将人工智能伦理道德作为特别项目开展工作，提出人工智能道德规范，帮助人工智能更好地服务美国。美国军方的相关伦理规范正逐步成为美国在人工智能安全管理上的国家规范，成为其对外价值输出、道德绑架的统一标准。

知识链接：

美国国防部实施负责任人工智能（RAI）的六项基本原则

美国国防部副部长凯瑟琳·希克斯在2021年6月发布备忘录中指出："随着国防部拥抱人工智能，我们必须采取负责任的行为、流程和结果，以反映国防部对其核心道德原则的承诺。"美国国防部备忘录制定实施负责任人工智能的基本原则，主要包括六项内容。

一是负责任人工智能治理。确保国防部范围内严格的治理结构和流程，以便进行监督和问责，并明确国防部关于负责任人工智能的指导方针和政策以及相关激励措施，加速国防部采用负责任人工智能。

二是作战人员信任人工智能。建立试验、鉴定以及验证和确认框架，确保作战人员对人工智能的信任。

三是产品和采办生命周期。开发工具、政策、流程、系统和指南，以在整个采办寿命周期内同步人工智能产品的负责任人工智能实施。

四是要求验证。将负责任人工智能纳入所有适用的人工智能要求中，以确保RAI包含在国防部人工智能能力中。

五是建立负责任人工智能生态系统。建立国家和全球负责任人工智能生态系统，以改善政府间、学术界、工业界和利益相关者的合作，并促进基于共同价值观的全球规范。

六是人工智能人才队伍建设。建立、训练、装备和留住负责任人工智能人才队伍，以确保强有力的人才规划、招聘和能力建设措施。

五、发展和安全是人工智能安全管理的永恒话题

发展和安全是事物演化的两个重要方面，尤其是对于人工智能这样的高附加值技术而言，如果放任不管，其发展绝对可能出现一日千里的爆发式增长，如雨后春笋遍地开花，而伴随而来的安全隐患就会很大很多。工业革命所带来的污染问题、气候变化问题，需要几百年时间来治理弥补。但人工智能一旦形成自我意识，和人类的从属关系发生颠倒，就完全可能动摇人类的根基，不是时间可以解决的了。但如果监管过度，把技术创新的活力扼杀了，那也不是人类想要看到的，一方面发展慢是最大的不安全，另一方面人类发明人工智能这样的科技，还是希望科技服务于人类，在自动化解放双手的下一步，智能化将替代人类从事更多的劳作。

在战略层面，美国政府不仅发布了安全相关战略政策文件，如推动政府使用可信赖人工智能的总统行政令、美国国防部负责任人工智能战略与实施路径、人工智能风险管理框架等，而且在各种规划文件中至少单独将安全列为一章，甚至安全占据 50% 以上的篇幅，如国家人工智能计划、国家人工智能研发战略计划等。

在机构层面，几乎所有人工智能委员会、小组、办公室都肩负了发展和安全的双重职责，一方面促进人工智能技术研发，另一方面促进人工智能技术被大家接受，可以更好地落实落地，最后确保人工智能安全可控。

在行动层面，有美国政府高度关注数据、社交媒体等的人工智能安全治理问题。美国大街上很少有摄像头，一些州还特别立法禁止安装监控设备，尽管这给交通管理和社会治安管理带来不便。极端行为会减少对新发明的投资，并为新发明的采用增加障碍，从而抑制创新。这种因隐私保护或安全考虑而拒绝人工智能的情况已经引发了美国一些智库和决策部门的关注，提出为了利用人工智能来造福社会，美国必须明智地管理人工智能系统，注意平衡发展与监管的关系。正确的平衡需要明智的风险权衡决策，以便能够根据人工智能的具体用途，最大限度地提高使用效益，同时最大限度地减少带来的伤害，建议美国应更加灵活地制定人工智能相关法规和政策，通过全方位的监管和非监管治理机制来塑造其发展和使用，以取得正确的平衡。2020 年 11 月，美国管理与预算办公室向联邦机构发布了何时及如何监管私营部门人工智能的指导意见，要求在监管时首先要进行监管影响评估，其目的就在于防止过度监管影响人工智能的发展。

知识链接：

美国的安全观

安全观是国家安全思维的系统化呈现，安全战略则是为维护和达成安全状态而需要采取的系统性的策略及方法。美国以安全威胁阴谋论著称，善于虚构和夸大一个或多个对手的威胁，以此推行其安全政策。最重要的文件就是《美国国家安全战略报告》，自 1987 年起每届政府均将制定国家安全战略作为自身的一项重要战略任务，但不会系统地阐述美国的国家安全观。

第二次世界大战后，对于国家安全威胁的界定及应对措施，是美国国家安全战略中最为核心的部分。冷战时期，美国将苏联界定为战略威胁及应对对象；冷战结束后，美国对核心威胁的界定一度出现迷失；9·11 事件后，美国将恐怖主义作为安全威胁最为核心的来源；恐怖主义威胁渐渐获得阶段性的缓解后，特朗普政府在《国家安全战略报告》中又将中国和俄罗斯列为美国的主要安全威胁。从这个角度来看，美国国家安全观的核心要务，就是界定国家安全的威胁来源。这种威胁来源无论是否真实，都是聚焦于特定的国家或非国家行为体。

总体而言，美国的安全观，体现为以对象国的实力与意图作为评判其是否对美国具有敌意或威胁的标准，进而，在确定安全的措施时，将消灭敌人作为获得安全的基本方式。这是一种二元对立的思维，不是共存、包容与相互转换的系统思维，美国的霸权行为具有国内宗教、意识形态和政治根源。

美国国家安全已经成为各路掮客的"垃圾桶"。不论是急于捞取选票的政客，还是渴望订单的军工游说集团，或者阴谋对竞争对手下套的互联网巨头，都可以把自己的"私货"往这个桶里装——投进去的是连篇的鬼话和谎言，倒出来的是真金白银的收益。高压之下，在相关话题上说句公道话已经成为在华盛顿生存的禁忌，各色谋利者借题发挥、夸大其词、贩卖焦虑，已经是常规操作。

《美国国家安全战略报告》封面

六、必须警惕企业拥兵自重甚至干预政府决策

根据非盈利组织硅谷联合投资每年推出的《硅谷指数》年度报告，截至2023年初，虽然受到全球疫情和俄乌冲突等影响，硅谷地区高科技企业市值有所缩水，但是仍然高达4万亿美元，远远超过瑞士等国全年国内生产总值。这些企业拥有的财富富可敌国，已经可以拥兵自重了。加上目前世界正在从信息时代迈向智能时代，技术在社会方方面面占据日益重要的地位，大到可以左右政府意志的地步。

2023 年 5 月初，拜登政府在计划加强生成式人工智能管理的前夕，专门邀请谷歌、微软、OpenAI 和 Anthropic 的首席执行官，由副总统卡玛拉·哈里斯出面听取相关意见。此前，在奥巴马政府、特朗普政府期间也在制定国家战略、设立相关机构前，专门听取人工智能企业的建议，甚至直接请相关高管在其中担任要职，如埃里克·施密特、米丽安·沃格尔等，甚至读者可以在本书第二章看到几乎所有美国人工智能安全管理机构领导人都有高科技企业的背景。

事实上，美国政府还是意识到了这个问题，不断开展针对大型人工智能企业的反垄断调查，而且加强了政府关键岗位人员任职的企业背景审查，如此举导致白宫首席技术官一职一度空缺。

趣话：

特朗普与硅谷大佬们的尴尬聚会

首先不得不提一位大佬彼得·蒂尔，是美国企业家与风险资本家，对冲基金管理者，PayPal 的共同创建者之一，也是 Palantir 大数据分析公司的创建者和对冲基金克莱瑞资本的总裁，他几乎是唯一公开支持特朗普的科技界大佬，有着非常不同的眼光和政治取向。他搭建起科技界通向特朗普的桥梁。据传说在他和特朗普团队打了数百个电话后终于在 2016 年 12 月凑齐了一众大佬来到纽约的特朗普大厦。这次聚会集齐了世界上最值钱的科技公司——谷歌、苹果、微软、脸书等公司悉数参加，甚至传闻不会参加的马斯克、已经和特朗普在选举中点名互撕的亚马逊首席执行官贝索斯最终也来了。

一场经历各种传闻、风波才得以召开的圆桌会议，显然不是特朗普与各位大佬们互相表扬、吹捧、拍几张照就能完事的。据美国媒体透露，在这场超过 90 分钟的会议中，特朗普与这些科技公司探讨了与中国的双边贸易、人才引进制度、在美工作机会、海外资金和数据隐私等关键、敏感的问题。"中国问题"成为了圆桌会议上最重要的议题：一方面，特朗普表示会增强双边贸易的合作，安抚依靠海外销量保持增长的科技公司；另一方面，特朗普在会前的各种场合提到的"中国制造"的问题，可能触及到了科技公司的利益，将制造业搬回美国，是特朗普向他的选民们许诺的重点，但是现实显然需要更多的博弈，毕竟美国总统也不可能逼人做亏本生意。不过，虽然苹果没有宣布将制造回流到美国，但已经宣布在美国投入 500 亿，创造超过 5 万个国内工作机会。同时，IBM 也在会前就宣布将在未来的四年中，雇用 2.5 万个美国人。除了将制造业搬回来之外，令各大科技公司显得极为尴尬的是他们"无人化"的科技发展方向。特斯拉的自动驾驶汽车、亚马逊的送货无人机、各大公司争破头的人工智能等技术的目标，都是更加深度的自动化和机器学习能力，显然，特朗普所代表的制造业者，是最有可能被未来科技淘汰的。

趣话：

拜登：我就是人工智能

2023 年 7 月 21 日，美国白宫召集人工智能七大公司做出一系列保护用户的自愿承诺，包括同意进行安全测试，采用新的水印系统以告知用户内容是人工智能生成的。这七家公司分别是亚马逊、Anthropic、谷歌、Inflection、Meta、微软和OpenAI，它们的代表与拜登举行了会面，同意白宫提出的一系列要求，以解决人工智能带来的众多风险。

在会议前，拜登当着众人的面开了一个玩笑。拜登推开门，一边蹒跚着往发言台上走，一边喃喃地说道：我就是人工智能。众人立刻尴尬地笑起来。说完之后，他还觉得不过瘾，紧接着又添了一句，如果你们认为我是林肯，那就怪人工智能吧。

这可能是"人工智能"被黑得最惨的一次，也可能是林肯被黑得最惨的一次。

拜登当天宣布，"人工智能在带来不可思议的机会的同时，也给美国社会、经济和国家安全带来风险"。上述七家科技企业已同意"自愿承诺负责任的创新"，在人工智能技术开发过程中履行"安全、保障和信任"三项基本原则。作为保障措施的一部分，这些公司同意进行安全测试，部分由独立专家进行；对偏见和隐私问题进行研究；与政府和其他组织共享有关风险的信息；开发应对气候变化等社会挑战的工具；采取识别人工智能生成材料的透明度措施。

根据白宫的新闻通稿，七家公司号称均是自愿签署协议，这些承诺不包括具体的截止日期，如果不履行承诺，目前不会产生任何重大法律后果。此外，每家公司都可以做出不同的解释。但这些承诺的执行将在很大程度上由美国联邦贸易委员会监督。

七、领导人是人工智能安全管理机构核心所在

一个单位或者组织的精神面貌往往都取决于领导的意志，所谓"千军易得，一将难求"。我们发现，美国人工智能安全管理机构有几个值得关注的传承演变过程。

一个是美国政府顶层咨询机构的演进，从"人工智能国家安全委员会"变为"特别竞争研究项目组"，而"特别竞争研究项目组"的名称又源自冷战时期的"特别研究组"，这都与该机构领导人埃里克·施密特密不可分，施密特出自硅谷，天然地可以可轻松与美国政府和高科技企业沟通，而且和基辛格关系密切，自然又把冷战思维引入机构的发展中，一方面，把机构名称改得更为隐蔽，打着非盈利性机构的幌子，可以更加低调务实地吸引国内外相关力量参与进来，更好地为美国高层提供决策支撑。另一方面，凸显对抗味道，把美苏对抗的那一套打法引入到现在的中美博弈当中，鼓吹中国人工智能威胁论。

另一个是美国军方管理机构的演进，从"算法战跨职能小组"到"国防部联合人工智能中心"再到"国防部首席数据与人工智能官办公室"，都离不开杰克·沙纳汉的身影，他不遗余力地在美国国防部推广人工智能与机器学习，他在空军的长期任职经历使其认识到由无人机、侦察机采集的海量数据如果无法得到处理就是一堆垃圾，必须引入机器进行自动分析，所以才有了其后来在国防部对算法战概念不遗余力的推广，即便遭到谷歌员工抗议后，仍然将机构改头换面为国防部联合人工智能中心，反而把军用人工智能做大做强，坚信人工智能在战争中占据核心地位。

美式个人英雄主义

美国对个人英雄主义强烈崇拜，美国人都认为幸福要靠自己去争取，生活要靠自己的双手去创造，梦想的实现要靠个人的奋斗，每个人学会自尊自重，勇敢地承担起自己的责任与社会的责任，这是美国主流社会最重要的社会信念和共识，这与中国传统中的"团结就是力量""和谐文化"等观点截然不同。基于此，个人主义在美国人心中根深蒂固。在好莱坞电影对全球文化的隐蔽侵蚀中，我们就可以看到蜘蛛侠、超人、美国队长等一系列人物，他们都是美式个人英雄主义的典型。

美国队长漫画形象

美国人尊重靠个人奋斗成功的人，尤其是那些通过克服重大障碍而取得成功的人。所以美国最爱讲个人英雄主义的故事。个人英雄的经典形象，早年是独闯西部、主持正义的牛仔，到了信息时代则变成了乔布斯、从哈佛退学的比尔·盖茨和扎克伯格、不断创业的埃隆·马斯克。美国媒体变着花样地宣扬个人英雄主义，讲的就是美国的核心价值观。西进运动的特定环境，还产生了美国人的实用主义哲学价值观，就是以行动求生存。务实、实干和效用至上的实用主义，是美国人的一种精神状态，一种主导的生活方式。

八、美国人工智能安全管理"政商学"旋转现象

从时间演进的纵向维度和不同机构的横向维度，观察美国人工智能安全相关机构，会发现一件有趣的事情，有些人反反复复不断出现，一会儿是政府高官、一会儿是企业高管、一会儿又是高校研究员，甚至还会变为美军军官或者文职官员。

一方面，令人感叹，美国就业制度的灵活，跳槽换单位和吃饭睡觉一样随意，像电视剧里演的那样，猎头公司在其中发挥了不少作用，高素质人才在跳槽过程中不断实现人生价值的提升。现在国内政府、军队等所谓体制内行业还无法做到这样大开大合，大多数人还是从一而终，在一个单位从就业一直可以干到退休。

另一方面，必须思考为什么美国人工智能发展和管理比较先进，为什么ChatGPT出现在美国，这与这些管理者懂技术、懂人工智能是分不开的，最为典型的就是埃里克·施密特，在谷歌发展中有不可磨灭的贡献，又懂投资，朋友圈又广，和基辛格是忘年交，长期在美国政府人工智能相关顶层委员会中担任要职，能够为美国高层管理和规划国家人工智能发展，提供技术上可行、经济上高效的决策建议。

最后，还必须谨防美国人工智能政府一直打着民意的旗号进行推广，因为美国政府、军方官员，如美国前代理国防部部长帕特里克·沙纳汉，以非盈利机构成员、高校老师的身份，仍在不断鼓吹反映美国价值观的所谓"负责任"的人工智能准则，抢占国际话语权和规则主导权，要求他国在其划定的紧箍咒中受限制地发展。

趣话：

"旋转门"背后的美国"权力密码"

引自 2021 年 2 月 4 日新华网的同名文章。美国政府高官离职后常常利用在工作中搭建的关系网，在企业、律师事务所、智库以及其他机构找到薪水丰厚或具有影响力的职位，或者成立自己的咨询公司等。与此同时，商业巨头以及利益集团也经常向美国政府输送高官，从而得以影响政策的制定和实施。这种"旋转门"现象近年来愈演愈烈：在特朗普任期内，首任国务卿蒂勒森直接从埃克森美孚公司高管位置上"旋转"而来、财政部部长姆努钦来自华尔街投资银行高盛集团、国防部部长埃斯珀曾是军工企业雷声公司高管等。

美国社会学家查尔斯·赖特·米尔斯在《权力精英》一书中将这些进出"旋转门"的人称为美国的"权力精英"。他指出，这些人操纵着国家机器并拥有各种特权，占据着社会结构的关键位置，在经济、政治、军事等领域相互紧密联系，掌握着决策的权力。

在美国，政治体制的运转与金钱密不可分。联邦政府与利益集团之间的权钱勾连只隔着一扇"旋转门"，这已成为当下美国政治的常态，也让更多的金主、财阀趋之若鹜，积极利用这一机制影响政府决策并衍生出庞大的政治游说力量。据美国媒体统计，有约半数的离任国会议员都在华盛顿著名的游说公司聚集地谋得职位。

美国旋转门漫画

据路透社披露，谷歌、脸书、亚马逊等科技巨头都意图在美国政府的"关键职位"上安插自己人。据《华盛顿邮报》报道，包括上述三家公司在内的七家顶级科技公司 2020 年共花费超过 6500 万美元游说美国政府，以应对反垄断审查和监管。

九、谨防核心数据外流和失泄密事件的发生

无论美国还是欧洲，都高度重视人工智能相关数据，特别是美国在国家层面的人工智能战略中多次强调数据收集及其安全问题，而且在人工智能研发跨部门工作组、国家人工智能计划办公室等多个部门职责中把数据管理问题基本都放在前几

位，国防部更是成立首席数据与人工智能官办公室，把数据视作制胜法宝，与人工智能拥有同等重要的地位。在此背景下，美国就像貔貅一样，打着负责任、共享的旗号，采集全球数据，但是自身数据绝对不外流。像此次美国推出 ChatGPT 爆火的同时，进一步加大了对全球数据的收集。有媒体报道，全球各种族生物特征、行为习惯等敏感数据已经几乎全部被美国掌握。所以才有了意大利等国、三星等公司直接禁止使用 ChatGPT。

知识链接：

美国政府高度重视数据安全问题

美国政府在 2016 年 10 月发布的《备战人工智能的未来》中指出"人工智能很可能会加剧偏见的问题"，提出要"注意尽可能减少人工智能由于缺乏可用数据而导致偏见或不准确的可能性""人工智能驱动的应用应该实施完善的网络安全控制，以确保数据和功能的完整性，保护隐私和保密性，并保持可用性""联邦机构应当在人工智能中挑战的数据集""联邦机构参与者应该着眼于在近期建立越来越丰富的数据集，同时保护好消费者的隐私"。

美国政府在 2019 年 6 月发布的《国家人工智能研发与发展战略计划》中要求所有机构负责注重保护数据安全、隐私和机密性，提出"为人工智能训练和测试开发共享数据集和环境。训练数据集和资源的深度、质量和准确性对人工智能的性能影响巨大。研究人员需要创造优质的数据集和环境，以便安全访问优质数据集以及测试和训练资源""提高数据清理技术的效率还需要进一步研究，发展用于确定数据不合规和异常的方法，以发展整合人类反馈的方法"。

数据安全示意图

早些年，美国还爆出了"棱镜门"事件，就像当年的水门事件一样，举世震惊，一方面更加印证了美国在无时无刻监控全球，另一方面也警示我们，美国政商学旋转门虽然旋转很快、有很大裨益，但是也存在很大的安全漏洞，政府项目雇用了斯诺登这样的企业职员参与其中，没有经过严格背景审查和政治教育，极容易出现失泄密。在进行人工智能研发过程中，由于专业性强、更新速度快，不可避免地要用到高新企业甚至民间红客、黑客的力量，就像 DARPA 组织的挑战赛、论坛那样，需要以公开的形式进行揭榜挂帅，才能确保人工智能快速发展，但决不能忽略相关的安全保密审查和管理，一件事、一个人可能不涉密，但是一旦进行事件、行为、人员关联分析，再通过生成式人工智能的概率推算，就可以绘制整个体系图，引发重大安全事件。

十、理性看待美国华裔科学家众多的问题

在撰写本书的时候，频繁地在美国人工智能研发与管理机构中看到华裔科学家的名字，包括"人工智能女神"李飞飞、"数学天才"陶哲轩、"硅谷最有权势的华人"陆奇等，ChatGPT 的团队中也有不少华裔，这一方面让人很自豪，华人的基因很强大，在世界前沿的科技中有一席之地，另一方面也令人担忧我国人工智能人才流失的问题。但事实上，随着我国综合实力的不断提升，家有梧桐树自然引得凤凰来，我国早已走过了改革开放初"月亮是国外的圆"、无数人卖掉北京房产去纽约洗盘子的崇洋媚外期，很多科技人才走出去还会回来，毕竟在国外对华人的认同感还是不高，国内发展已经走在世界前列，也大有发展舞台，而且美国对华裔科学家一直进行疯狂打压排挤。

趣话：

美籍华裔科学家多是中国移民，而非美国本土产生

说到当代最具创造性的华人科学家，人们常常会想到那些著名的美籍华裔科学家，如杨振宁、李政道、陈省身、丘成桐等，并将他们能取得如此成就归结为美国浓厚的经济、发达的教育和良好的学术氛围。但根据沈登苗的统计研究却揭示了

一个出乎意料的结果：著名的美籍华裔科学家几乎全部是从中国去的知识移民及其后裔。

在60个非美国出生的美籍华裔科学家中，其出生地分布如下：中国大陆52人，占87%，台湾5人，香港、澳门、新加坡各1人。出生时间分布为：1897—1909年4人，1910—1925年20人，1926—1940年27人，1941—1952年12人。这些科学家的"根"都在大陆，祖籍多数是教育发达的州县，又几乎都出自书香门弟或有产者家庭。

这些科学家赴美前，大陆本科以上毕业的22人，其中研究生8人；台湾本科以上毕业的19人，其中研究生2人；香港本科以上毕业的4人，其中在香港和德国取得博士学位的各1人。在国内接受本科教育的合计45人，正好占60人中的四分之三（说明留学并非越早越好），其中研究生10人、博士生1人。本科教育由英国完成的2人、南非完成的1人，其余的15人（含丁肇中、朱棣文、钱永健），在美国修完本科至博士的学业（其中钱永健的博士学位是在英国完成的）。在18位由国外取得本科学位的人中，又有13人在国内完成高中学业（含自学）、1人接受了小学教育，1人（张永山）不详。由此可见，著名的美籍华裔科学家绝大多数主要在中国接受教育。同时，有10人是国内以教授身份去美国发展、定居的。63位科学家，除了2位（林同炎、贝聿铭）获硕士学位外，其余都是博士出身。这表明，高学历是华人在美国科学界立足的必备条件。同时，他们修完各级学业时，都明显地比同时代的学子要来得年轻。如至少有16人在20岁及以前本科毕业。这也显示，天赋高或少年得志并保证学习的连续性，是他们成为自然科学家的一个特征。

笔者记得上学时第一堂课就是清华自动化系的教授开玩笑地说，"我们系是世界排名第一的专业，国内毋庸多说，国外没有自动化系，只有人工智能系、机器人系，当然我们排第一"。玩笑归玩笑，事实上发展到今天，国内高校引进了图灵奖

获得者姚期智等多位人工智能领域大师，其发展已经真实比肩世界一流大学。我们当年毕业时的毕业生确实有很大比例地选择了出国深造，有去牛津、斯坦福、早稻田等，但十几年过去了，一聚会发现基本都回来了，选择留在海外的寥寥无几，有在高校担任教授的，有在头部企业从事研发的，感受最深的就是目前国内发展日新月异，而外国发展已经不断放缓了，活力大不如从前，绝对不能错过建设祖国的红利期。

参考文献

[1] 赵超阳，等 . 美军人工智能战略发展的智库策源研究 [M]. 北京：东方出版社，2021.

[2] 陈定定，朱起超 . 人工智能与全球治理 [M]. 北京：社会科学文献出版社，2020.

[3] 本书编写组 . 人工智能与国家治理 [M]. 北京：人民出版社，2020.

[4] 崔亚东 . 世界人工智能法治蓝皮书（2022）[M]. 上海：上海人民出版社，2022.

[5] 周源 . 创新与战略路线图——论方法及应用 [M]. 北京：科学出版社，2021.

[6] 于铁军，祁昊天，等 . 美国国防部"密涅瓦"计划述评 [J]. 国际政治研究，2013（1）：10，145-165.

[7] 鲁传颖，张璐瑶 . 人工智能的安全风险及治理模式探索 [J]. 国家安全研究，2022，4（4）：84-100，178.

[8] 刘国柱，尹楠楠 . 美国家安全认知的新视阈：人工智能与国家安全 [J]. 国际安全研究，2020，38（02）：135-155，160.

[9] 谢宇 . 美国法律如何防控外国威胁：基于美国家安全法律的考察 [J]. 中外法学，2023，35（02）：541-559.

[10] 韩春晖 . 无人机监管的法治变革与公法建构 [J]. 河北法学，2019（10）：69.

[11] 张华胜 . 美国人工智能立法情况 [J]. 全球科技经济瞭，2018（9）：54-61.

[12] 张涛 . 后真相时代深度伪造的法律风险及其规制 [J]. 电子政务，2020（4）：96.

[13] 韩春晖 . 美国人工智能的公法规制 [J]. 国外社会科学，2022（2）：46-58.

[14] 尚普研究院 . 2022 年全球人工智能产业研究报告 [R].2022.

[15] 曹建峰，梁竹 . 万字长文详解：国外主流科技公司的 AI 伦理实践 [R]. 腾讯研究院，2022.

[16] 中国信息通信研究院 . 人工智能安全白皮书（2018 年）[R].2018.

[17] 清华大学人工智能国际治理研究院 . 布鲁金斯学会：美国人工智能监管面临的三大挑战 [R].2023.

[18] 明均仁，等 . 美国人工智能政策文本分析及启示 [J]. 情报杂志，2021（9）：
1–9.

[19] 尹继武 . 中美国家安全观比较分析 [J]. 当代世界与社会主义，2020（3）：
151–158.